高职高专"十二五"规划教材

火法冶金——熔炼技术

主 编 徐 征 陈利生

北 京

冶金工业出版社

2021

内 容 提 要

本书围绕有色冶金生产中，火法熔炼制取粗金属的过程，选取造锍熔炼、吹炼铜锍、还原熔炼铅烧结块、还原熔炼锡精矿和直接熔炼硫化铅矿等有代表性的熔炼技术，学习熔炼的基本原理、主要设备的结构和操作技术。

本书为高职高专院校冶金技术及相关专业的教学用书，也可作为火法冶炼工职业技能鉴定培训与考核的参考用书。

图书在版编目(CIP)数据

火法冶金：熔炼技术/徐征，陈利生主编.—北京：冶金工业出版社，2011.10（2021.7 重印）

高职高专"十二五"规划教材

ISBN 978-7-5024-5718-1

Ⅰ.①火… Ⅱ.①徐… ②陈… Ⅲ.①火法冶金—高等职业教育—教材 Ⅳ.①TF111.1

中国版本图书馆 CIP 数据核字（2011）第 190772 号

出 版 人　苏长永

地　　址　北京市东城区嵩祝院北巷 39 号　邮编　100009　电话　(010)64027926
网　　址　www.cnmip.com.cn　电子信箱　yjcbs@cnmip.com.cn
责任编辑　高　娜　宋　良　美术编辑　彭子赫　版式设计　葛新霞
责任校对　王贺兰　责任印制　李玉山
ISBN 978-7-5024-5718-1
冶金工业出版社出版发行；各地新华书店经销；三河市双峰印刷装订有限公司印刷
2011 年 10 月第 1 版，2021 年 7 月第 3 次印刷
787mm×1092mm　1/16；15 印张；357 千字；227 页
31.00 元

冶金工业出版社　投稿电话　(010)64027932　投稿信箱　tougao@cnmip.com.cn
冶金工业出版社营销中心　电话　(010)64044283　传真　(010)64027893
冶金工业出版社天猫旗舰店　yjgycbs.tmall.com
（本书如有印装质量问题，本社营销中心负责退换）

序

　　昆明冶金高等专科学校冶金技术专业是国家示范性高职院校建设项目，中央财政重点建设专业。在示范建设工作中，我们围绕专业课程体系的建设目标，根据火法冶金、湿法冶金技术领域和各类冶炼工职业岗位（群）的任职要求，参照国家职业标准，对原有课程体系和教学内容进行了大力改革。以突出职业能力和工学结合特色为核心，与企业共同开发出了紧密结合生产实际的工学结合特色教材。我们希望这些教材的出版发行，对探索我国冶金高等职业教育改革的成功之路，对冶金高技能人才的培养，起到积极的推动作用。

　　高等职业教育的改革之路任重道远，我们希望能够得到读者的大力支持和帮助。请把您的宝贵意见及时反馈给我们，我们将不胜感激！

昆明冶金高等专科学校

前　言

本书是按照昆明冶金高等专科学校"三双"（双领域、双平台、双证书）冶金高技能人才培养模式要求，结合火法冶金熔炼技术工艺最新进展和高职冶金教育特点，力求体现工作过程系统化的课程开发理念，参照行业职业技能标准和职业技能鉴定规范，根据企业的生产实际和岗位群的技能要求编写的。

本书以培养具有较高专业素质和较强职业技能，适应企业生产及管理一线需要的"下得去，留得住，用得上，上手快"的冶金高技能人才为目标，贯彻理论与实践相结合的原则，力求体现职业教育针对性强、理论知识实践性强、培养应用型人才的特点。

本书由昆明冶金高等专科学校徐征、陈利生任主编，昆明冶金高等专科学校刘洪萍、刘自力、余宇楠参加了编写工作。

由于编者水平所限，书中不妥之处，敬请广大读者批评指正。

编　者
2011 年 6 月

目　录

1 绪 言

重金属的冶炼根据矿物原料和各金属本身特性的不同，可以采用火法冶金、湿法冶金以及电化学冶金等方法。但从目前的产量及金属种类来说，是以火法冶金为主的。重金属的冶炼方法基本上可分为四类：第一类是硫化矿物原料的造锍熔炼，属于这一类的金属有铜、镍及其伴生金属钴；第二类是金属硫化物精矿不经焙烧或烧结焙烧直接生产出金属的直接熔炼，属于这一类的金属主要是铅；第三类是硫化矿物原料先经焙烧或烧结后，再进行还原熔炼生产金属，属于这一类的金属有锌、铅和锑，锡是氧化矿物原料，也采用还原熔炼方法生产；第四类是焙烧后的硫化矿或氧化矿用硫酸等溶剂浸出，然后用电积法或其他方法从溶液中提取金属，简称湿法冶金，属于这类方法的金属主要有锌、镉、镍和钴。十种重金属的主要冶炼方法概括在表 1-1 中。

几乎所有重金属的生产都是首先通过熔炼的方法生产出粗金属，然后再进行精炼。本书就是以造锍熔炼、直接熔炼和还原熔炼方法为代表，学习生产重金属粗金属的知识。

表 1-1　十种重金属的主要冶炼方法

金属	原料	粗炼方法	精炼方法	主要回收的元素
铜	硫化矿	焙烧→造锍熔炼→转炉吹炼	电解	S, Au, Se, Te, Bi
	氧化矿	浸出→萃取→电积		Ni, Co, Pb, Zn, Ag
镍	硫化矿	造锍熔炼→磨浮→炭还原	电解	Co, Pt 及 Pt 族, S
	氧化矿	造锍熔炼→焙烧→还原	电解	
	混合矿	加压氨浸→加压氢还原		Cu
钴	铜镍矿伴生	硫酸化焙烧→浸出→还原	电解	Co
锌	硫化矿	烧结→炭还原	精馏	S, Cd, In, Ge, Ga, Co
		焙烧→浸出→净化→电积		Cu, Co, Pb, Ag, Hg
镉	烟尘	浸出→净化→锌置换	精馏	Tl
	净化渣	电积		
铅	硫化矿	烧结→炭还原	电解	S, Ag, Bi, Tl, Sn, Sb, Se, Te, Cu, Zn
		直接熔炼	火法精炼	
铋	硫化矿	铁还原	电解	Pb, Cu, Ag, Te
	铅铜伴生物	炭还原	火法精炼	
锡	氧化矿	精选→浸出→焙烧→炭还原	火法精炼	Cu, Pb, Bi
			电解	
锑	硫化矿	焙烧→炭还原	火法精炼	Au, S, Se, Te
		浸出→电积		
汞	硫化矿	焙烧→热分解		Hg

2 造锍熔炼

2.1 造锍熔炼的原料

造锍物料主要包括硫化精矿和造渣用的熔剂。对于铜的造锍熔炼，熔炼的物料包括铜精矿或经过焙烧以后的铜焙砂以及造渣熔剂。经过造锍熔炼，物料中除了硫氧化为 SO_2 从烟气中排出以外，其他元素有少量被挥发，大部分则分别进入冰铜和炉渣两种产物中。铜造锍熔炼所用的精矿和产物的成分列于表 2-1 中。

表 2-1 铜造锍熔炼所用的精矿及产物的成分 （%）

工厂及熔炼方法	精矿成分			冰铜成分			炉渣成分			
	Cu	Fe	S	Cu	Fe	S	Cu	SiO_2	Fe	CaO
大冶反射炉熔炼	16.44	32.04	39.10	19~28	43~49	25~25.5	0.25~0.45	35~42	30~40	9~13
白银法炼铜	10~16	29~35	33~37	32.83	33.85	25.06	0.50		33.97	10.58
哈贾瓦尔塔闪速熔炼	21.9	30.3	32.0	64.1	10.6	21.5	1.5	26.6	44.4	
贵溪闪速熔炼	14.3	32.7	34.2	45	26.4	23.8	0.8	32.7	37.6	
直岛三菱法连续炼铜	26.7	25.2	28.5	65.7	9.2	21.9	0.5	32.3	37.1	7.8

造锍熔炼属于氧化熔炼，精矿中的 FeS 被部分氧化，产生了 SO_2 烟气，氧化得到的 FeO 与 SiO_2 等脉石成分造渣，没有被氧化的 FeS 则与高温下稳定的 Cu_2S 结合形成冰铜。

除了铜精矿的造锍熔炼以外，镍的熔炼也采用这种过程产出冰镍或铜冰镍。在铅的还原熔炼过程中如果原料含铜高，也有可能产出铅锍。硫化锑精矿的鼓风炉挥发熔炼也会产生锑锍。各种锍产物的成分举例列于表 2-2。

表 2-2 各种锍产物的成分 （%）

产　物	Cu	Ni	Pb	Fe	S	Zn	Sb
铜冰镍	4.0	9.4	—	54.2	24.7	—	—
冰镍	—	15~18	—	60~63	16~20	—	—
铅锍	40.0	—	16.0	7.0	19.3	3.5	—
锑锍	—	—	—	50	20	—	5

造锍熔炼得到的主要产物锍（冰铜、冰镍或铜冰镍等），一般要经过吹炼过程，使其进一步氧化及其他处理步骤才能得到金属。吹炼仍然是 MS 的氧化，使铁完全氧化造渣，硫完全氧化得 SO_2 烟气。因此，有色金属的硫化物熔炼实质是 MS 矿物的氧化熔炼过程。在熔炼高温（1473~1573K）下，产出液态金属、液态炉渣和 SO_2 烟气，锍只是熔炼过程的中间产物，但是它对熔炼过程的顺利进行有很大影响，必须重视。

2.2 造锍熔炼的基本原理

2.2.1 主要物理化学变化

造锍熔炼过程的主要物理化学变化为：水分蒸发、高价硫化物分解、硫化物直接氧化、造锍反应、造渣反应。

2.2.1.1 水分蒸发

目前除闪速熔炼、三菱法等处理干精矿外，其他方法的入炉精矿，水分都较高（6% ~14%）。这些精矿进入高温区后，矿中的水分将迅速挥发，进入烟气。

2.2.1.2 高价硫化物分解

铜精矿中高价硫化物主要有黄铁矿（FeS_2）和黄铜矿（$CuFeS_2$），它们在炉中将按如下反应式分解：

$$2FeS_2 === 2FeS + S_2$$
$$2CuFeS_2 === Cu_2S + 2FeS + 1/2S_2$$

在中性或还原性气氛中，FeS_2 于 300℃ 以上分解，$CuFeS_2$ 于 550℃ 以上分解；在大气中，FeS_2 于 565℃ 开始分解。分解产出的 Cu_2S 和 FeS 将继续氧化或形成铜锍，分解出的 S_2 将继续氧化成 SO_2 进入烟气中：

$$S_2 + 2O_2 === 2SO_2$$

2.2.1.3 硫化物直接氧化

在现代强化熔炼中，炉料往往很快进入高温、强氧化气氛中，所以高价硫化物除发生分解外，还可能被直接氧化，具体反应如下：

$$2CuFeS_2 + 5/2O_2 === Cu_2S \cdot FeS + FeO + 2SO_2$$
$$2FeS_2 + 11/2O_2 === Fe_2O_3 + 4SO_2$$
$$3FeS_2 + 8O_2 === Fe_3O_4 + 6SO_2$$
$$2CuS + O_2 === Cu_2S + SO_2$$
$$2Cu_2S + 3O_2 === 2Cu_2O + 2SO_2$$

在高氧势下，FeO 可继续氧化成 Fe_3O_4：

$$3FeO + 1/2O_2 === Fe_3O_4$$

2.2.1.4 造锍反应

上述反应产生的 FeS 和 Cu_2O 在高温下将发生下列反应：

$$FeS + Cu_2O === FeO + Cu_2S$$

一般来说，在熔炼炉中只要有 FeS 存在，Cu_2O 就会变成 Cu_2S，进而与 FeS 形成锍。这是因为 Fe 和 O_2 的亲和力远远大于 Cu 和 O_2 的亲和力，而 Fe 和 S_2 的亲和力又小于 Cu 和 S_2 的亲和力。

2.2.1.5 造渣反应

炉料中产生的 FeO 在有 SiO_2 存在时，将按下式反应形成铁橄榄石炉渣：

$$2FeO + SiO_2 === 2FeO \cdot SiO_2$$

此外，炉内的 Fe_3O_4 在高温下也能与 FeS 和 SiO_2 作用生成炉渣：

$$FeS + 3Fe_3O_4 + 5SiO_2 \Longrightarrow 5(2FeO \cdot SiO_2) + SO_2$$

2.2.2　铜熔炼有关反应的 $\Delta G^{\ominus} - T$ 图

在造锍熔炼等一系列冶金作业中，都会发生许多化学反应，作为冶金工作者应该知道，在一定条件下，哪些反应可以进行，哪些反应不能进行，反应能进行到什么程度，反应在进行过程中有无热量的变化（吸热、放热），改变条件对化学反应有什么影响，这类问题正是化学热力学要探讨的范围。化学热力学就是研究化学反应中能量的转化、化学反应的方向和限度，以及外界条件对化学反应方向和限度影响的学科。

热力学中反应的吉布斯标准自由能变化是等温、等压下过程能否自发进行的判据。如果过程自发进行，则过程的吉布斯自由能变化 $\Delta G < 0$；反之，如果过程的吉布斯自由能变化 $\Delta G > 0$，则过程不可能自发进行；当 $\Delta G = 0$ 时，则过程正反两个方向进行的速度相等，也即过程达到平衡状态。实际冶金反应多在等温、等压下进行，所以讨论 ΔG 极为重要。

设反应为：

$$aA + bB \Longrightarrow dD + hH$$

则反应的吉布斯自由能变化与温度存在下列关系：

$$\Delta G = \Delta G^{\ominus} + \Delta G_p \tag{2-1}$$

式（2-1）称为反应的等温方程式。

式中

$$\Delta G^{\ominus} = -RT\ln K_p$$

$$K_p = \frac{p_D^d p_H^h}{p_A^a p_B^b} \text{（称平衡常数表达式）}$$

$$\Delta G_p = -RT\ln J_p$$

$$J_p = \frac{p_D'^d p_H'^h}{p_A'^a p_B'^b} \text{（称压力熵）}$$

$\Delta G^{\ominus}$ 为反应的标准吉布斯自由能变化，即反应在标准状态下进行时的自由能变化。所谓标准状态，在热力学中定义为：反应体系中原始物（A 和 B）和产物（D 和 H）的分压各为 101kPa 的情况。在此状态下，$p_A' = p_B' = p_D' = p_H' = 101$kPa，所以 $\Delta G_p = -RT\ln\frac{1}{1} = 0$。从而有：

$$\Delta G = \Delta G^{\ominus} = -RT\ln K_p \tag{2-2}$$

或

$$\Delta G^{\ominus} = -RT\ln K_p$$

在恒温下，K_p 是一个定值。

等温方程将恒温下反应的自由能变化与反应的平衡常数，以及实际阶段体系中各物质的分压联系了起来，根据反应的 K_p 和 J_p 值对比就可判断反应进行的方向：

（1）若 $J_p < K_p$，则 $\Delta G < 0$，反应自发向右进行。

（2）若 $J_p > K_p$，则 $\Delta G > 0$，反应不能自发向右进行。

（3）若 $J_p = K_p$，则 $\Delta G = 0$，反应向左和向右进行的速度相等，即反应达平衡状态。

从上述分析即可看出，要想使化学反应向右进行，可以采取以下措施：

（1）减小产物分压或增大反应物分压，使 $J_p < K_p$；

（2）改变温度，使 K_p 值增大，从而使 $J_p < K_p$。

当然也可同时采用这两种措施，使 $J_p < K_p < 0$。

图 2-1 所示为铜熔炼过程中有关反应的 $\Delta G^{\ominus} - T$ 关系，由图可以看出：（1）有关造锍熔炼反应，例如 FeS 氧化成 FeO、Fe_3O_4，Cu_2S 氧化成 Cu_2O，以及 $Cu_2O + FeS = Cu_2S + FeO$ 等反应向右进行的趋势大小。（2）有关铜锍吹炼过程中 $Cu_2S + 2Cu_2O = 6Cu + SO_2$，$Cu_2S + O_2 = 2Cu + SO_2$ 反应向右进行的趋势大小。（3）有关 SO_2 被 C、CO 还原制取元素硫的趋势。（4）有关 FeS 还原 Fe_3O_4 的困难程度等。

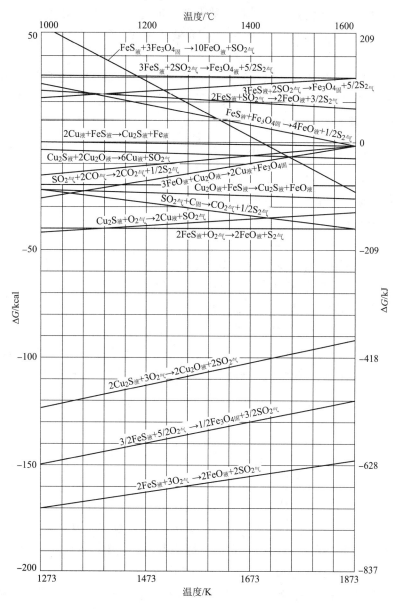

图 2-1 铜熔炼过程中有关反应的 $\Delta G^{\ominus} - T$ 图

2.2.3 M-S-O 系化学势图

M-S-O 系化学势图是用于表征金属硫化物 MS 在有 O_2 参与的化学平衡状态的一种热力学平衡状态图，广泛用于硫化矿冶金过程，如硫化精矿的焙烧、硫化精矿的造锍熔炼和锍的吹炼等，可指导选择有关过程的技术条件。

在硫化物冶金过程中，当 M-S-O 系达到平衡时，各相中氧的化学势必须相等。在一定的温度下，氧势与气相中氧的平衡分压的对数 $\ln p_{O_2}$ 成正比，同样可知 M-S-O 系平衡时的硫势是与气相中硫的平衡分压的对数 $\ln p_{S_2}$ 成正比，在一定的温度下，当 M-S-O 系平衡时，气相和凝聚相中各组分的稳定性与其化学势有关，也就是说与气相中的氧势（$\ln p_{O_2}$）和硫势（$\ln p_{S_2}$）有关。于是可以作出以 $\ln p_{S_2}$-$\ln p_{O_2}$ 为坐标的 M-S-O 系平衡状态图，又称为硫势-氧势图。

在一定的温度下，M-S-O 系以 $\ln p_{S_2}$-$\ln p_{O_2}$ 表示的化学势图如图 2-2 所示，图上的每一条线表示一平衡反应的平衡条件，如 2 线表示下面的平衡反应式：

$$M + 1/2O_2 \rightleftharpoons MO$$

其中 $K = \dfrac{1}{p_{O_2}^{1/2}}$，$\lg K = -0.5\lg p_{O_2}$

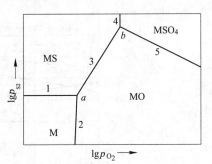

图上的每一区域表示体系中各物相的热力学稳定区，如 1 线和 2 线与横轴、纵轴所包围的区域是 M-S-O 系中 M 相稳定存在的区域；1，2，3 线相交的 a 点是 MS、M、MO 三凝聚相共存的不变点。

平衡状态图的坐标，根据需要可以用 SO_2 和 SO_3 的分压或者 p_{H_2S}/p_{H_2} 的比值来代替 S_2 分压，也可用 p_{CO_2}/p_{CO} 或 p_{H_2O}/p_{H_2} 的比值来代替 O_2 的分压。当有两

图 2-2   在一定温度下的
M-S-O 系化学势图

种以上的金属硫化物同时参与同类反应时，便可将其叠加成四元系，如 Cu-Fe-S-O 系、Cu-Ni-S-O 系等。如在 MS 的氧化熔炼过程中还有 SiO_2 参与熔炼造渣反应，则硫化铜精矿的造锍熔炼也可作 Cu-Fe-S-O-SiO_2 五元系的硫势-氧势图。

2.2.4 铜熔炼硫势-氧势图

20 世纪 60 年代，矢泽彬（Yazawa）提出的铜熔炼硫势-氧势状态图（即 Cu-Fe-S-O-SiO_2 系硫势-氧势图，见图 2-3），一直是火法炼铜热力学分析的基本工具。

图 2-3 中 $pqrstp$ 区为锍、炉渣和炉气平衡共存区，斜线 pt 为 $p_{SO_2} = 10^5$Pa 的等压线，它是造锍熔炼中的 SO_2 分压的极限值，rq 线是造锍熔炼中的 SO_2 分压的最小值，即 $p_{SO_2} = 0.1$Pa。当进行空气熔炼时，p_{SO_2} 约为 10^4Pa，硫化铜精矿氧化过程可视为沿 $ABCD$ 线（$p_{SO_2} = 10^4$Pa）进行，即炉气中 p_{SO_2} 恒定，但 p_{O_2} 逐渐升高，p_{S_2} 逐渐降低。A 点是造锍熔炼的起点，从理论上讲，在 A 点处，锍的品位为零，随着炉中氧势（$\lg p_{O_2}$）升高，硫势（$\lg p_{S_2}$）降低，锍的品位升高，当过程进行到 B 点位置时，锍的品位升高到 70%，显然 AB 段即为造锍阶段。从图中可看出，在 AB 段，炉中氧势升高幅度虽然不太大，但锍的品位升高幅

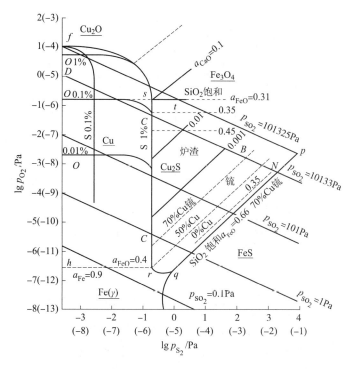

图 2-3　铜熔炼氧势-硫势状态图（1573K）

度大。从 B 点开始，随着氧势的继续升高，锍的品位虽然也升高，但升高的幅度不大，可以认为从 B 点开始过程转入锍吹炼第二周期（造铜期）；当氧势升高到 C 点时，炉中开始产出金属铜，这时粗铜、锍、炉渣和烟气四相共存，直到锍全部转为金属铜，即造铜期结束；当氧势进一步升高时，超过 C 点，过程进入粗铜火法精炼的氧化期。由此可见，$ABCD$ 这条直线能表示从铜精矿到精铜的全过程。

图中的 st 线相当于铁硅酸盐炉渣为 SiO_2 和 Fe_3O_4 所饱和，其中 a_{FeO} 为 0.31。高于此线，铁硅酸盐炉渣不再是稳定的，便会析出固体的 Fe_3O_4。qr 线表示铜锍、炉渣与 SiO_2 和 γ-Fe 的平衡，相当于造锍熔炼的极限情况，是在低的 p_{S_2}，p_{O_2} 和 p_{SO_2} 还原条件下进行的，可以看作是炉渣的贫化过程。rs 线表示 Cu_2S 脱硫转变为液态铜，即铜锍的吹炼阶段，渣层上氧压的变化范围很大，从与 γ-Fe 平衡的 r 点（$p_{O_2} = 10^{-6.6}$ Pa）变化到 s 点的（$p_{O_2} = 10^{-0.8}$ Pa），同时渣中饱和了 Fe_3O_4。

应用图 2-3 所示的氧势-硫势图来分析铜熔炼过程的热力学是简明的，但是用它来分析一些实际生产现象时也遇到了一些难以说清楚的问题。例如各炼铜厂进行熔炼时，虽然硫的分压变化很大，而产出的铜锍品位相同，其中硫含量应该不同，但在生产实际中，硫含量差别不大。又如图 2-3 表示当氧势相同时，可以产出不同品位的锍，这就意味着产出的平衡炉渣相中 Fe_3O_4 含量相同时，可以产出相同品位的锍；可是生产数据表明，锍的品位不同时，渣中 Fe_3O_4 的量也不同。鉴于这些问题，斯吕德哈（R. Sridhart）等人对世界上 42 家炼铜厂的生产数据进行了分析，研究了铜锍中铁含量与硫含量、铁含量与氧势、炉渣中的 Fe_3O_4 含量与氧势，以及渣含铜与铜锍含铁的关系，并结合有关热力学数据与实验室测定数据进行分析整理，提出了一种新型的比较实用的氧势-硫势图，又称 STS 图

（见图2-4）。

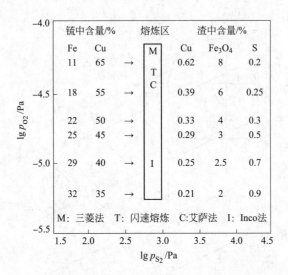

图 2-4　铜熔炼的氧势–硫势图（STS 图）（1573K）

图 2-4 所示为各冶炼厂进行铜精矿造锍熔炼生产时，产出的铜锍品位与过程进行的硫势、氧势的关系，以及产出相应的炉渣中 Fe_3O_4、Cu_2S 的含量。图中标示的熔炼区，硫势的变化范围很窄，$\lg p_{S_2}$ 值为 2.5~3.0，而氧势的变化范围很大，$\lg p_{O_2}$ 值为 -5.2~-4.2。熔炼区中的符号标示了几种熔炼方法所处的硫势与氧势的位置，利用此图可以方便且较准确地预测和评价造锍熔炼过程。在应用这个图来评估生产结果时，其偏差在工业应用允许的范围内。某些炼铜厂的实际生产数据与 STS 图预测的数据的比较列于表 2-3。

表 2-3　某些炼铜厂的实际数据与 STS 图预测数据的比较　　　　　　　　（%）

厂名与冶炼方法	斯吕德哈状态图数值						工厂实际数值				比　较
	[Cu]	[S]	[Fe]	(Fe₃O₄)	(Cu)	(S)	[Fe]	(Fe₃O₄)	(Cu)	(S)	
玉野闪速炉	60	23	14.5	7	0.51	0.23	15	6	0.55	0.8	基本吻合
菲利浦闪速炉	62	24	18.9	7.4	0.54	0.22	14		1.0	0.33~1.3	夹杂物 Cu 为 0.46
奇诺闪速炉	55	24.2	18	6	0.39	0.25	18		0.7		夹杂物 Cu 为 0.31
因科闪速炉	45	25	26	3	0.29	0.5	26	8	0.57		夹杂物 Cu 为 0.28
直岛三菱炉	65.7	21.9	<11	约8	0.62	0.2	9.2		0.6	0.3	基本吻合
迈阿密艾萨炉	58	23.81	14.5	约7	0.51	0.23	15.9		0.6	0.3	基本吻合
安纳康达电炉	52	24.2①	20	5	0.36	0.27	20		0.75		夹杂物 Cu 为 0.39

① 按 $w[S]_\% = 28.0 - 0.00125 \times w[Cu]_\%^2$ 算出。

2.3　造锍熔炼产物

造锍熔炼主要有四种产物：铜锍、炉渣、烟尘和烟气。

2.3.1 铜锍的形成及其特性

在高温熔炼条件下造锍反应可表示如下：

$$[FeS] + (Cu_2O) \Longrightarrow (FeO) + [Cu_2S]$$

$$\Delta G^{\ominus} = -144750 + 13.05T \ (J)$$

$$K = \frac{a_{(FeO)} \cdot a_{[Cu_2S]}}{a_{[FeS]} \cdot a_{(Cu_2O)}}$$

(2-3)

该反应在1250℃时的 $\lg K$ 为9.86，说明反应在熔炼温度下急剧地向右进行。一般来说，只要体系中有 FeS 存在，Cu_2O 就将转变为 Cu_2S，而 Cu_2S 和 FeS 便会互溶形成铜锍（$FeS_{1.08}$-Cu_2S）。两者的相平衡关系如图2-5所示。该二元系在熔炼高温下（1200℃），两种硫化物均为液相，完全互溶为均质溶液，并且是稳定的，不会进一步分解。

FeS 能与许多金属硫化物形成共熔体的重叠液相线，其简图如图2-6所示。FeS-MS 共熔的这种特性，就是重金属矿物原料造锍熔炼的重要依据。

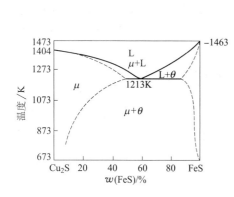

图 2-5 Cu_2S-FeS 二元系相图

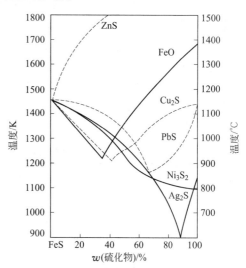

图 2-6 FeS-MS 二元系的液相线

铜锍主要组成是 Cu、Fe、S，其三元系的状态图如图2-7所示。

在 Cu-Fe-S 三元系中可以形成 CuS，FeS 或 $CuFeS_2$ 等，所有这些高价硫化物在造锍熔炼高温（1200~1300℃）下都会分解，而稳定存在的只有低价硫化物 Cu_2S 与 Fe_2S。所以在 Cu-Fe-S 三元系状态图中，位于 Cu、S、FeS 连线以上的区域，对于铜精矿造锍熔炼是没有意义的。因此，铜锍的理论组成只会在 Cu_2S、FeS 连线上变化，即铜锍中 Cu、Fe、S 的质量分数变化可在连线上确定。

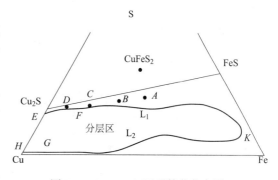

图 2-7 Cu-Fe-S 三元系简化状态图

Cu-Fe-S 三元系状态图的另一特点是存在一个大面积二液相分层区 *EFKGH*，L_1 代表 Cu_2S-FeS 二元系均匀熔体铜锍，L_2 为含有少量硫的 Cu-Fe 合金。当熔锍中硫含量减少到分层区时，便会出现金属 Cu-Fe 固溶体相，这是造锍熔炼过程中所不希望发生的。所以造锍熔炼产出的铜锍组成位于 Cu_2S-FeS 连线与分层区之间，才会得到单一、均匀的液相。所以，工业生产上产出的铜锍组成应该是位于此单一均匀的液相区，既不会发生液相分层或析出固相铁，也不会发生分解挥发出硫。

工业生产中产出的铜锍中溶解有铁的氧化物，铜锍中部分硫会被氧取代，故工业铜锍中硫的含量应低于 Cu_2S-FeS 连线上的理论硫含量，如图中的 *A* 点，此点可作为反射炉熔炼产出低品位铜锍的组成。当闪速熔炼产出品位为 50% 的铜锍时，铜锍中的 FeS 大部分被氧化造渣，则铜锍组成会向 *B* 点变化，FeS 继续被氧化，铜锍品位可提高到 *C* 点（Cu65%），以至 *D* 点（Cu75%），当 *D* 点铜锍进一步氧化脱硫至 *E* 点便会产出粗铜来。

各种品位的铜锍吹炼是沿着 *A—B—C—D—E* 的途径，使铜锍中的 FeS 优先氧化后形成硅酸盐炉渣，这一自发反应为：

$$[FeS] + (Cu_2O) = (FeO) + [Cu_2S]$$

反应的进行并不会使 Cu_2S 氧化，只有当锍中 FeS 含量很少，接近 *E* 白铜锍组成时，铜才会被大量氧化。

铜锍是金属硫化物的共熔体，工业产出的铜锍主要成分除 Cu、Fe、S 外，还含有少量 Ni、Co、Pb、Zn、Sb、Bi、Au、Ag、Se 等及微量 SiO_2，此外还含有 2% ~ 4% 的氧，一般认为熔融铜锍中的 Cu、Pb、Zn、Ni 等重有色金属是以硫化物形态存在，而 Fe 除以 FeS 存在外，还以 FeO、Fe_3O_4 形态存在。表 2-4 列出了部分炼铜方法所生产的铜锍的化学组成。

表 2-4　部分炼铜方法生产的铜锍的化学组成

炼铜方法		化学组成 *w*/%						厂　名
		Cu	Fe	S	Pb	Zn	Fe_3O_4	
密闭鼓风炉	富氧空气	41.57	28.66	23.79				金昌
	普通空气	25 ~ 30	36 ~ 40	22 ~ 24				沈冶
奥托昆普		58.64	11 ~ 18	21 ~ 22	0.3 ~ 0.8	0.28 ~ 1.4	0.1（Bi）	贵冶
		52.46	19.81	22.37	0.23	0.01（Bi）	—	金隆
闪速熔炼		66 ~ 70	8.0	21.0			—	哈亚瓦尔塔
		52.55	18.66	23.46	0.3	1.8	—	东予
诺兰达熔炼		69.84	6.08	21.07	0.64	0.28		大冶
		64.70	7.8	23.00	2.80	1.20		霍恩
白银法		50 ~ 54	17 ~ 19	22 ~ 24		1.4 ~ 2.0		白银
瓦纽柯夫法		41 ~ 55	25 ~ 14	23 ~ 24	45 ~ 5.2（Ni）			诺利尔斯克
澳斯麦特法		44.5	23.6	23.8		3.2		侯马
		41 ~ 67	29 ~ 12	21 ~ 24				
艾萨法		50.57	18.76	23.92	0.03（Ni）	0.16（As）		云铜
三菱法		65.7	9.2	21.9				直岛

统计表明，铜锍中 Cu + Fe + S + Ni + Pb + Zn 的总量占铜锍总量的 95% ~ 98%。

随着铜锍品位的不同，铜锍的断面组织、颜色、光泽和硬度也发生变化（见表2-5）。

表2-5 不同品位的铜锍断面性质

铜锍品位/%	颜色	组织	光泽	硬度
25	暗灰色	坚实	无光泽	硬
30 ~ 40	淡红色	粒状	无光泽	稍硬
40 ~ 50	青黄色	粒柱状	无光泽	
50 ~ 70	淡青色	柱状	无光泽	
70 以上	青白色	贝壳状	金属光泽	

铜锍的一些物理性质：

熔点：950 ~ 1130℃（Cu 30%，1050℃；Cu 50%，1000℃；Cu 80%，1130℃）

比热容：0.586 ~ 0.628J/(g・℃)

熔化热：125.6J/g（Cu_2S 58.2%）；117J/g（Cu_2S 32%）

热焓：0.93MJ/kg（Cu 60%，1300℃）

黏度：约 0.004Pa・s 或由 $3.36 \times 10^4 \times e^{\frac{5000}{T_m}}$ 计算

表面张力：约为 330×10^{-3}N/m（Cu 53.3%，1200 ~ 1300℃）

电导率：$(3.2 ~ 4.5) \times 10^2 (\Omega \cdot m)^{-1}$（Cu 51.9%，1100 ~ 1400℃）

铜锍的密度与品位、温度关系见表2-6。

表2-6 铜锍的密度与品位、温度关系

铜锍品位/%		30	40	50	70	80	粗铜 (98.3)
密度/g・m⁻³	20℃	4.96	4.99	5.05	5.46	5.77	8.61
	1200℃	4.13	4.28	4.44	4.93	5.22	7.87

$FeS - Cu_2S$ 系铜锍与 $2FeO \cdot SiO_2$ 熔体间的界面张力约为 0.02 ~ 0.06N/m，其值很小，故铜锍易悬浮于熔渣中。

铜锍除上述性质外，还有两个特别突出的性质，一是对贵金属有良好的捕集作用；二是熔融铜锍遇潮会爆炸。

铜锍对贵金属的捕集主要是由于铜锍中的 Cu_2S 和 FeS 对 Au、Ag 都具有溶解作用，如 1200℃时，每吨 Cu_2S 可溶解 Au 74kg，而 FeS 能溶解 Au 52kg。一般来说，铜锍品位只要为 10% 左右，就可完全吸收 Au、Ag，但研究也发现当铜锍品位超过 40% 时，铜锍吸收 Au、Ag 的能力增长不大。

铜锍遇潮会爆炸，主要是发生下列化学反应：

$$Cu_2S + 2H_2O \rightarrow 2Cu + 2H_2 + SO_2$$

$$FeS + H_2O \rightarrow FeO + H_2S$$

反应产生的 H_2、H_2S 等气体与 O_2 作用很激烈，从而引起爆炸。在操作中，要特别注意防止铜锍的爆炸。

2.3.2 炉渣的组成及其性质

造锍熔炼所产炉渣是炉料和燃料中各种氧化物相互熔融而成的共熔体，主要的氧化物是 SiO_2 和 FeO，其次是 CaO、Al_2O_3 和 MgO。固态炉渣主要由 $2FeO \cdot SiO_2$、$2CaO \cdot SiO_2$ 等硅酸盐复杂分子组成。熔渣由各种离子（Na^+、Ca^{2+}、Mg^{2+}、Mn^{2+}、Fe^{2+}、O^{2-}、S^{2-}、F^- 等）和 SiO_2 等组成。表 2-7 列出了典型造锍熔炼炉渣的化学组成。

表 2-7 典型造锍熔炼炉渣的化学组成

熔炼方法	化学成分 $w/\%$							
	Cu	Fe	Fe_3O_4	SiO_2	S	Al_2O_3	CaO	MgO
密闭鼓风炉	0.42	29	—	38	—	7.5	11	0.74
奥托昆普闪速炉（渣不贫化）	1.5	44.4	11.8	26.6	1.6	—	—	—
奥托昆普闪速炉（渣贫化）	0.78	44.06	—	29.7	1.4	7.8	0.6	—
因科闪速炉	0.9	44.0	10.8	33.0	1.1	4.72	1.73	1.61
诺兰达炉	2.6	40.0	15.0	25.1	1.7	5.0	1.5	1.5
瓦纽柯夫炉	0.5	40.0	5.0	34.0	—	4.2	2.6	1.4
白银炉	0.45	35.0	3.15	35.0	0.7	3.8	8.0	1.4
特尼恩特炉	4.6	43.0	20.0	26.5	0.8	—	—	—
艾萨炉	0.7	36.61	6.55	31.48	0.84	3.64	4.37	1.98
澳斯麦特炉	0.65	34	7.5	31.0	2.8	7.5	5.0	—
三菱法熔炼炉	0.60	38.2	—	32.2	0.6	2.9	5.9	—

FeO-SiO_2-CaO 系状态图如图 2-8 所示。由图可以确定某组成炉渣的熔化温度。利用这些氧化物的共晶组成，可以得到熔点最低的炉渣组成。例如 FeO-SiO_2 系中 Fe_2SiO_4（铁橄榄石）附近的熔点比较低，约 1200℃。加入 CaO 后，熔点有所降低，降至图 2-8 中的 S-K 点附近，熔化温度降至 1100℃ 左右。

图 2-9 所示为 1573K 时 FeO - Fe_2O_3 - SiO_2 系和 FeO - Fe_2O_3 - CaO 系的液相区和等氧势线。图 2-9 表明，在 1300℃ 下，实线表示的 FeO - Fe_3O_4 - CaO 系液相区比虚线表示的 FeO - Fe_2O_3 - SiO_2 系液相区范围要宽得多，可见 FeO - Fe_3O_4 - CaO 系炉渣具有很大的容纳铁氧化物的能力，从而可避免高氧势下 Fe_3O_4 带来的麻烦问题。

炉渣的性质对熔炼作业的进行有着十分重要的意义。熔炼过程都希望得到流动性好即黏度小的炉渣。随着炉渣中 SiO_2 含量的增加，黏度也增加。因此应加入碱性氧化物 CaO 及 FeO 等来破坏炉渣的网状结构，使其黏度降低。图 2-10 所示为 1573K 时 FeO - CaO - SiO_2 系熔体的等黏度线。一般有色冶金炉渣的黏度在 0.5Pa·s（5 泊）以下时，便认为是流动性良好的炉渣，在 1Pa·s（10 泊）以上时，流动性便很差。

结合炉渣的熔点与黏度来分析，$FeO \cdot SiO_2$ - $2FeO \cdot SiO_2$ 组成附近的炉渣具有较低的熔点和较小的黏度，在此基础上增加过多的 FeO 量，虽可降低黏度，但熔点升高了，再提

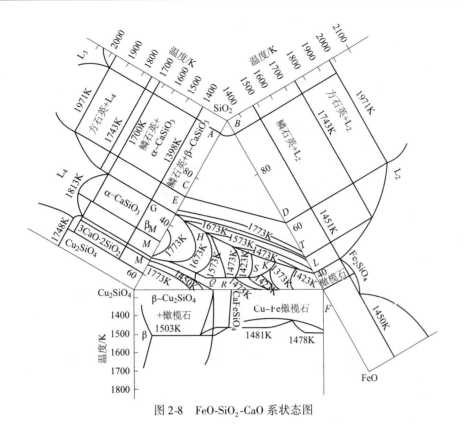

图 2-8 FeO-SiO₂-CaO 系状态图

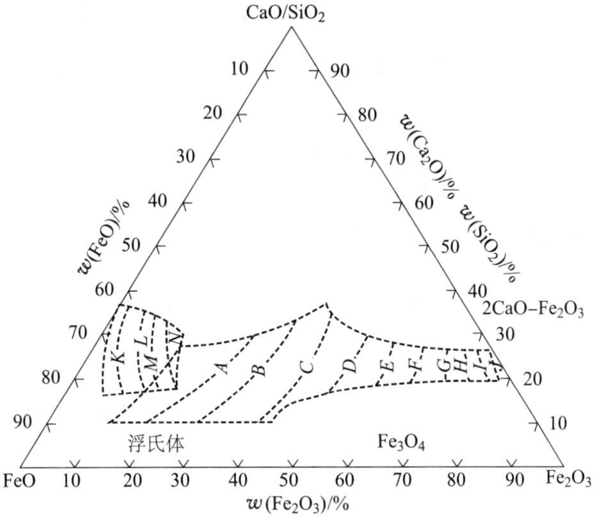

图 2-9 1573K 时 FeO-Fe₂O₃-SiO₂ 系和 FeO-Fe₂O₃-CaO 系的液相区和等氧势线

A——5Pa;B——4Pa;C——3Pa;D——2Pa;E——1Pa;F—0Pa;G—1Pa;

H—2Pa;I—3Pa;J—4Pa;K——5Pa;L——4Pa;M——3Pa;N——2Pa

高 SiO₂ 的含量更是不利,不仅熔点升高,黏度也增大。炉渣的黏度随固相成分的析出而显著增大,所以应调整炉渣的组分以得到低熔点的炉渣,使其在熔炼温度下得到均一的熔

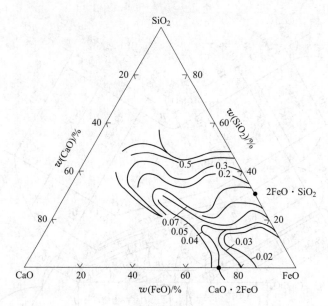

图 2-10　1573K 时 FeO-CaO-SiO$_2$ 系熔体的等黏度线（单位 Pa·s）

体。添加氟化物（如 CaF$_2$）对降低黏度非常有效。MgO、ZnS 在炉渣中的含量虽然不高，但也能升高熔点，增大黏度。少量的 ZnO 和 FeO（Fe$_3$O$_4$）存在降低黏度的趋势，过多的含量则会显著提高黏度。

炉渣的酸碱性过去多用硅酸度表示，它的含义是：

$$炉渣硅酸度 = \frac{渣中酸性氧化物中氧的质量和}{渣中碱性氧化物中氧的质量和} \tag{2-4}$$

考虑造锍熔炼炉渣中的主要酸性氧化物是 SiO$_2$，所以，硅酸度的计算方式也可表示如下：

$$硅酸度 = \frac{w(O)_{SiO_2}}{w(O)_{CaO+FeO+MgO}} \tag{2-5}$$

为了方便，工厂常用硅铁比（SiO$_2$/FeO）来反映炉渣的酸碱性：

$$硅铁比 = \frac{渣中 SiO_2 的质量分数}{渣中 FeO 的质量分数} \tag{2-6}$$

硅铁比越高，表示渣的酸性越强。近年来，国外许多冶金学家认为不能只考虑 SiO$_2$，实际 Al$_2$O$_3$ 也应归入酸性氧化物，所以建议用碱度来表示炉渣的酸碱性。炉渣的碱度计算式如下：

$$渣的碱度（K_v） = \frac{w(FeO) + b_1 w(CaO) + b_2 w(MgO) + w(Fe_2O_3)}{w(SiO_2) + a_1 w(Al_2O_3)} \tag{2-7}$$

式中，$w(FeO)$，$w(CaO)$ 等是渣中各氧化物的含量,%；a_1，b_1 等是各氧化物的系数。在工厂中常把 CaO、MgO 等分别简化为 FeO 和 SiO$_2$，则碱度简化为铁硅比：Fe/SiO$_2$ 比（或 FeO/SiO$_2$ 比），该比值是铜冶金炉渣性质的重要参数。$K_v = 1$ 的渣称为中性渣；$K_v > 1$ 的渣称碱性渣；$K_v < 1$ 的渣称为酸性渣。在 1200 ~ 1300℃下，碱度 $K_v > 1.5$ 时，工业炉渣黏度都低于 0.2Pa·s（见图 2-11）。

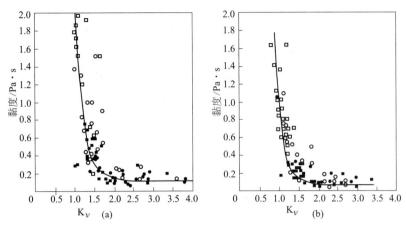

图2-11 不同温度下工业炉渣黏度与碱度的关系

(a) 1200℃时；(b) 1300℃时

炉渣的电导率对电炉作业有很大的意义。炉渣的电导率与黏度有关。一般来说，黏度小的炉渣具有良好的电导性。含FeO高的炉渣除了有离子传导以外，还有电子传导而具有很好的电导性。铜炉渣的热导率为2.09W/（m·K）。铜炉渣的表面张力可由0.7148 - 3.17 × 10^{-4}（T_s - 273）求得，其单位为N/m。实测的熔锍-熔渣系的界面张力依铜品位而异，在0.05 ~ 0.2N/m之间变化，远远小于铜-渣系的界面张力（0.90N/m）。这表明熔锍易分散在熔渣中，这也就是炉渣中金属损失的原因之一。一般硅酸盐渣熔体的比热容为：1.2kJ/（kg·K）（酸性渣）或1.0kJ/（kg·K）（碱性渣），熔渣的热焓为：1250（1373K）~ 1800（1673K）kJ/kg，熔化热为420kJ/kg。

炉渣成分的变化（即常称的渣型变化），对炉渣的性质有重要影响。但各成分对炉渣性质的影响情况非常复杂，某些成分的影响仍未弄清楚。

表2-8列出了几种主要炉渣成分及温度对液态炉渣性质的影响。在一定渣成分范围内，表中箭头表示提高某组分含量时，性质升高（↑）或降低（↓）。

表2-8 炉渣成分及温度对炉渣性质的影响

项 目	SiO_2	FeO	Fe_3O_4	Fe_2O_3	CaO	Al_2O_3	MgO	温度升高
黏度	↑	↓	↑	↑	↓	↑	↑	↓
电导率	↓	↑	—	↓	↑	↑	↑	↑
密度	↓	↑	↑	↑	↓	↓	↓	↓
表面张力	↓	↓	↓	↓	↑	↓	—	↓

2.3.3 炉渣-铜锍间的相平衡

在造锍熔炼中，炉渣的主要成分为FeO和SiO_2，铜锍的主要成分为Cu_2S和FeS。所以，当炉渣与铜锍共存时，最重要的相间的关系为FeS-FeO-SiO_2和Cu_2S-FeS-FeO。图2-12所示为FeS-FeO-SiO_2三元系相图（富FeO相）。

从图2-12中可看出，无SiO_2存在时，FeO和FeS完全互溶，但当加入SiO_2时，均相溶液出现分层，两层熔体的组成用 *ABC* 分层线上的共轭线 *a*、*b*、*c*、*d* 表示。随着 SiO_2 加入量的增多，两相分层越显著，当 SiO_2 达饱和时两分层相达最大。SiO_2 饱和时，两相的组成分别用 A（渣相）和 B（锍相）表示。

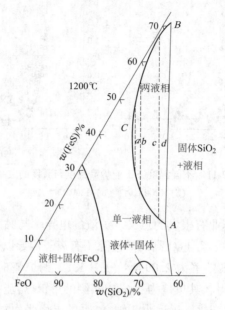

图 2-12　FeS – FeO – SiO_2 三元系相图

表 2-9 列出了 SiO_2 饱和时 Fe-O-S 系两层液相的组成（1200℃）。

表 2-9　SiO_2 饱和时 Fe-O-S 系两层液相的组成（1200℃）

体　系	相	组成/%					
		FeO	FeS	SiO_2	CaO	Al_2O_3	Cu_2S
FeS – FeO – SiO_2	渣	54.82	17.90	27.28			
	锍	27.42	72.42	0.16			
FeS – FeO – SiO_2 + CaO	渣	46.72	8.84	37.80	6.64		
	锍	28.46	69.39	2.15			
FeS – FeO – SiO_2 + Al_2O_3	渣	50.05	7.66	36.35		5.94	
	锍	27.54	72.15	0.31			
Cu_2S – FeS – FeO – SiO_2	渣	57.73	7.59	33.83			0.85
	锍	14.92	54.69	0.25			30.14

由表 2-9 所列数据可知，当渣中存在 CaO 或 Al_2O_3 时，将对 FeO – FeS – SiO_2 系的互溶区平衡组成产生很大影响，它们的存在均能降低 FeS 在渣中的溶解度，实际上它们的存在也使其他硫化物在渣中的溶解度降低。所以，渣中含有一定量的 CaO 和 Al_2O_3 时，可改善炉渣与锍相的分离。

炉渣与锍相平衡共存时之所以互不相溶，从结构上讲是因为炉渣主要是硅酸盐聚合的阴离子，其键力很强；而锍相保留明显的共价键，两者差异甚大，从而为互不相溶创造了条件。向硅酸铁渣系中加入少量 CaO 或 Al_2O_3 时，它们也几乎完全与渣相聚合，因此，它们的存在使渣相与锍相的不溶性加强。

2.3.4 渣铜损失

火法炼铜生产过程的铜损失分为两方面：一是随烟气带走；二是随渣损失。随烟气带走的铜经过收尘系统，可以回收 98% ~99%，最终随烟气损失的铜约占加入铜量的 1%。随渣损失的铜是主要的，废渣含铜为 0.2% ~0.5%，个别的高达 1%。生产 1t 铜随精矿品位的变化，产废渣约 2~3t，有时达到 5~6t。随废渣含铜及废渣量的变化，渣铜损失的数量为产出铜量的 1% ~3%。若以 2% 计，一个年产 10 万吨的铜厂，每年损失的铜量为 2000t，其价值是可观的。所以对渣铜损失应予以高度重视。

渣铜损失的形态有两种：一种是机械夹杂在渣中的冰铜粒子；一种是化学溶解在渣中的铜。延长熔炼过程放出的熔体澄清时间，降低炉渣的黏度和密度，便可以减少渣中机械夹杂的冰铜粒子。这部分内容已在冶金原理课程中叙述过了，下面只讨论化学溶解在渣中的铜损失。

虽然在低硫位和高氧位的条件下，炉渣中有一些中性铜原子和高价铜离子（Cu^{2+}）存在，但根据液态炉渣的离子理论，可以认为化学溶解在渣中的铜是以一价铜离子（Cu^{+}）的形态存在，这种炉渣具有一定氧化亚铜的活度，其平衡反应为：

$$2Cu^{+} + O^{2-} = Cu_2O_{(1)}$$

$$Cu^{+} + 0.5O^{2-} = CuO_{0.5(1)}$$

对于组成基本一定的炉渣，其中 O^{2-} 的浓度或活度也就基本一定，于是 Cu^{+} 的浓度便正比于渣中铜的浓度。因此可推出渣中的铜含量为：

$$铜含量 = A(a_{Cu_2O})^{1/2} = A \cdot a_{CuO_{0.5}} \tag{2-8}$$

这个关系已为许多实验证实。系数 A 被称为炉渣的铜率，它与炉渣的组成有关。对于 SiO_2 饱和的炉渣与液态铜或铜合金（不存在硫）平衡时，以前许多研究者在 1473 ~1573K 情况下的研究结果是一致的，铜率的平均值 $A = 35 \pm 3$。

当炉渣与冰铜平衡时，渣中 a_{Cu_2O} 为下列平衡式所约束：

$$Cu_2S_{(1)} + FeO_{(1)} = FeS_{(1)} + Cu_2O_{(1)} \qquad \Delta G^{\ominus} = 128951 - 1.85T \ (J)$$

对 SiO_2 饱和炉渣假定 $a_{FeO} = 0.35$，不同温度下的 a_{Cu_2O} 为：

1473K 时，$\qquad\qquad a_{Cu_2O} = 1.32 \times 10^{-5} a_{Cu_2S}/a_{FeS}$

1573K 时，$\qquad\qquad a_{Cu_2O} = 2.57 \times 10^{-5} a_{Cu_2S}/a_{FeS}$

取铜率 $A = 35$，求出渣中铜含量表示在图 2-13 中。图 2-13 中也列出了某些研究者的实验数据。

上述计算没有考虑冰铜存在时炉渣中溶解有一些硫，而硫的存在会增加渣含铜，也就是说会提高铜率 A（与不含硫炉渣比较）。这是由于渣中的亚铜离子与硫离子强烈的相互反应所致。因此，当硫存在时，修正的铜率 $A_{rev} = A_0 e^{K} w(S)_{\%}$，式中 A_0 为炉渣中不含硫时的铜率，K 为常数。

关于铜熔炼炉渣中的硫含量的数据较少，图 2-14 所示的研究结果又有很大的差别，不过其总的趋势是渣中的硫含量随冰铜品位的升高而降低。当炉渣与 1~101kPa SO_2 平衡时（A~C 线），其中的硫含量高于金属饱和的炉渣（E~G 线）。纯的铁硅酸盐炉渣中的硫含量也比工业生产中所产的含有 CaO、Al_2O_3 等组分的炉渣高。

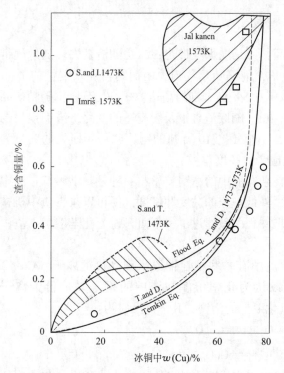

图 2-13　硅饱和炉渣的渣含铜量

$p_{SO_2} = 10^{-1} \sim 101\text{kPa}$，各种曲线代表不同的研究结果

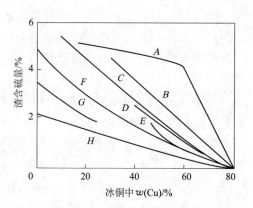

图 2-14　硅饱和炉渣的渣含硫量

$A \sim H$ 代表不同的研究条件

2.3.5　造锍熔炼过程中 Fe_3O_4 的形成

磁性氧化铁的行为是炼铜的主要问题之一。在较高氧位和较低温度下，固体 Fe_3O_4 便会从炉渣中析出。在固体 Fe_3O_4、冰铜和炉渣三相之间的平衡关系，可用以下反应式作为讨论的基础：

$$3Fe_3O_{4(s)} + FeS_{(1)} \Longrightarrow 10FeO_{(1)} + SO_2$$

这一反应式表明，在 FeS 的活度较大、FeO 的活度较小以及 SO_2 的分压较低的条件下，Fe_3O_4 便可被还原而造渣。特别重要的是 FeO 的活度，因为平衡常数是与其 10 次方成正比。而 FeO 的活度一般是加入 SiO_2 来调整。所以在铜熔炼过程中，造 SiO_2 高或 SiO_2 接近于饱和的硅酸盐炉渣是合适的。在 SiO_2 饱和与 101kPa SO_2 压力下，铜熔炼的相平衡关系如图 2-15 所示。

当 SO_2 压力低于 101kPa 时，$Cu - Cu_2S$ 的平衡线以及冰铜的 FeS 的活度曲线，将向低氧位方向移动。当熔炼在 SiO_2 不饱和的炉渣下进行时，Fe_3O_4 析出的曲线将向高温方向移动。在低氧位下，析出的 Fe_3O_4 是较纯的，当氧位提高以后，特别是有金属铜相平衡的条件下，析出的 Fe_3O_4 将含有大量的铜，即析出了 $Cu_2O \cdot Fe_2O_3$ 固相。在锍的吹炼过程中，其中的 FeS 会优先发生氧化反应转变为 FeO，由于氧压的升高，FeO 会进一步氧化为 Fe_3O_4。发生的反应为：

$$FeS_{(1)} + \frac{3}{2}O_2 \Longrightarrow FeO + SO_2$$

$$9FeO_{(1)} + \frac{3}{2}O_2 \Longrightarrow 3Fe_3O_{4(s)}$$

两式相减即得 $\qquad 3Fe_3O_{4(s)} + FeS_{(1)} \Longrightarrow 10FeO_{(1)} + SO_2$

$$\Delta G^{\ominus} = 654720 - 81.95T \ (J)$$

$$K = \frac{a_{FeO}p_{SO_2}}{a_{FeS}a_{Fe_3O_4}}, \quad K_{1473} = 5.43 \times 10^{-4}, \quad K_{1573} = 1.62 \times 10^{-2}$$

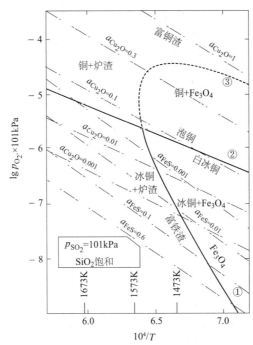

图 2-15　在 SiO_2 饱和与 101kPa SO_2 压力下铜熔炼的相平衡关系

①代表 Fe_3O_4 与炉渣的相平衡曲线（熔炼条件下）；②代表冰铜与铜的相平衡曲线；

③代表 Fe_3O_4 与炉渣的相平衡曲线（吹炼条件下）

为了进一步了解 Fe_3O_4 生成的条件，设吹炼下气相中的 $p_{SO_2} \approx 20kPa$，$a_{FeO} = 0.4$ 或 0.5，可以作出 a_{FeS} 与 $a_{Fe_3O_4}$ 的关系图（见图 2-16）。从图 2-16 中可以看出：温度降低，冰铜品位升高，炉渣中 SiO_2 添加太少均有利于 Fe_3O_4 的生成。

在造锍熔炼炉中和锍的吹炼转炉中，由于 Fe_3O_4 固相的析出，难熔结垢物的产生便是常见的现象。如反射炉炉底的积铁、转炉口和闪速炉上升烟道的结疤，炉渣的黏度增大和熔点升高、渣含铜升高等许多冶炼问题，都可以采取上述措施通过降低 Fe_3O_4 的活度，来消除或减少许多故障。

图 2-16 表明，当冰铜品位提高到近于白冰铜（80% Cu）时，$a_{Fe_3O_4}$ 显著升高。S-O 化学位图上也已表明，这是平衡氧压显著升高所致。所以在常规熔炼方法中，造锍熔炼阶段只产出含铜40% ~ 60%的冰铜，最高不宜超过70%，这样可以得到 Fe_3O_4 和铜含量均低的炉渣。在冰铜吹炼阶段，由于氧压显著升高，进入转炉渣的铜和 Fe_3O_4 的含量就会显著

增加。

2.3.6　造锍熔炼过程中杂质的行为

　　铜镍原料进行造锍熔炼时，除了铁与硫以外，其他伴生的元素还有 Co、Pb、Zn、As、Sb、Bi、Se、Te、Au、Ag 和铂族元素等，其中的贵金属总是富集在铜镍金属相中，然后从电解精炼过程中来回收。其他的元素应该在熔炼过程中，不同程度地或者挥发进入气相，或者以氧化物形态进入炉渣。换句话说，锍和金属铜或镍是 Au、Ag 等贵金属的捕集剂；而炉渣则捕集了优先氧化后的 FeO、精矿和溶剂中的脉石（SiO_2、Al_2O_3、CaO 等）以及精矿中的少量杂质元素。烟尘中则富集了挥发元素。

　　杂质金属是以什么形态稳定存在，根据硫化物的氧化熔炼来说，可用下列两个反应的热力学计算来讨论：

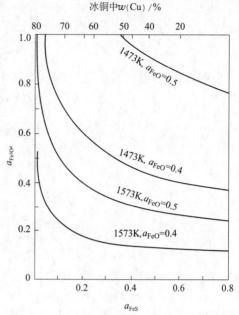

图 2-16　冰铜中的 a_{FeS} 与炉渣中 $a_{Fe_3O_4}$ 的关系

$$M_{(s,l)} + 0.5S_2 === MS_{(s,l)} \tag{2-9}$$

$$M_{(s,l)} + 0.5O_2 === MO_{(s,l)} \tag{2-10}$$

　　反应（2-9）和（2-10）的平衡常数的对数 $\lg K_a$ 和 $\lg K_b$ 在 1573K 下的计算结果列入表 2-10 中，表中还列出了各元素在 1573K 下的无限稀的铜溶液的活度系数、各元素在熔铜和白冰铜之间的分配系数 $L = w[M]_{铜}/w(M)_{白冰铜}$。

表 2-10　各元素的反应（a）和（b）平衡常数以及其他数据

元素	Cu	Au	Ag	Pb	Bi	As	Sb	Sn	Ni	Co	Fe	Zn	Se	Te
$\lg K_a$	2.88		0.74	1.12	-1.32	—	-0.22	1.35	1.34	1.15	2.39	3.27		
$\lg K_b$	2.61	-4.62	<2.25	2.42	1.63	3.525	3.49	4.00	3.18	3.90	5.40	6.16	-1.235	0.829
γOM	1	0.36	2.9	5.1	2.5	0.0008	0.017	0.13	2.6	3.6	12.6	0.18	0.0034	0.040
[M]/(M)	—	172	2.4	11.5	3.1	9.0	13.6	9.3	3.1	1.12	0.20	0.97	0.74	0.113

　　根据 $\lg K_a$、$\lg K_b$ 的数据，假定在 1573K 下 $a_M = a_{MS} = a_{MO}$，便可作出各元素稳定态 S-O 系化学位图，如图 2-17 所示。由此可估计出这些元素在冶炼过程中的变化趋势。在 $p_{SO_2} = 10kPa$ 的熔炼条件下，Zn 和 Fe 趋向于变为氧化物入渣。Co 则要在更高的氧位下才氧化，然后再富集在吹炼的转炉渣中。Bi、Ag、Pb、Ni、Sb 等可能以金属态存在。假定 $a_{FeO} = 0.35$，$a_M + a_{MS} + a_{MO} = 100\%$，沿 $p_{SO_2} = 10kPa$ 的等 p_{SO_2} 线可推导出它们的活度。对于冰铜品位为 25% ~ 70%Cu 时的热力学推算结果表明，硫化亚铜是最稳定的，这也是提出铜精矿造锍熔炼的根据。冰铜品位稍高一些，Ni 和 Pb、Co 可以硫化物形态入冰铜，Bi、Sb、Ag、Pb 和 Ni 以金属形态溶于冰铜中。Sb、Pb、Bi 是精炼过程中的有害元素，想用氧化作用使它们造渣分离，是有较大困难的。Ni 希望富集在冰铜中回收，Sn 和 Co 也如此，但趋

向于氧化而随渣损失掉。锌和铁几乎全部氧化入渣。

各元素与铜分离的程度，即它们入渣的总量，取决于它们的热力学稳定性、氧化物在渣中的活度系数以及产出的渣量。在熔炼的过程中，产出大量的炉渣（即提高冰铜品位），虽有利于铅和锑更多地氧化入渣，但 Cu 和 Ni 随渣的损失也就增多。所以通过炼出更高品位的冰铜来脱除杂质也是不适宜的。由于富氧空气的应用，强化了熔炼过程，炼出了更高品位的冰铜或含硫高的粗铜，也就改变了常规炼铜中杂质变化的一般规律，特别是 As、Sb、Bi 的脱除就比常规熔炼脱除得少。

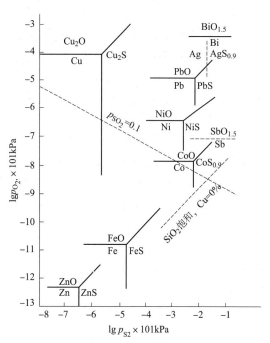

图 2-17　1573K 下各种 M-S-O 系的硫氧位图

精矿中的伴生元素也可能以金属、硫化物或氧化物的形态，在熔炼的高温下挥发除去。硫化物在熔炼过程中挥发的热力学已有许多研究者讨论过，无疑还有许多物质的挥发热力学数据不知道。况且常见的金属元素 As、Sb、Bi 可以形成多种挥发物质，如单原子或多原子元素、硫化物和氧化物，这就造成计算中的不可靠性。所以研究的结论是不一致的。一般可以认为，随着熔炼所产冰铜品位的升高，硫化物挥发的分压是降低的，氧化物挥发的分压则是升高的。这是由于体系的氧位升高和硫位降低所致。至于元素挥发的分压则随冰铜品位的升高有可能升高也有可能降低。例如，砷随冰铜品位升高时，以元素挥发的分压是降低的。就较贵的金属如铅来说，其挥发的分压是随冰铜品位升高而升高的。

许多伴生元素一般在铜相中的溶解度比冰铜相要大，对于给定的浓度来说，其活度系数和分压相应都要低一些。例如砷，当形成金属铜相后，其分压显著降低，这是与砷在液体铜中的活度系数很小一致的。由于铅在液体铜中的溶解度比在冰铜中大，故同样浓度铅的蒸气压就会降低。

一般来说，用挥发来分离伴生的元素应该在铜熔炼中的各个阶段进行，在某一阶段，如果元素或化合物具有较大的分压，就可以在此阶段使其挥发出来。在多数情况下，造锍熔炼阶段可用挥发法除去较多的杂质。这就要求在熔炼时有大量的烟气流过和尽可能提高温度。所以在某种情况下，用大量惰性气体如循环烟气流过炉中，是有利于除去某些挥发杂质的。

2.4　诺兰达熔池熔炼

20 世纪 50 年代尤其是 70 年代以来，重金属造锍熔炼技术有了很大进展。为了满足环境保护的要求、节约能耗、减少投资和降低生产成本，原有生产厂都进行了一系列的技术改造，并导致许多新熔炼方法的出现与采用。原有造锍熔炼方法一般可分为鼓风炉熔炼、反射炉熔炼和电炉熔炼。新的熔炼方法可分为闪速熔炼和熔池熔炼两大类。反射炉熔炼和电炉熔炼也属于熔池熔炼的范畴。

诺兰达熔炼工艺系加拿大诺兰达矿业公司所发明，1968 年在加拿大霍恩冶炼厂建立了一台日处理 90t 精矿的半工业性设备，运行了四年，冶炼精矿总量达 90kt 以上，直接产出粗铜或高品位铜锍。在半工业试验的基础上，建设了日处理精矿 726t 的诺兰达工业炉，于 1973 年 3 月投产，将精矿直接熔炼成粗铜。1975 年，由于直接产粗铜导致诺兰达炉炉寿命低和粗铜含杂质高等问题，改为生产高品位铜锍，然后送转炉吹炼成粗铜。

经过二十多年的探索和不断改进，特别是富氧空气的使用和处理废杂铜能力的大增，以及风口高温计的使用，到 20 世纪 90 年代初，诺兰达炉已达到 2930t/d（铜精矿 2563t，外购废杂铜和含铜料 367t）处理能力，全年产铜 180 ~ 200kt。诺兰达熔炼法已成为一种稳定可靠、指标先进的具有竞争力的比较成熟的铜熔炼方法。

2.4.1 诺兰达熔炼生产工艺过程

诺兰达熔炼工艺流程如图 2-18 所示。现以大冶诺兰达系统为例，简要说明反应炉内的熔炼过程。

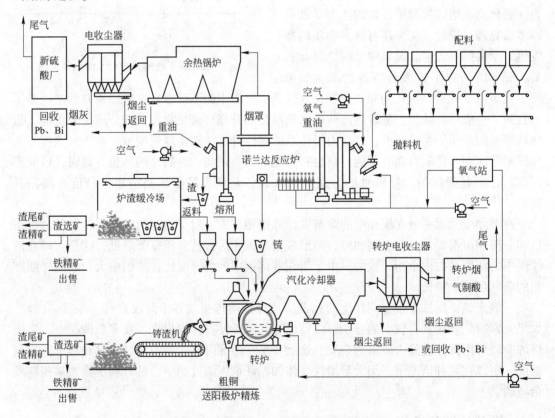

图 2-18 大冶冶炼厂诺兰达熔炼工艺流程

诺兰达反应炉类似于铜锍吹炼的转炉，沿长度方向将炉内空间分为吹炼区（又称反应区）和沉淀区，整个生产过程如图 2-19 所示。由各配料仓的电子配料秤按需求控制下来的精矿、熔剂和少量固体燃料经带式输送机送往抛料机，由抛料机从炉头加料口抛往炉内熔池反应区。富氧空气由炉体一侧的风口鼓入反应区熔池，产生的冲击力以及气泡上升和膨胀给熔体带来很大的搅动能量，保证熔体与炉料迅速融合，造成良好的传热与传质条件，使氧化反应和造渣反应激烈地进行，释放出来的大量热能使炉料受热熔化生成高品位的铜锍和炉渣。加料端烧嘴使用重油或柴油为反应补充一定的热量。加料口气帘输入部分空气可适当增加熔体上方烟气中氧量，一方面和飞溅到熔池面上的熔体、炉料反应，另一方面使炉料中的炭质燃料及未完全燃烧的一氧化碳能充分燃烧。65% ~ 73%或更高品位的铜锍从铜锍放出口放入铜锍包中，再送往转炉吹炼。熔炼炉渣（含Cu 5%左右）在炉内沉淀区初步沉淀后从炉尾端排入渣包，然后送往渣缓冷场冷却、破碎，再运往选厂选出铜精矿（即渣精矿）和铁精矿，缓冷渣包底部铜锍及渣精矿返回熔炼系统。

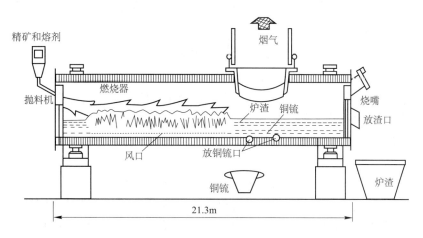

图 2-19 诺兰达生产过程

从反应炉的尾部炉口排出的烟气，经上升烟罩进入锅炉冷却，回收其中的余热。降温后的烟气进入静电除尘器除尘，收集的烟尘送综合回收系统回收 Pb、Bi、Zn 等，其余烟尘用气动输送装置送到精矿仓配料。净化后的烟气送硫酸系统生产硫酸。

转动诺兰达炉使风口在熔池面上，就可使熔炼过程停下来，在停炉后，由烧嘴供热保持炉温，反应炉转动到鼓风位置立即能恢复熔炼过程。

2.4.1.1 炉料和燃料

A 对炉料粒度和水分的要求

铜冶炼工厂的精矿来源广泛、种类较多、成分偏差大。相对于闪速熔炼，诺兰达工艺对物料粒度和水分的要求不严，精矿不必深度干燥，这是诺兰达法熔池熔炼的优点。

诺兰达工艺的加料系统简单且可靠，精矿湿度达到13%，料仓也几乎不挂料，粒度小于50mm的任何物料都能通过进料系统。

霍恩厂控制精矿水分低于15%，块矿、杂铜料和返料粒度小于100mm，但是熔剂粒度不大于20mm，固体燃料粒度一般为6 ~ 50mm。大冶厂入炉精矿含水一般为7% ~ 10%，霍恩厂入炉炉料的特性列于表2-11。

表 2-11　霍恩厂诺兰达炉炉料特性

种　类	粒　　度	水分/%	化学成分 w/%			
			Cu	Fe	S	SiO$_2$
铜精矿	从滤饼到100mm块矿	4 ~ 15	15 ~ 50	15 ~ 35	15 ~ 35	0 ~ 10
杂铜料	最大100mm	3 ~ 15	5 ~ 100	0 ~ 95	0 ~ 95	0 ~ 95
渣精矿	最大100mm	8 ~ 15	30 ~ 45	9 ~ 30	7 ~ 15	5 ~ 15
返料	最大100mm	0 ~ 20	0 ~ 80	0 ~ 35	0 ~ 35	0 ~ 70
熔剂	最大20mm	3 ~ 7	0 ~ 5	0 ~ 10	0 ~ 10	60 ~ 95
烟尘	结块 <50mm	3 ~ 7	0 ~ 50	0 ~ 20	0 ~ 20	0 ~ 10
焦（煤）	95% >1mm，最大50mm	3 ~ 7	灰分 <25%			

B　混合炉料配料原则

诺兰达炉炉料除铜精矿外，还有渣精矿、废杂铜、含铜料、各种返回料、烟尘、熔剂及补热用的固体燃料。入炉前需要对各种物料进行搭配。主要根据进厂精矿的种类、数量、成分、供应状况、矿仓占用情况、生产、供氧供风能力、炉况及后续工艺设备能力等统筹考虑。具体考虑的因素有：

（1）储料仓不足时，可把数量少的矿种先配入与之成分相近、量大的矿种中，再参加配料。

（2）一般保持 S/Cu≥1，铁和硫总量应占精矿总量50%以上，以确保有足够的反应热产生。比例适宜的 S/Cu 比，可实现自热熔炼，有利于节约能源和稳定诺兰达炉与硫酸的生产。过低的 S/Cu 比在熔炼时需要补充较多的热量，不利于节能；过高的 S/Cu 比则使得反应热过剩，无法进行温度控制，在加料量不变的情况下势必影响铜的产量。

（3）要根据杂质情况进行合理搭配，避免杂质特别是挥发性杂质对生产过程和产品质量产生较大影响，熔炼过程中 Pb、Zn 将大部分挥发进入烟气，其过高时，将使烟尘易黏结于烟道壁。原料含砷太高，其随烟气到达制酸转化器时，将引起触媒中毒。诺兰达熔炼铜锍品位达70%以上时，脱除 As、Sb、Bi 的能力下降，也即 As、Sb、Bi 进入粗铜中的比例会增大，在火法精炼时不能有效脱除，从而影响电解生产。诺兰达炉原料中上述元素内控标准见表 2-12。

（4）根据精矿的 SiO$_2$ 含量，炉料中 Fe/SiO$_2$≥2.0。

表 2-12　诺兰达炉原料中杂质元素内控标准

杂　质	Bi	As	Sb	Se	Cd	F
含量/%	0.07	0.10	0.02	0.005	0.02	0.06

C　熔剂

为了获得合理的渣型，熔炼时还应加入适量的熔剂，一般都是加石英石熔剂。大冶厂现使用河沙调节渣型，而霍恩厂使用别的工厂的副产品单质硅作部分熔剂。

大冶厂使用的渣精矿、烟尘和熔剂的典型化学成分列于表 2-13 中。

表2-13 大冶厂渣精矿、烟尘、熔剂的典型成分 (%)

物 料	Cu	Fe	S	SiO₂	Pb	Zn	As	Bi	CaO	Al₂O₃
渣精矿	30.55	24.61	11.12	13.57						
锅炉尘	32.42	19.83	13.32	7.18	2.93	1.14	1.17	0.49		
电收尘	18.95	12.23	9.6	3.33	14.82	6.62	5.86	3.00		
熔剂1号		0.70		92.00					0.25	5~6
熔剂2号		6.73		61.87					2.11	9.01
熔剂设计		6.00		72.00	0.20	0.20	0.12		3.00	5.00

D 燃料

诺兰达炉生产工艺需要一定的燃料来补充热量,固体燃料可以是块状或粉状的烟煤、无烟煤、焦粉或石油焦炭,加到炉料中通过熔体燃烧,燃烧产品在接近熔体温度的情况下逸出,热交换率高;同时作为一种还原剂还原渣中的 Fe_3O_4。固体燃料和炉料一起加入炉内,霍恩厂使用过几种煤和焦。大冶反应炉选择了廉价的石化厂副产品石油焦,其发热值为41.29MJ/kg,含C 85.135%、H 12.03%、S 1.14%、灰分0.04%,密度为0.95kg/t。通过燃烧器还可使用气体或液态燃料,如天然气、柴油、重油。大冶燃烧器用的燃料主要是重油。

2.4.1.2 熔池中的物理化学变化

诺兰达熔炼是一种典型的富氧强化侧吹熔池熔炼。富氧空气由炉体一侧风口鼓入熔池,混合炉料从炉头端墙通过抛料机抛到熔池表面后,被强烈翻动的熔体迅速加热熔化并进行氧化和造渣,放出大量的热量,维持过程进行,最后形成的铜锍和炉渣在沉淀区进行澄清分离。在上述过程中,炉料的加热、熔化、氧化、造渣及铜锍的形成过程都与熔池内熔体的流动特性及传质传热情况有关。

诺兰达熔炼炉内的流体运动示意图如图2-20所示,气流从诺兰达炉子一侧风口鼓入熔池中时,受到熔体的阻碍被击散并立即形成若干小流股和气泡,同时夹带周围的熔体上浮,发生动量交换。由于喷口区的负压与其他区域的正压造成的压力差,使流体向与流股界面呈垂直的方向流动。滞留气体在熔池面上形成的这种穹面的喷流或羽状卷流是熔池熔炼的基本条件,也可以说,熔池熔炼的主要问题就是羽状流的形成和控制问题。

与闪速熔炼过程类似,熔池熔炼也是一个悬浮颗粒与周围介质的热和质的传递过程。不同的是,在诺兰达熔池熔炼过程中,悬浮粒子是处在一种强烈搅动的液-气介质中,受液体流动、气体流动、两种流体间的作用

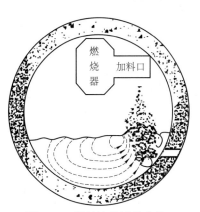

图2-20 诺兰达熔炼炉内的
流体运动示意图

以及动量交换等因素的影响,熔池熔炼的流体动力学比较复杂。目前研究报道的资料不多,下面仅从影响羽状流的基本因素,如液-气界面积、搅动能以及固体颗粒与流体间的质量传递和热量传递等方面,简单分析熔池内液体与气体间的相互作用。

在诺兰达熔池熔炼过程中,滞留在熔体中的气体与熔体间的界面积是影响传热和传质的主要参数,而决定液-气界面积的因素有单位熔体鼓风量、气泡在熔体内停留的时间、

气泡直径及熔体温度等，在内径为 $\phi 4.35\mathrm{m} \times 20.58\mathrm{m}$ 的诺兰达炉内，有关液-气界面积计算结果见表 2-14。

表 2-14 $\phi 4.35\mathrm{m} \times 20.58\mathrm{m}$ 的诺兰达炉内液-气界面积计算结果

项　　目		数　　据		
生产条件	总鼓风量（标态）/m³·h⁻¹	76500		
	单位熔体鼓风量（标态）/m³·h⁻¹	193.2		
	风口浸没深度/m	1		
	卷流速度/m·s⁻¹	5.9		
	气泡滞留时间/s	0.17		
计算结果	气泡直径/cm	2.5	5	10
	气泡-熔体界面面积/m²	3820	1910	955
	气体滞留体积/m³	15.9		
	滞留体积占熔池体积率/%	19		

由表 2-14 可知，诺兰达反应炉内气泡与熔体界面面积较大，因而炉料的熔化与气液间化学反应具有良好的条件。由于气体鼓入的冲击及气泡上升的膨胀，给熔体带来很大的搅动能量（又称混合能），此能量 P_m 与喷入气体流量 Q（m³/s）、熔体温度 T（K）、熔体密度 ρ_m（g/cm³）、风口浸没深度 Z（cm）存在下列关系：

$$P_\mathrm{m} = 0.74QT\ln\left(1 + \rho_\mathrm{m}Z/p_0\right)$$

其中，p_0 为大气压（101.3kPa）。

用高银精矿进行示踪实验研究诺兰达炉内的搅动状况，结果表明，整个炉内熔体呈三种流动状态，见表 2-15。

表 2-15 诺兰达反应炉内的流体流动状况

区　　域	体积分数/%		
	活塞流区	全混流区	死　区
铜锍示踪试验	1	45	54
炉渣示踪试验	21	53	26

表 2-15 表明：在沉淀区，有一半铜锍层和 1/4 的渣层，相对来说，处于不活动状态（即死区），另外一半铜锍层几乎处于良好的搅拌器中（全混流区），而渣有近 1/5 的部分处于活塞流区，诺兰达炉内流体的这种分布特点，满足了强化熔炼的需要。

熔池中鼓入空气带进了高混合能，造成气体-铜锍-炉渣液体间的巨大表面积，因而产生非常高的反应速率。据资料报道，氧气鼓入量为 8m³/s 时，氧气反应速率可达 290m/s，可见，过程的质量传递非常快，虽然气泡在熔体中停留时间非常短（小于 1s），但氧的利用率高达 98% 以上。

诺兰达熔池内物料与熔体间传热相当复杂，有些学者研究了在相对静止的熔池内炉料与熔体的传热情况，并在此基础上粗略计算了强制鼓风熔池熔炼情况，计算结果表明，2cm 颗粒熔化时间为 35s、5cm 颗粒为 90s、10cm 颗粒为 210s。霍恩和大冶的生产实践也表明，诺兰达熔池内炉料的熔化速度相当快。

单就传热和传质而言,诺兰达单位容积处理量有很大潜力,但由于受熔炼烟气量、粉尘率、炉寿命等因素的影响,其处理量受到一定限制。

由于诺兰达熔池熔炼具有良好的动力学条件,因而化学反应速度很快。在熔池中发生的主要化学反应有高价化合物的分解、硫化物的氧化、MS 与 MO 之间的交互反应、Fe_3O_4 的还原分解、MS 的造锍、MO 与脉石组分的造渣等,关于这些反应的分析可参阅造锍熔炼基本原理章节。

2.4.1.3 熔炼产物

A 铜锍

熔炼过程中,控制鼓入的风量或风料比,可以产出任意品位的铜锍直至粗铜。铜锍品位影响燃料消耗、熔炼与吹炼和精炼的工艺条件、经济指标及产物的产量和质量。选定铜锍品位时,应根据原料杂质成分以及对产品质量的要求,选出经济效益最佳的方案。一般控制铜锍品位在 65% ~73% 之间,某些工厂诺兰达法所产铜锍的成分列于表 2-16 中。

表 2-16 某些工厂诺兰达法所产铜锍的成分 (%)

工 厂	Cu	Fe	S	Pb	Zn	As	Sb	Bi	Fe_3O_4	SiO_2
霍恩厂	72.4	3.5	21.8	1.8	0.7					
犹他厂	73.0	4.2	20.8							
南方厂	69.33	5.96	20.76	1.28	0.43					
大冶实例 1 号	69.84	6.08	21.07	0.64	0.28	0.05	0.04	0.03		
大冶实例 2 号	71.4	3.5	21.5	2.5	0.7				1.8	0.2
大冶实例 3 号	64.7	7.8	23.0	2.8	1.2				2.2	0.2
大冶实例 4 号	55.6	13.7	23.2	4.0	2.6				4.1	0.3

提高铜锍品位可以提高反应炉的脱硫率,使炉料的化学反应热得到较充分的利用,降低反应炉的燃料消耗,在某些情况下,熔炼可以完全自热;提高铜锍品位,铜锍产量下降,转炉吹炼时间缩短,可以大大减轻吹炼工序的压力;同时,提高铜锍品位,烟气中二氧化硫浓度增加,对制酸也有利。

霍恩冶炼厂研究了在不同铜锍品位下,诺兰达法冶炼过程的操作数据,见表 2-17。

表 2-17 不同铜锍品位下诺兰达法冶炼过程的操作数据

项 目	平均铜锍品位/%			
	55.6	57.5	64.7	71.4
新料加入量/t·d⁻¹	2240	1850	1740	1820
返料和渣精矿/t·d⁻¹	506	380	323	345
熔剂/t·d⁻¹	263	235	230	270
消耗煤量/t·d⁻¹	103	113	93	96
每吨新料耗热/MJ·t⁻¹	1590	1880	1840	1710
鼓富氧空气量/m³·h⁻¹	58700	55500	59500	69000
氧量/L·d⁻¹	460	330	300	305
富氧浓度/%	38	33	31	30
产铜锍量/t·d⁻¹	1020	772	642	603
产渣量/t·d⁻¹	1610	1230	1320	1460

铜锍品位变化，铜锍产率、渣率和熔剂率相应变化。这是因为铜锍品位降低时，铁的氧化量减少，当加料量不变时，铜锍量增加，渣量和熔剂加入量减少，如图 2-21 所示。不同铜锍品位时铜锍和渣的成分见表 2-18。铜锍品位和风口鼓风氧浓度和燃料消耗的关系如图 2-22 所示。结果表明当铜锍品位从 70% 降到 55% 时，燃料消耗增加 20%。

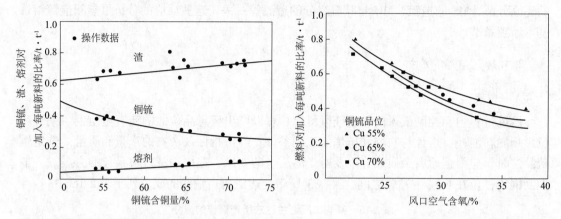

图 2-21　铜锍品位对铜锍产率、渣率和熔剂率的影响　　图 2-22　铜锍品位、富氧浓度和燃料消耗的关系

通过计算还可以确定铜锍品位、用氧量和瞬时加料量的关系，如图 2-23 所示。

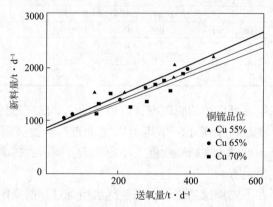

图 2-23　铜锍品位和送氧量、加料量的关系

表 2-18　不同铜锍品位时铜锍和炉渣成分　　　　　　　　　（％）

公称铜锍品位		Cu	Fe	S	Fe$_3$O$_4$	SiO$_2$	Pb	Zn	CaO	Al$_2$O$_3$
铜锍分析	70	71.4	3.5	21.5	1.3	0.2	2.5	0.7		
	65	64.7	7.8	23	2.2	0.2	2.8	1.2		
	55	55.6	13.7	23.2	4.1	0.3	4.1	2.6		
渣分析	70	5.4	39	1.8	22.4	21.9	0.9	3.6	2.1	5
	65	5.2	39.8	1.6	20.4	23.3	0.9	4.1	1.6	5.1
	55	4.4	39.6	2.2	18.4	23	0.7	3.9	1.5	5.2

生产低品位的铜锍，有利于除去 Bi、Sb 等杂质。随着铜锍品位上升，铜锍中 As、Sb、Bi 的含量缓慢上升，当接近白铜锍时，三者在铜锍中的含量急剧上升，这也就是人们一般

将铜锍品位控制在73%以内的主要原因之一。

根据霍恩厂的经验,为保证阳极铜中若干杂质的含量不超过允许极限,反应炉产出的铜锍中铋含量控制在0.015%以内,锑应控制在0.05%以内,而铅含量控制在3%以内。

铜锍周期地从炉内放出,周期的设定与炉子的尺寸、锍面与渣面允许波动范围、转炉的大小等因素有关。大冶厂控制的铜锍层厚度是在970~1300mm范围内波动。

B 炉渣

炉渣要定期排放,以控制渣层厚度在250~300mm之间波动。

诺兰达反应炉炉渣的特点是:渣含铁高,渣中铁硅比可在1.0~2.0范围变化,一般为1.60~1.80。因此,磁性FeO含量高,但熔剂用量少,渣量也不大。炉渣中Fe_3O_4的铁量占渣中总铁量的30%~40%,铜锍品位高时其值高。由于反应炉熔池搅动激烈,炉温较均匀,一般熔炼过程中未发现Fe_3O_4或难熔物在炉底沉结或产生隔层现象。

诺兰达炉渣中含铜也较高,这是由于该法生产的铜锍品位较高,炉内熔体搅动激烈,沉淀分离区域小,炉渣含铜3.5%~7.0%。因其含铜高,必须贫化处理。贫化方法一般选择缓冷-磨浮-选矿法。

铜锍品位下降,将引起渣量(渣率)减少,燃料率上升,相应数据见图2-21、图2-22和表2-17。

C 烟气与烟尘

某厂采用空气鼓风,反应炉炉口处的烟气体积分数实测值为:SO_2 7.7%,O_2 0.7%,N_2 74.2%,CO_2 6.1%,H_2O 11.3%。

大冶反应炉炉口、余热锅炉进口烟气参数设计及实测值见表2-19。

表2-19 大冶反应炉烟气参数设计及实测值

| 部 位 | | 烟气组成/% | | | | | | 烟气量 /$m^3 \cdot h^{-1}$ | 烟温 /℃ | 含尘量 /$g \cdot m^{-3}$ |
		SO_2	SO_3	CO_2	H_2O	O_2	N_2			
设计①	反应炉出口	15.26	0.30	10.00	18.65	1.50	54.30	50176		
	锅炉进口	9.25	0.19	6.10	13.00	8.76	62.10	82791	700~800	27.12
实测②	反应炉出口	15.00						55000	约1240	
	锅炉进口	8.38		3.49	17.58	8.35	62.20	82000	830	28.87

①从反应炉出口至锅炉进口设计漏风率为65%。
②由硫酸三系增湿塔进口测定值推算所得。

某厂用30%富氧鼓风的生产实际资料及漏风后锅炉进口烟气成分实例见表2-20。

表2-20 某厂烟气成分实测值

| 部 位 | 烟气组成/% | | | | | 烟气量 /$m^3 \cdot h^{-1}$ | 烟温 /℃ |
	SO_2	O_2	CO_2	H_2O	N_2		
反应炉出口	15.82	1.43	3.03	19.06	60.66	68220	1316
锅炉进口	9.04	9.82	1.73	10.90	68.52	118920	693±14

诺兰达炉烟尘率为干炉料量的2.3%~4.8%,随炉料成分、水分及粒度、炉膛压力不

同而波动，与闪速熔炼相比，其烟尘低得多，这是它的一大优点。

大冶厂与霍恩厂的烟尘成分列于表 2-21。

表 2-21　大冶厂与霍恩厂的烟尘成分　　　　　　　　　　　　（%）

项　目	Cu	Fe	S	SiO_2	Pb	Zn	As	Sb	Bi
霍恩厂烟尘	14.0	4.6	12.1	1.0	27.6	7.7			
大冶厂锅炉尘	34.42	19.83	13.32	7.2	2.93	1.14	1.17	0.08	0.49
大冶厂电收尘	18.95	12.23	9.6	3.33	14.82	6.62	5.86		3.0

诺兰达熔池熔炼过程中杂质元素在熔炼产物中的分配率列于表 2-22。

表 2-22　诺兰达熔池熔炼过程中杂质元素在熔炼产物中的分配率　　（%）

元素	烟　尘		炉　渣		铜　锍	
	锍品位 70%	锍品位 72%	锍品位 70%	锍品位 72%	锍品位 70%	锍品位 72%
Pb	74	68	13	11	13	22
Zn	21	46	68	45	6	9
As	85	83	7	5	8	12
Sb	57	53	29	10	15	37
Bi	70	69	21	19	9	13

2.4.1.4　诺兰达炉熔炼的生产数据与主要的技术经济指标

霍恩冶炼厂诺兰达炉的典型操作数据列于表 2-23。

表 2-23　霍恩冶炼厂诺兰达炉的典型操作参数

项目名称	参数（平均值）	项目名称	参数（平均值）
精矿处理量/t·d^{-1}	2494	渣产量/t·d^{-1}	1692（52 包）
风口平均鼓风量/m^3·h^{-1}	76000	炉渣 Fe/SiO_2	1.7~1.8
平均富氧浓度（O_2）/%	36.8	渣含 SiO_2 量/%	21~22
风口鼓风压力/kPa	215	烟尘率/%	4~5①
加煤量/t·d^{-1}	49	炉口烟气速度/m·s^{-1}	10~17
熔剂 SiO_2 含量/%	65~80	操作温度/℃	1230~1250
熔剂 Al_2O_3 含量/%	1~2	锍面高度/mm	最低 970 最高 1170
铜锍产量/t·d^{-1}	806（44 包）	渣层厚度/mm	最低 220 最高 330

①挥发物与颗粒各占一半。

主要技术经济指标分述如下：

（1）床能力指一昼夜内每平方米炉床面积上处理的精矿量。影响床能力的因素有混合精矿成分、性质、鼓风时率、风口氧气浓度、操作技能等。诺兰达炉床能力按熔池面积计算，一般为 30~50t/（m^2·d）（大冶诺兰达炉熔池面积为 42.8m^2）。

（2）诺兰达熔池熔炼工艺渣含铜较高，这与诺兰达炉的高锍品位、高铁渣型及反应炉结构等因素有关。大冶诺兰达炉渣含铜量目前为 3% ~5%。诺兰达炉渣性质较稳定、成分变化不大，渣中铜主要以硫化物形态存在。大冶诺兰达炉炉渣成分见表 2-24，渣中铜、铁的物相组成见表 2-25。

表 2-24 大冶诺兰达炉炉渣成分 (%)

成分	Cu	S	TFe	Au	Ag	SiO$_2$	CaO	MgO	Al$_2$O$_3$	Zn
含量	4.57	1.71	42.14	1.01	24.1	23.38	5.25	2.74	2.52	0.57

注：Au，Ag 单位为 g/t。

表 2-25 大冶诺兰达炉渣中铜、铁的物相组成 (%)

成分	Cu 物相组成				Fe 物相组成				
	Cu$_2$S	Cu	CuO	Cu$_2$O	Fe	Fe$_3$O$_4$	FeS	Fe$_2$SiO$_4$	Fe$_2$O$_3$
含量	73.8	20.31	4.8	0.23	1.25	44.18	2.27	47.83	4.47

（3）铜锍品位诺兰达炉产出的铜锍品位较高，一般控制在 65% ~73% 之间。更高的铜锍品位必然会导致渣含铜显著提高与耐火材料消耗增加。铜锍品位降低到 55%，虽然能顺利生产，但燃料消耗增多，烟气量与铜锍产量增大，从而影响经济效益。

（4）燃料率为消耗燃料量与处理混合精矿量之比，用百分数表示。诺兰达熔池熔炼工艺所需热量主要来自混合精矿的化学反应热，燃料仅作补充热源，因而燃料率较低。大冶诺兰达炉使用石油焦作燃料，目前燃料率为 2% ~3%。

（5）鼓风时率指诺兰达炉送风熔炼时间占整个生产周期的百分比。它是反映诺兰达炉生产能力的一项重要指标，它与操作水平、管理水平及诺兰达炉系统本身等诸多因素有关。大冶诺兰达炉鼓风时率目前在 82% ~87% 之间。

（6）直收率指铜锍中铜量与同期投入物料中的总铜量之比。由于诺兰达熔池熔炼工艺渣含铜量较高，因而直收率不高，一般不到 80%。

（7）耐火材料单耗指某次大修开炉至停炉时间内，耐火材料消耗量与所产铜锍量之比。可用下式表示：

耐火材料单耗 =（大修所用耐火材料量 + 本段时间内各次中小修用耐火材料量）/本段
时间内所产铜锍量

耐火材料单耗是一项综合技术经济指标，它与铜锍品位、耐火材料质量、砌筑技术、砌筑质量及工艺制度等许多因素有关。大冶诺兰达炉某次大修耐火材料用量见表 2-26。

表 2-26 大冶诺兰达炉某次大修耐火材料用量

序号	开炉时间（年.月.日）	停炉时间（年.月.日）	修炉性质	生产时间/d	耐火材料（新炉用砖 335）用量/t	备注
1	1997.9.24	1998.8.5	中修	316	66.7	
2	1999.2.23	1999.4.23	小修	60	7.16	
3	1999.5.15	1999.9.16	中修	125	23.27	事故停炉
4	1999.10.15	1999.11.22	小修	39	12.66	
5	2000.1.18	2000.8.11	大修	217	335	

从近几年来的生产实践看，诺兰达炉炉衬易损部位主要是风口区，其次是炉口、放渣口端墙与沉淀区两侧的上、下圆周炉衬及抛料口与烧嘴所对应的相关炉衬。

风口区由于熔体处于激烈的搅拌状态，化学反应剧烈，熔体对耐火材料侵蚀严重。此外，炉温冷热交替变化而产生热震以及捅风口的机械损伤也是导致风口砖易损的原因。炉口砖易损的原因主要是高温烟气冲刷以及清炉口时的机械撞击。放渣口端墙与沉淀区两侧的上下圆周炉衬损坏的原因是受高温烟气冲刷及渣层频繁波动，熔渣对炉衬的严重侵蚀。抛料口周围炉衬受炉料中的水分及冷空气作用而损坏。烧嘴周围炉衬则主要为火焰直接冲刷而损坏。

2.4.2　诺兰达反应炉结构及其装备

2.4.2.1　诺兰达反应炉的炉体结构

诺兰达反应炉是一个卧式圆筒形可转动炉体，筒体用 50mm 厚 16Mn 钢卷制，内衬镁铬质高级耐火砖。炉体支承在托轮上，可在一定范围内转动。大冶冶炼厂炉体基本结构如图 2-24 所示，其有关主要尺寸见表 2-27。

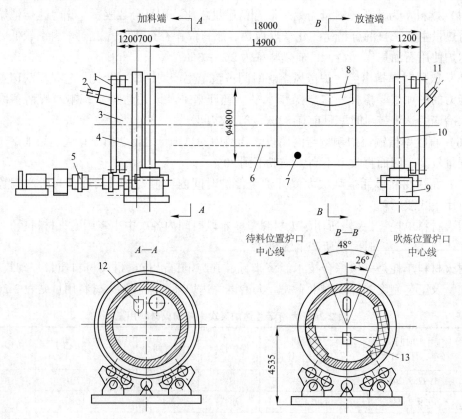

图 2-24　大冶冶炼厂诺兰达炉基本结构

1—端盖；2—加料端燃烧器；3—炉壳；4—齿圈；5—传动装置；6—风口装置；7—放锍口；8—炉口；
9—托轮装置；10—滚圈；11—放渣端燃烧器；12—加料口；13—放渣口

表 2-27 大冶冶炼厂诺兰达反应炉炉体结构尺寸

项 目	大冶冶炼厂	霍恩冶炼厂（加）	南方冶炼厂（澳）
炉壳内直径/砖体内直径/m	4.70/3.94	5.11/4.35	4.50/3.74
炉壳内长/砖体内长/m	18.00/17.06	21.34/20.58	17.50/16.74
炉子内容积/m³	210.0	305.1	183.9
熔池表面积/m²	42.8	0.3	36.0
吹炼区（反应区）长/m	10.0	12.3	10.0
吹炼区容积/m³	121.8	183.1	110.3
加料端耐火砖厚/m	0.381	0.381	0.381
加料端墙到第一风口距离/m	2.948	2.978	3.00
风口区长度/m	5.832	8.731	6.40
风门孔径/mm	52	54	
风口个数/个	37	56	37
风口中心距/m	0.162	0.159	0.180
最后一个风口到渣端墙距离/m	8.280	8.870	7.260
渣端墙耐火砖厚度/m	0.457	0.381	0.381
炉口尺寸/m×m	2.58×2.29	3.66×2.44	

整个炉子沿炉长分为反应区（或吹炼区）和沉淀区。反应区一侧装设一排风口。加料口（又称抛料口）设在炉头端墙上，并设有气封装置，此墙上还安装有燃烧器。沉淀区设有铜锍放出口、排烟用的炉口和熔体液面测量口。渣口开设在炉尾端墙上，此处一般还装有备用的渣端燃烧器。另外，在炉子外壁某些部位，如炉口、放渣口等处装有局部冷却设施，一般均采用外部送风冷却。

炉子的总容积与设定的生产能力、精矿与炉料成分、铜锍品位、渣成分、风量及鼓风含氧浓度、燃料种类与数量等多种因素有关。现在已有多个工厂的实践资料可供参考。在一般情况下，可由处理量先确定基础参数，再根据各种因素调节，其处理量按精矿计，为 9~10t/(m³·d)。炉子的热强度高，为 970~1100MJ/(m³·h)。

反应炉直径的确定，除了要考虑熔炼及鼓风量的要求外，同时还要考虑以下因素：

（1）为入炉料提供足够大的熔池容积。风口区域的炉子直径对熔池容积的影响更大。

（2）提供足够的熔池面积和熔池上方空间（容积和高度），以使烟气中悬浮的颗粒在进入炉口前能大部分沉降下来，并使熔炼过程产生的烟气能够顺畅地排出，保持炉内正常负压，避免引起烟气外逸及其他不良后果。

（3）能及时为后续转炉提供足够量的铜锍，满足转炉进料要求，放出铜锍后不会使反应炉内熔体面有过大的波动。

（4）当反应炉处于停风状态时，熔体面与风口之间应有适当的距离，这一距离还受反应炉（从鼓风吹炼位置到停风待料位置的）转动角度的影响。

现在已建成的几台诺兰达炉的直径在 4.5~5.1m 之间。

反应炉长度在满足炉子总容积的前提下，还要考虑在炉子各部位合理布置加料口、燃烧器、风口、炉口、放出口和熔体面测量口等的需要以及工艺操作、抛料机与燃烧器、捅风口机与泥炮等在安装诸方面的要求。目前现已建成的诺兰达炉，长度在 17.50~21.34m 之间。

诺兰达反应炉目前主要使用三种耐火材料：直接结合镁铬砖、再结合镁铬砖、熔铸镁铬砖。直接结合镁铬砖具有高温体积稳定性好、热稳定性好、抗渣侵蚀性能好等优点；再结合镁铬砖具有耐压强度高、抗侵蚀，高温强度高等优点；熔铸镁铬砖抗拉强度高、抗冲刷性能好、显气孔率低。根据炉内不同的工作状况选用不同的耐火材料，能延长炉子寿命，降低耐火材料消耗。大冶诺兰达反应炉各部分砌筑耐火材料种类见表 2-28。

表 2-28　大冶诺兰达反应炉各部分砌筑耐火材料种类

部　　位	材　　质	数量/t	备　　注
加料端端墙、风口区、炉底上层、炉顶	直接结合镁铬砖	263	进口，国内青花厂有产
渣端端墙、渣线区	再结合镁铬砖	69	进口，国内青花厂有产
铜锍放出及溜槽	熔铸镁铬砖	0.1	进口，共三层
炉底下层	高铝砖	7.7	实际用国产高铝砖

诺兰达反应炉内衬耐火材料厚度一般为 381mm，少数部位加厚，如风口、放渣口端墙为 457mm。

2.4.2.2　诺兰达反应炉的装置及其结构

A　抛料口与风帘

抛料口开设在炉头端墙上部，偏风口区一侧，另一侧布置燃烧器。抛料口的宽度与抛料机抛出的料量宽度相适应，抛料口的顶部距炉顶应有足够的距离，以减少炉料对炉顶的冲刷，抛料口的下沿距熔体面应有一定的高度，以使炉料有足够的抛撒距离，同时还可以减少熔体在抛料口的喷溅。

抛料口的风帘主要起气封作用，防止炉内烟气逸出，风量一般为 5000 ~ 8500（标态）m³/h。

反应炉加料由专用抛料机完成，由于皮带易损坏，因此一般备用几台。抛料口系统如图 2-25 所示。

B　风口及风口区

风口及风口区是反应炉重要部位，这是因为反应所需氧气主要是通过风口鼓入，而风口区是反应炉化学反应最主要、最激烈的区域。

风口直径、风口中心距、风口区长度等参数主要取决于各工厂的生产能力及生产条件、大冶诺兰达反应炉风口及风口区的有关参数见表 2-27，鼓风压力一般在 100 ~ 120kPa，鼓风量则根据给定加料量及预定的铜锍品位计算决定。单个风口的鼓风量平均在 1000m³/h 左右，富氧浓度为 36% ~ 45%，氧的利用率近 100%。风口位置可参考下列因素确定：（1）第一个风口到加料端的距离，一般取 3m 适宜；（2）最后一个风口与炉口的距离。该距离适当可减少炉口和烟罩的黏结，降低烟尘率，同时该距离影响炉结的生成及放锍口的位置；（3）最后一个风口与渣端墙的距离须满足渣锍的沉清分离要求及放锍口、炉口、熔体测量孔位置要求；（4）风口高度适中，以保证风口上方有足够铜锍层，创造良好的气-液反应条件，风口下方足够深度，避免鼓入的气体对炉底的冲刷，腐蚀耐火材料。实践中，风口中心线与反应炉水平中心线的垂直距离控制在 1.3 ~ 1.6m 之间（大冶为 1.435m）。风口装置如图

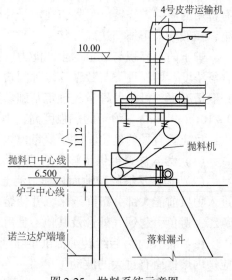

图 2-25　抛料系统示意图

2-26所示，主要由 U 形风箱、金属软管、弹子阀、消声器、风口管组成。风口结构与转炉的风口相似。风口用捅风口机捅打以保证送风畅通。

C 炉口

炉口在炉壳上的位置，主要考虑其能否有效集纳和排走烟气，减少喷溅与黏结。炉口尺寸主要取决于反应炉的烟气量及气流速度、实际生产经验，一般控制气流速度 13 ~ 17m/s。为保护炉口周围筒体，设有炉口裙板及风冷装置。正常吹炼时，炉口中心线与水平面的夹角为64° ~ 74°。

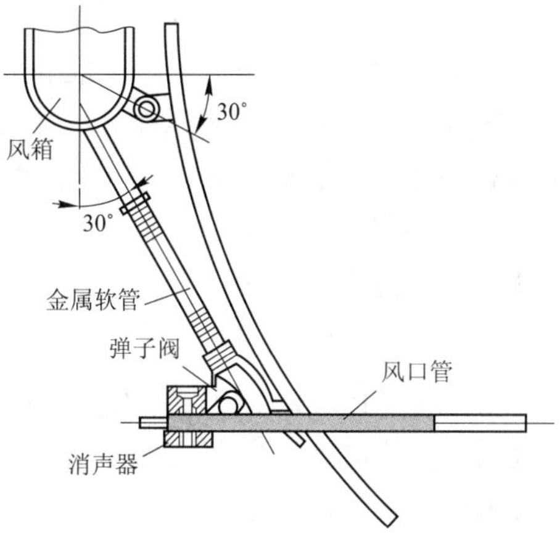

D 放铜锍口

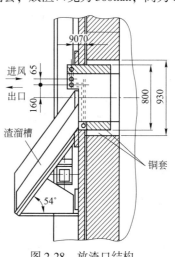

图 2-26 风口装置

放铜锍口结构如图 2-27 所示。此处采用熔铸镁铬砖砌筑，增强耐火材料抗锍腐蚀性能。大冶厂的放锍口位置在距最后一个风口 1.814m 处，直径为 76.2mm。放铜锍时用氧气将该口烧开，结束时用泥炮机将口堵住。

E 放渣口

放渣口开设在炉尾端墙上。它应满足熔体面在正常波动范围的放渣要求。大冶反应炉铜锍面波动范围为 970 ~ 1300mm，渣层厚度为 200 ~ 350mm，因此，渣口中心线距炉底为 1318mm。放渣口结构如图 2-28 所示。放渣口为一风冷铜套，放渣口宽为 300mm，高为 600mm。

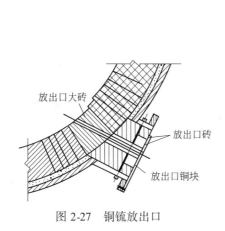

图 2-27 铜锍放出口

图 2-28 放渣口结构

F 熔体测量孔

及时准确地测量炉内熔体深度是熔炼工艺的要求。熔体测量孔开设在炉顶脊线上，大冶反应炉熔体测量孔直径为 90mm，以炉口中心线为中心，距前后 3.3m 处各设一个。

2.4.2.3 诺兰达反应炉的附属装置

A 密封烟罩

大冶诺兰达反应炉密封烟罩为常压汽化密封烟罩，密封烟罩主要由以下几部分组成：

（1）钢架，由两片组成，分别装在炉口两侧，其作用是固定密封烟罩的位置并承担全部重量；（2）组装水套，烟罩的主体部分，共有44块，高度方向有5排，宽度方向最多4块；（3）铸造活动挡板；（4）密封小车和传动装置，活动密封小车可将小车提起，进行清理或其他作业。密封小车由卷扬驱动，为减少驱动功率，设有配重系统；（5）集气管。

密封烟罩主要技术性能如下：炉口烟气量50000～55000（标态）m³/h，烟气温度约为1240℃，烟气流速10～17m/s，烟罩出口面为4.3m×3.5m，软水消耗量为5～6t/h。

B　支承及传动机构

反应炉炉体质量及炉内熔体质量共约1100t，全部通过托圈支承在四对托轮上。反应炉从正常的吹炼位转至停风位，由传动机构完成。大冶诺兰达反应炉传动机构为电机—减速机—小齿轮—大齿轮。电机功率为186kW，炉体转速为0.632r/min。采用蓄电池组作备用电源，一旦突然停电，备用电源可将炉体旋转48°，使风口露出熔体面，防止熔体灌入风口。

C　供风系统

大冶诺兰达反应炉设有3个供风（氧）点：风口、燃烧器、抛料口气封，3个供风（氧）点的风量及富氧参数见表2-29。

表2-29　大冶诺兰达反应炉各送风（氧）点的风量及富氧参数

制氧机组供氧方式	风口用风			燃烧器用风		抛料口气封用风	
	风量/km³·h⁻¹	风压/kPa	富氧浓度(O₂)/%	风量/km³·h⁻¹	风压/kPa	风量/km³·h⁻¹	富氧浓度(O₂)/%
1台机组	32～34	0.096～0.11	36	5000	10	3000	21
2台机组	33～35	0.105～0.12	40	4000	10	3500	23

制氧机产出的氧气经氧压机加压后，由输氧管道送至反应炉。在反应炉附近，氧气与高压鼓风机产出的高压风在混氧器中混合。混氧器结构如图2-29所示。混氧时，氧气的压力应略高于高压风的压力。为防止高压鼓风机因故突然停风，使氧气直接进入反应炉或高压供风系统造成事故，在混氧器之前，设置高压风机停风时氧气自动放空阀。

D　配料及定量给料系统

为满足熔炼工艺对混合炉料及燃料的要求，在反应炉炉前设置6个储料仓供精细配料用，其中3个铜精矿仓、1个返料仓、1个熔剂仓、1个燃料仓。由于铜精矿粒度小、黏结性强，在精矿仓内易发生堵料现象，因此，精矿仓内壁材质采用高分子聚乙烯板，仓外设有压缩风空气炮振打器。在各储料仓的下口都装有定量给料机。物料量由料仓下口的开启度来控制，物料的计量则由重力式皮带秤完成。大冶厂采用Schenck秤，该秤包括称重系统及皮带变频调速系统，形成物料量给定、检测、调

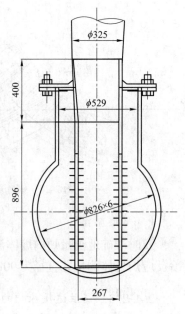

图2-29　混氧器结构

节等闭路调节系统。

给料系统由定量机和预给料机两部分组成。预给料机由 DEM1257 秤体、非标漏斗、专用溜槽及 FDA 加外围电路仪表扩展箱组成。DEM1257 秤体包括秤架、5.7m×1.2m 皮带、FCA30 速度传感器、变频调速器、交流电机及减速机。非标漏斗设置了防堵过渡段，可有效防止大块物料堵住料口或发生冲料堵死皮带，确保给料的连续性。专用溜槽的功能是使预给料机的物流均匀、平衡地滑到定量机皮带上，使物流连续、稳定、均匀且沿中心线对称分布。

定量机由 DEL0850 秤体、MICRCONRCO 仪表、卸料罩及全密封电控柜组成，DEM1257 秤体包括秤架、5.0m×0.8m 皮带、FCA30 速度传感器、Z6－4/100 称重传感器、变频调速器、交流电机及减速机。

E 捅风口机

捅风口机安装于炉体风口区外侧平台上，一般采用 Gaspe 型，主要由五个部分组成：机架、行走结构、捅打机构、钢钎冷却及电器部分。根据需要其可安装 1～3 根钢钎，可以全自动作业，即自动测距、定位、捅打、返回以及为了满足给定风量自动调整捅打风口频率，也可以人工操作。

F 泥炮

用于诺兰达反应炉铜锍放出口堵口的泥炮是一种悬挂式设备。它由机架、液压马达、油箱、油缸、油泵、蓄能器、泥管及驾驶室等组成。其工作原理是液压缸驱动机架移动至铜锍口位置，将出泥口中心对准铜锍口中心并使泥管完成压炮、吐泥动作，从而堵住铜锍口，阻止铜锍流出，并设有紧急后退装置。

2.4.3 诺兰达炉熔炼过程的主要控制参数及控制方法

诺兰达熔炼过程主要控制四项工艺指标：铜锍品位、炉温、渣型和熔体液面，其他参数为次要因素。其过程采取压抑性方针，实行压升抬降的控制方法，以保持稳定的铜锍品位、稳定的熔池温度、正确的渣型、合适的熔体液面。

2.4.3.1 铜锍品位的控制

铜锍品位的控制是诺兰达炉工艺控制的中心，诺兰达炉可产任何品位的铜锍，它能迅速适应铜锍品位的变化，目前典型操作生产的铜锍品位为 65%～73%。铜锍品位是由调节吹炼所需氧量来控制的，吹炼过程所需氧量可以通过精矿氧化反应耗氧量来计算。

A 精矿需氧量

需氧量的定义：将单位质量的精矿冶炼成某一特定品位的铜锍所需氧量的体积。有时也以质量来表示。

炉料需氧量的计算只考虑铁和硫的氧化。这里不计铅、锌、镍等杂质的氧化，并假设炉料中的铜全部变成铜锍。从理论上讲，这样的简化处理是不准确的，但事实上引起的误差不大，对宏观控制一个大工业熔炼炉的需要而言，其精度已足够。

设某精矿及熔炼该精矿所产铜锍及炉渣成分见表 2-30。

表 2-30　某精矿及熔炼该精矿所产铜锍及炉渣成分　　　　　　　（%）

项　目	Cu	Fe	S	SiO$_2$
精矿	21	25	24	10
铜锍	70	6.4	19.6	
炉渣	5	40		22.2

设加入 100t 精矿，则铜锍的产量（含渣中夹带的铜锍）为：

铜锍产量 = 精矿量 × 精矿中 Cu 含量(%)/铜锍中 Cu 含量(%) = 1000 × 21%/70% = 30（t）

S 氧化耗氧的计算：

被氧化的 S 量 = 精矿中的 S 量 – 铜锍中的 S 量 = 100 × 24% – 30 × 19.6% = 18.12（t）

根据 S 氧化的基本反应式：$S + O_2 \Longrightarrow SO_2$，计算出每吨精矿需氧量 $x = 126.587 m^3$。

修改 Fe 氧化耗氧的计算：

被氧化的 Fe 量 = 精矿中的 Fe 量 – 铜锍中的 Fe 量 = 100 × 25% – 30 × 6.4% = 23.08（t）

根据霍恩厂的经验，被氧化的 Fe 中有 60% 氧化为 FeO，另 40% 则被氧化为 Fe_3O_4。

Fe 氧化为 FeO 的需氧量按反应式 $Fe + 1/2O_2 \Longrightarrow FeO$ 计算每吨精矿需氧量：$y = 27.772 m^3$；Fe 氧化为 Fe_3O_4 的需氧量按反应式 $3Fe + 2O_2 \Longrightarrow Fe_3O_4$ 计算出每吨精矿需氧量：$z = 24.686 m^3$；每吨精矿 Fe 氧化耗氧量之和：$W = y + z = 52.458 m^3$；每吨精矿发生氧化反应的总需氧量 M 为：$M = x + W = 179.05 m^3$。

在实际生产中，往往是两三种精矿混合在一起加入反应炉内，各种精矿各自需氧量按在混合精矿中的质量分数计算出的加权平均值即为混合精矿的需氧量。

B　熔池特性

在诺兰达炉铜锍品位的控制过程中，炉料实际需氧量与理论计算需氧量的差异导致了铜锍品位的变化，在过程控制上，"需氧量"有着特定的含义，它是反映熔池内锍品位变化时的需氧量或供氧量的变化。这种变化在输入氧量保持定值的情况下，可以通过增加或减少精矿量来调控铁与硫的氧化数量，实现锍品位的控制。另一方面，锍品位变化时，需氧量或供氧量的变化是受熔池的容积容量影响的。因此，将这种变化关系称之为熔池特性，即库存铜锍的过剩氧量，下面将以具体的例子来说明。

在没有新炉料加入炉内的情况下，且炉内所积蓄的锍量不变，此时若铜锍品位变化，将会使需氧量变化，并与炉内积蓄的铜锍量有关。

设有 100t 含 Cu 为 70% 的铜锍，当品位上升到 71% 时，铜锍量为 100 × 70%/71% = 98.59（t），前后的质量差额为 1.41t（忽略次要元素），这个质量变化完全由铜锍中 FeS 的氧化所致。计算该 FeS 氧化的需氧量，即得该铜锍品位变化时铜锍的需氧量。

FeS 氧化的需氧量为 563m^3，这意味着锍品位上升到 71% 时应向炉内多加精矿，炉内积蓄的铜锍可以向炉内反应提供 563m^3 过剩氧量，即供氧量已经比锍品位为 70% 时多出 563m^3。如果铜锍品位下降，则此值为负，意味着炉内脱硫少了，供氧量不够，欲保持原来品位，在不调节供氧流量时，则需减少精矿加入量。

C　铜锍品位控制计算实例

铜锍品位的控制是以氧平衡为基础，可以采用改变加料量或鼓风量的方法来实现。任何一种控制调节只要与氧平衡有关，就必须重新进行一次氧平衡计算。氧平衡式表达为：

鼓入总气量×氧利用系数＝加入精矿量×精矿需氧量＋燃料量×燃料需氧量＋过剩氧量

例： 设定目标铜锍品位为70%，半小时前得到铜锍品位结果为70.2%，加料速率为80t/h，煤的加入量为1.5t/h，鼓风量为37000（标态）m^3/h，氧浓度为44%，熔池上方鼓入空气量（标态）4000m^3/h，现得到铜锍品位结果为69.8%，请计算加料率，使品位在半小时内回到目标值。

此时其他相关参数为：氧综合利用率95%，煤的耗氧量1650（标态）m^3/t 煤，熔池中铜锍积蓄量200t，铜锍品位提高1%所对应的需氧量为（标态）1112m^3。

首先，计算出原先的精矿需氧量：

需氧量（标态）＝（37000×44%＋4000×21%）×95%－1650×1.5＝13789（m^3）

实际吨精矿需氧量（标态）13789/80＝172.36（m^3/t）

炉中积蓄的铜锍的品位每提高1%，所对应的需氧量（标态）为1112m^3。本例中，铜锍品位在半小时内下降了0.4%，说明熔池中实际供氧量比理论耗氧量小，相对应在半小时内：

每吨精矿过剩氧量（标态）＝熔池过剩氧量/加料速率＝（70.2－69.8）×1112/（80×0.5）＝11.12（m^3/t）

新的每吨精矿需氧量（标态）＝172.36＋11.12＝183.48（m^3/t）

以下的工作就是调整进料率，以使新产出的铜锍品位为70%，并将炉内积蓄的所有铜锍的品位全部从69.8%提升到70%。

新加料速率＝（总氧量＋熔池过剩氧量）/新的精矿需氧量＝[13789＋（69.8－70）×1112]/183.48＝73.94（t/h）

实际操作中，加料速率由80t/h突然减至73.94t/h会引起炉温剧烈波动，可采取增加冷料量或逐步改变加料速率缓慢调节铜锍品位的方法，以稳定生产。

D　不同铜锍品位控制方式

定时从风口取铜锍样（放铜时以铜口样为主），送炉前X荧光分析仪快速分析铜、铁、硫、二氧化硅及有关杂质元素，根据结果判定炉况。有偏差时，计算机提出新的加料速度或新配料比的建议，经操作者确认后输入计算机执行。

铜锍品位控制分三种情况作业：正常、异常和铜锍样被污染时。以大冶反应炉为例叙述如下：

(1) 铜锍品位正常时，在控制范围内（如设定铜锍品位70%），品位每升（降）0.1%，加料速度增（减）3t/h左右。计算加料量时应考虑漏料、炉料水分等因素。

(2) 变化异常时，品位波动大于2%，且实际品位达71%～73%时，将高硫精矿的比例增加10%，低硫矿减少10%，总加料量增加10%。

品位高于73%时，增加取样分析频率为15min/次，全部采用高硫矿，并将总加料量增加10%。

品位高于74%时，将风口风量降低10%，氧浓度不变，取样分析15min/次，全部采用高硫矿，并将总加料量增加10%。

品位高于 75% 时，风量不变，氧浓度降到 35% 左右（正常为 39% 左右），取样 15min/次，全部采用高硫矿，总加料量增 10%。

以上几种情况，因加料量增加较多，而风量、氧浓度还减少，此时要密切注意炉温的变化。

品位达 76% 甚至更高时，只有停炉处理（大冶厂在反射炉同时生产时，偶尔采用加入反射炉低品位铜锍来调节诺兰达反应炉铜锍品位的方法，但须谨慎操作）。

（3）铜锍样被污染时

铜锍样中熔融的铜锍中机械夹杂少量的渣。当铜锍样品分析时，SiO_2 含量不超过 0.3%，这是正常值（霍恩厂正常值为 SiO_2 含量不超过 0.1%）。

如果样品中 SiO_2 含量大于 0.3%，我们即认为铜锍样被污染，出现这种情况，往往是炉况不正常，如铜锍品位低和渣流动性过好、铜锍面低等。此时，必须对分析结果进行判定并校正，将校正后结果应用于炉子操作控制，校正公式为：

$$w[Cu]_{校} = w[Cu]_{锍}/\{1 - w[SiO_2]_{锍}/w[SiO_2]_{渣}\}$$

式中　$w[Cu]_{校}$——校正后的炉内铜锍品位，%；

　　　$w[Cu]_{锍}$——铜锍样品位，%；

　$w[SiO_2]_{锍}$——铜锍样中 SiO_2 含量，%；

　$w[SiO_2]_{渣}$——当时炉渣中 SiO_2 含量，%。

例：某铜锍样，含铜 63.12%，含 SiO_2 2.18%，此时渣含 SiO_2 为 22.45%，求校正后的铜锍品位：

$$w[Cu]_{校} = 63.12\%/[1 - (2.18\%/22.45\%)] = 69.9\%$$

即校正后的铜锍品位为 69.9%。

由上可见，铜锍样被污染后，误差很大，操作中必须注意铜锍样是否被污染，发生污染情况可能说明炉况有问题，要谨慎作业。

铜锍样被污染时作业模式：

（1）铜锍样中 1.0% > $w[SiO_2]_{锍}$ > 0.3% 时，应采用校正后的铜锍品位来作业。

（2）$w[SiO_2]_{锍}$ > 1.0% 时，重新取样，最好从放铜锍口取样（该口接近炉子底部，又不在风口区，可采集到纯净的铜锍样），若铜锍口样 $w[SiO_2]_{锍}$ > 1.0% 时，首先要检查分析结果、检查取样制样工具。若分析结果真实可靠，此时要针对具体情况采取相应的工艺措施：若铜锍面低，应多加铜锍含量高的物料；若铜锍品位偏高，渣很黏，则可适当减氧；若是炉温低导致渣铜分离不好，应提高炉温。在整个处理过程中，要勤量铜锍面高度，增加取样分析频率；要勤放渣，压低渣层厚度。

2.4.3.2　炉温的控制

炉温是诺兰达熔炼工艺重要参数之一。炉温过高，耐火材料本身的强度下降，熔体对炉衬的冲刷、侵蚀加重，并增加能耗；炉温过低，渣的黏度增加，流动性差，难以排放，操作困难，而且炉料入炉反应不完全，往往随渣排出，在保持操作稳定和渣能顺利排放的情况下，通常维持低温运行，一般控制在 1220 ~ 1230℃。而铜锍品位的增加会产生更多的化学反应热量，因而会引起炉温的升高，反之亦然。因此，稳定铜锍品位直接影响到炉温的控制，故每半小时采集一个铜锍试样直接送化验室分析。这样，操作人员就可以在取样后 15～30min 内获得所需结果。若因某种原因不能进行试样分析，操作人员就可利用前一次试样的数据来调节生产参数，使铜锍品位回到目标值，这样，就可减少过热意外现象的发生。

诺兰达炉炉温的测量可以使用风口高温计与辐射式高温计。辐射式高温计只能测量炉渣的表面温度，因而用它测量熔池的表面温度有局限性，其测量可能受炉口辐射的影响，还可能受到熔体氧化产生的含重金属（如铅）的烟雾以及在熔池表面燃烧的煤和废金属物料颗粒的干扰。与此相反，风口高温计只测量主要反应区熔池的温度，生产参数的变化通过它可以很快地测知。

风口高温计实时测量值直接传送到 DCS 控制系统，显示在操作计算机屏幕上。因其测量的是风口区铜锍的温度，所以测得的温度对鼓入的富氧浓度很敏感，如富氧浓度为 21% 时，测得的温度为 1180℃，31% 时为 1205℃，而 38% 时则为 1260℃，为防止偏差，需定时用快速热电偶进行校正。

调控炉温采用如下措施：（1）冷料（返料）率随炉温高（低）而增（减）；（2）炉料配比随炉温高（低）而减（增）高硫矿比例（此时若增加高硫精矿比率，则氧浓度就相应地上调）；（3）石油焦加入量随炉温高（低）而减（增），同时调整氧量；（4）氧浓度随炉温高（低）而减（增）；（5）加料端燃油供应量随炉温高（低）而减（增），同时调供风、供氧。其中，调节冷料（返料）量最为简单、快速、有效。

2.4.3.3　渣型控制

控制合理的渣型是诺兰达炉工艺控制的又一重要任务，因诺兰达法能在渣含磁性氧化铁高的条件下操作。通过改变熔剂率来生产 Fe/SiO_2 为 1.5～1.9 的炉渣，其优点在于需要的熔剂少，减少了渣量，从而增加了炉子的处理量，减少了渣中铜损失，并为其后的渣贫化工作减轻负担。

在生产中，炉渣 Fe/SiO_2 往往会偏离标定值，须对加入熔剂率进行调整。根据大冶厂生产经验，铁硅比每升（降）0.1，熔剂率相应增（减）1%。

渣的流动性与原料成分、炉温、渣成分、炉料中是否掺有煤、氧浓度、炉内搅拌程度、渣端燃烧器是否开启、渣层厚度等因素有关。当渣流动性从较好状态达到临界状态时，应采取措施使其向好的方向发展，否则渣的性质可能会继续恶化，这些措施有：

（1）当炉温偏低或 Fe/SiO_2 偏离目标值时，渣流动性不好，应将炉温适当提高并将 Fe/SiO_2 调节到目标值，一般渣性可好转。

（2）当炉温和 Fe/SiO_2 都正常，但渣流动性不好时，一方面检查炉渣分析结果，以理论熔剂率加入石英；另一方面适当提高炉温，增加高硫精矿比例。

（3）作为燃烧与还原剂的煤，对渣流动性的影响较大，一般流动性好的渣都伴有煤的加入。

（4）渣端烧嘴的启用对改善渣流动性有利，但对炉子寿命的负面影响较大。

（5）渣中微量元素的含量对渣的性质有很大的影响，如 PbO 对流动性有好处而 ZnO 则会使渣流动性变差；当 Al_2O_3 含量小于 8% 时对渣流动性有利，反之则有害；在 Fe/SiO_2 小于 1.8 时，加 CaO 有益于改善渣流动性；Na_2O 对反应造渣有好处，但 Fe/SiO_2 大于 1.6 时对渣选厂就有很大的影响。通常炉料中微量元素较多时将 Fe/SiO_2 控制在 1.6 以下。

在熔池熔炼过程中产生的高度氧化的低硅渣含铜量为 4% ~ 6%，它取决于熔炼炉生产的铜锍品位，与 Fe/SiO_2 的关系不大。

2.4.3.4　液面控制

在反应炉顶部设有简单的液位测量孔，定时或根据需要插入钢钎进行液面测量。控制铜锍面最低值是为了保证氧气的利用率并防止风口鼓入的风直接鼓入渣层，从而引发喷炉事故；控制最高铜锍面是为了防止铜锍从渣口中放出，造成铜的不必要损失。总熔体液面控制得好，一方面可以保证炉内铜锍-渣-炉料间有充分的传质传热空间，铜锍能很好地沉淀，渣能顺利放出；另一方面，可以保证发生突发事故时，反应炉风口能转出液面，有足够的空间处理问题，不会造成风口堵死的事故。

大冶厂控制铜锍面为 970 ~ 1100mm，总液面低于 1650mm；霍恩厂控制铜锍面为 970 ~ 1170mm，总液面低于 1500mm。当液面波动时可采取的措施有：

（1）当铜锍面低于 970mm 时，马上停止放铜锍；改变配料比，在保持铜锍品位和炉温波动不大的前提下减少高需氧量物料，增加低需氧量或含铜高的物料比例；在特殊情况下，增大含铜高的高需氧量物料，适当降低铜锍品位，增加炉内铜锍积蓄量。

（2）当铜锍面高于 1100mm 时，马上放铜锍，停止放渣作业，如遇转炉暂不需要铜锍等特殊情况时，则降低加料量以控制铜锍量的增加或将炉子转到待料位置，保温等待。

（3）总液面的控制一般不能超过 1650mm，当超过 1600mm 时，必须马上放渣。视放渣速度，采取措施控制炉内液面上涨；当总液面已达到或超过 1650mm，且 15min 内由于外因无法放渣时则转出，停炉等待。

2.4.4　常见故障及处理

诺兰达炉熔炼过程中，可能发生的事故有喷炉、死炉、炉体局部烧穿及炉子误转等。

2.4.4.1　喷炉

喷炉是诺兰达反应炉最严重的事故。发生喷炉事故的原因分析如下：

（1）铜锍面过低导致大量空气鼓入渣层内，使大量 FeO 氧化为 Fe_3O_4，炉渣黏度增大，为熔体喷发准备了最重要的条件。

（2）炉温过高，则熔体温度高，铜锍黏度变小，鼓风阻力小，风口过于畅通。此时往往供氧量大于炉料需氧量，因此使铜锍品位升高，相应地铜锍体积减小，铜锍面下降，造成渣层内鼓风更加剧烈。

（3）炉渣过吹。由于铜锍面过低，且铜锍黏度小，从风口鼓入的氧气有一部分本应在铜锍层中消耗，此时却进入渣层，与渣中 FeO 反应，使 Fe_3O_4 生成速率比正常时大得多，使渣性变黏，放渣困难，因而渣层越来越厚，渣层内储存的氧越来越多，如此积累到一定程度时，风口鼓入的风参与反应产生的正常烟气和渣内储存的氧与硫化物等反应产生的额外烟气同时释放出来，喷炉就发生了。

预防喷炉事故发生的措施有：

（1）严格控制铜锍面高度和渣层厚度。大冶反应炉铜锍面高度严格控制在 970 ~ 1300mm 之间，要求按制度及时测量熔体表面高度。若铜锍层与渣层分界线不清时，应重复测准。若铜锍面高度低于970mm，停止放铜锍，同时适当增加高硫精矿的加入比例，或多加些炉料，并相应调节供氧量；若铜锍面高于1300mm，则应多放铜锍。渣层厚度应控制在200～350mm之间。低于200mm放渣时易带铜锍，使渣含铜增加，降低反应炉的直收率；高于350mm时，应多放渣，严禁高液面作业。

（2）控制好渣型和渣性。炉渣铁硅比控制在1.6～1.8，严禁 $Fe/SiO_2 < 1$ 或 $Fe/SiO_2 > 2$，严格按制度取渣样分析 Fe/SiO_2，若其波动较大时，要适当增减石英石的加入量或调整加入的各种精矿的比例。若炉渣发黏，在使用空气枪的情况下仍难放渣时，可适当增加石油焦加入量，提高炉温，不得已时，可开启渣端燃烧器。

（3）注意铜锍品位的变化。若铜锍品位升、降异常，首先要检查供氧量与加料量是否匹配，同时按铜锍品位异常时规定的运作模式处理。若铜锍样 SiO_2 含量超过1%，应尽快再从风口采集铜锍样，加以验证。

如果两个风口取的铜锍样污染程度相同，则第二个样必须从放铜锍口采取。铜锍样被污染严重，往往是炉内铜锍品位低和铜锍面低到危险程度的表现，必须高度重视，应按铜锍样被污染时的运作模式采取措施。

（4）严格控制炉温。严格要求炉温控制在1220～1230℃作业，若出现温度变化异常，首先要及时校正风口高温计，若确实是炉温变化超过限度，应采取增减冷料量等措施。

2.4.4.2 死炉

炉渣发黏很难放出，甚至放不出，而总液面持续上涨时，将导致铜锍从渣口流出，最终引起死炉事故的发生。

造成死炉的原因较多，主要有两种：一是渣性不好，炉渣发黏，停滞流不动，渣表面形成糊状层。这可能是炉温过低或炉渣中 Fe/SiO_2 失控；二是停炉保温时间过长，炉温下降过多，炉渣结壳而放不出来，或者是渣口被渣块堵死而造成死炉。

当一台反应炉出现种种濒临死炉的征兆时，可以采用以下"急救"措施，可能将其"救活"，转入正常生产：

（1）炉子不能停风，而应当在加料量减少的情况下，继续鼓入适量的风，以保持熔体的搅动。

（2）提高炉温，采取只加入高硫精矿、适当增加石油焦量、开启渣端燃烧器等提温措施。

（3）调节炉渣的 Fe/SiO_2，使之保持在1.6～1.8之间。

（4）开启最靠近渣端的几个风口（平常一般关闭），使其搅动放渣端熔体。

（5）来回转动反应炉。

预防死炉的措施有：

（1）严格控制炉温。炉温偏低时，减少或停止加入冷料，增加高硫精矿比例；同时，相应提高供氧量，让炉温慢慢升高。

（2）严格控制一次配料。难熔物较多的铜精矿或烟灰，要均匀配入，避免集中处理；同时，要保证炉前料仓储存有一定量的高硫精矿，供二次配料调整炉况时使用。

（3）严格控制渣型。使铁硅质量比在规定范围内波动，并增加石油焦量，改善渣性，均衡控制铜锍面和总熔体面高度，防止大起大落。

（4）在有计划的停炉保温前，要先将渣型调整好，并保留有一定厚度的渣层，在料面中适当多加一些石油焦、加入烧嘴的供油供风量。有条件时，每隔 2~3 天将反应炉转到鼓风位置，鼓几个小时的风，同时加入适量的高硫矿，使炉内熔体得到搅动，让炉内温度均衡和补充一些热量，并视情况放些炉渣后，再将炉子转出。有条件的工厂（如有反射炉在生产）保温后的开炉可以谨慎地向反应炉中加入适量的低品位热铜锍，然后转入鼓风状态，能使炉温迅速恢复正常。

2.4.4.3　炉体局部烧穿

炉体局部烧穿多发生在作业尾期。烧穿部位一般在炉底和风口区。由于炉结存在，炉底砖厚度测量不准，易造成炉底局部烧穿；其次，生产过程中，有时铜锍品位太高，产出粗铜，加剧了耐火砖的蚀损，也易引起局部炉底烧穿。风口区是反应中心区域，是受高温冲击、机械冲刷最严重的部位，该部位耐火砖蚀损严重。到后期，残砖易脱落，钢壳易被烧穿。

为了避免炉体烧穿，可采取如下措施：

（1）在日常生产中，严格按规程作业，严格控制好铜锍品位和炉温。

（2）严格按规定测量和记录炉体钢壳外壁各点温度。风口区钢壳外壁温度不得超过 230℃，其余部位不得超过 300℃；严格按规定测量和记录炉底砖和风口砖厚度，以便及时了解残砖状况。

（3）为了避免炉体局部烧穿，反应炉风口区的耐火砖一般每炉期更换一次，炉底砖每两炉期更换一次。此外，诺兰达反应炉在生产中还会发生渣口跑渣、跑铜锍或铜锍口跑铜锍等事故，遇到这种情况，只要将炉子转出，在降低熔体压力的情况下，漏洞容易堵上。

2.5　顶吹浸没熔炼法

顶吹浸没熔炼技术是一种典型的喷吹熔池熔炼技术，其基本过程是将一支经过特殊设计的喷枪，由炉顶插入固定垂直放置的圆筒形炉膛内的熔体中，空气或富氧空气和燃料（可以是粉煤、天然气或油）从喷枪末端直接喷入熔体中，在炉内形成剧烈翻腾的熔池，经过加水混捏成团或块状的炉料，可由炉顶加料口直接投入炉内熔池。

顶吹熔炼法是澳斯麦特熔炼法与艾萨熔炼法的统称。澳斯麦特法和艾萨法都拥有"赛洛"喷枪浸没熔炼工艺技术，按各自的优势和方向，延伸并提高了该项技术，形成了各具特色的澳斯麦特法和艾萨法。

这两种方法在备料上具有共同点，原料均不需要经过特别准备。含水量低于 10% 的精矿制成颗粒或精矿混捏后直接入炉。当精矿水分含量高于 10% 时，先经干燥窑干燥后，再制粒或混捏，然后通过炉顶加料口加入炉内，炉料呈自由落体落到熔池面上，被气流搅动卷起的熔体混合消融。澳斯麦特与艾萨法的主要区别是：

（1）喷枪的结构不同。澳斯麦特喷枪有五层套筒，最内层是粉煤或重油，第二层是雾化风，第三层是氧气，第四层是空气，最外层是用于保护第四层套筒的套筒空气，同时供燃烧烟气中的硫及其他可燃组分之用，最外层在熔体之上，不插入熔体；

艾萨炉喷枪只有三层套筒，第一层为重油或柴油，第二层是雾化风，第三层为富氧空气。

（2）排料方式不同。澳斯麦特炉采用溢流的方式连续排放熔体；而艾萨炉采用间断的方式排放熔体。

（3）喷枪出口压力不同。艾萨炉喷枪的出口压力为50kPa，澳斯麦特炉喷枪的出口压力为150~200kPa。

（4）澳斯麦特炉与艾萨炉在炉衬结构上的思路是完全不同的。澳斯麦特炉的思路是让高温熔体黏结在炉壁砖衬上，即使用挂渣的方法对炉衬进行保护，于是，澳斯麦特炉采用了高热导率的耐火材料砌筑，并且在炉壁和外壳钢板之间捣打厚度为50mm左右的高热导性石墨层，钢板外壳表面又用喷淋水或铜水套冷却水进行冷却；艾萨炉除放出口加铜水套冷却水进行冷却以保护砖衬外，炉体其余部位不加任何冷却设施，耐火砖与炉壳钢板之间填充一层保温料。

（5）在炉底结构上，艾萨炉采用封头形及裙式支座结构，炉底裙式支座平放在混凝土基础上，用螺栓连接在一起，施工安装较方便；澳斯麦特炉采用平炉底，炉底与混凝土之间加钢格栅垫，用螺栓相连，这种结构较复杂，施工较难。

（6）艾萨炉采用平炉顶，澳斯麦特炉采用倾斜炉顶，平炉顶制造安装比倾斜炉顶简单。澳斯麦特/艾萨法与其他熔池熔炼一样，都是在熔池内熔体-炉料-气体之间造成的强烈搅拌与混合，大大强化热量传递、质量传递和化学反应的速率，以便熔炼过程能产生较高的经济效益。与浸没侧吹的诺兰达法不同，澳斯麦特/艾萨法的喷枪是竖直浸没在熔渣层内，喷枪结构较为特殊，炉子尺寸比较紧凑，整体设备简单，工艺流程和操作不复杂，投资与操作费用相对较低。

2.5.1 顶吹浸没熔炼生产工艺流程

顶吹浸没熔炼对于老厂改造有很大的灵活性与适应性。一般来说，原先使用电炉熔炼的工厂基本上保持了已有的工序，只是在电炉前面加上澳斯麦特炉或艾萨炉熔炼铜精矿，仍可利用原来的电炉进行炉渣贫化。炉料准备系统也可以不动，可保留干燥部分。迈阿密厂和云南铜业公司就属于这一类。

迈阿密冶炼厂的艾萨炉熔炼工艺流程如图2-30所示。精矿和大部分熔剂在配料车间混合后，用铲车运送到五个中间储料仓，按需要控制从各中间料仓下来的精矿、熔剂、煤和返料的料流量。

这些物料经过一个叶片混合器（搅拌机）混合后，送到制粒机中进行制粒，制好的粒料加入艾萨熔炼炉。粒料的优点是可以大幅度降低烟尘量。从艾萨炉出来的铜锍和炉渣的混合熔体通过溜槽进入电炉进行沉淀分离。

氧气浓度为50%的富氧空气通过喷枪外管喷入炉内，内管喷天然气，喷枪末端有一个旋流器将两者混合。天然气和煤是用来做补充热源的。

艾萨熔炼炉内熔池液面距炉底1219~2134mm，每半小时将熔体排入电炉一次，每次排入时间约10min。

从艾萨炉上部出口出来的烟气经上升烟道的烟罩排出。烟罩由冷凝管构成。从上升烟道来的烟气通过余热锅炉的辐射段和对流段后进入静电除尘器。余热锅炉中收集的粗尘经

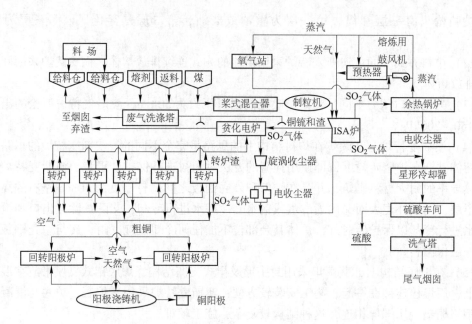

图 2-30　迈阿密冶炼厂的艾萨炉熔炼工艺流程

粉碎后，用气动输送装置送到一台精矿储料仓。电收尘的烟尘则由螺旋运输机送到一个布袋收尘器中。上升烟道从炉顶出口算起，总长 15.24m，角度为 70°。这种设计允许烟气能充分冷却，以减少熔化的烟尘粒附在余热锅炉的炉壁上。设计时烟道使用了单独的冷却系统，但与余热锅炉共用同一水源。把两个系统分开的目的是想降低上升烟道烟罩的烟气温度，最大限度地减少结瘤。在上升烟道和余热锅炉四壁安装了一套机械振打锤，以清除挂渣。余热锅炉采用了常规设计，由辐射、对流和内部过热三段构成。安装内部过热系统的目的是提供发电的蒸汽，也用作艾萨炉的空气预热。

从艾萨炉流出的铜锍和炉渣混合熔体，经过溜槽流进一台 51m³、有 6 根自熔电极的电炉内进行贫化。如有必要，可在电炉内加熔剂以调整渣型。烟气中的粉尘经烟道下部的集尘斗收集后返回电炉，电炉渣用渣包运送到渣场弃去，铜锍送转炉进行吹炼。

除尘后的艾萨熔炼炉烟气和转炉烟气混合在一起，SO_2 浓度为 7.5%，送往双接触法制酸厂。酸厂尾气的烟囱处安装了一台二次苏打洗涤器，以确保尾气中 SO_2 浓度达到环境排放标准。

山西华铜铜业有限公司（简称华铜公司）是典型的澳斯麦特工艺新建厂，其熔炼与吹炼都用澳斯麦特炉。熔炼炉使用的是四层套管喷枪，使用的燃料为粉煤车间制备的粉煤，富氧浓度为 40% ~ 45%，烟气中 SO_2 浓度为 7% ~ 9%。加料口加入混合精矿，炉内熔体由堰体流入贫化电炉进行炉渣与铜锍的分离，Fe/SiO_2 值为 1.0 ~ 1.2，CaO 含量为 5% ~ 7% 的熔炼渣经 3000kV·A 的贫化电炉处理后，产出含铜 0.6% 的炉渣，经水淬弃去。品位为 58% ~ 62% 的铜锍间断地流进吹炼炉，也可以将熔融铜锍冷却制粒后加到吹炼炉。烟气通过炉顶烟道和余热锅炉后，经电收尘器进入制酸车间，根据烟尘中铅含量的高低，或开路处理或返回熔炼炉。华铜公司澳斯麦特工艺流程如图 2-31 所示，金昌冶炼厂澳斯麦特工艺流程如图 2-32 所示。

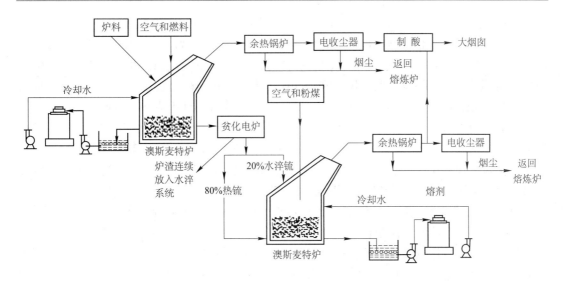

图 2-31 华铜公司澳斯麦特工艺流程

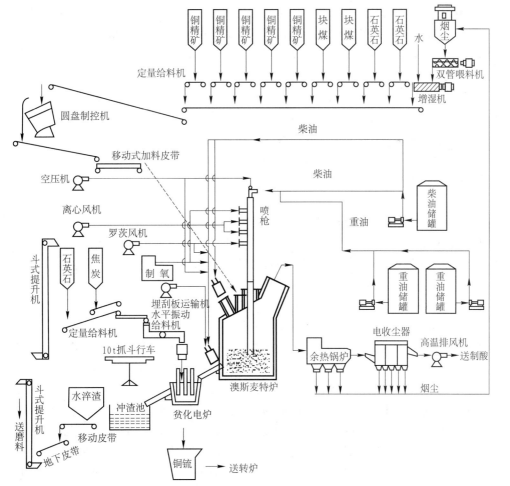

图 2-32 金昌冶炼厂澳斯麦特工艺流程

正常生产中每 5～7 天更换一次喷枪，每次更换喷枪时间一般约半小时。在此期间炉子通过炉顶备用烧嘴孔插入烧嘴烧柴油保温。当余热锅炉发生事故时，也用备用烧嘴烧柴油保温，炉子在保温期间的烟气，通过副烟道和掺入冷空气，使烟气温度由 1300℃ 降到 200～300℃，接着送往环保系统，通过风机和烟囱排入大气。在熔炼过程中产生的尚未燃烧的可燃物，如一氧化碳、单体硫等，通过喷枪套筒鼓入空气，在熔池上方和锅炉垂直段燃烧。

铜锍和炉渣的混合熔体，在贫化电炉中按其密度不同而分离为铜锍层和炉渣层。转炉渣由返渣溜槽返回贫化电炉。品位达 51.72% 的铜锍通过放出口和溜槽流入铜锍包，并送往转炉吹炼。含铜 0.6% 的炉渣，水淬后作为弃渣送往渣场堆存或出售。贫化电炉烟气经旋涡收尘器由环保通风系统 120m 烟囱排入大气。

澳斯麦特/艾萨炉的特点之一就是生产过程比较简单，容易控制，不复杂。

迈阿密厂的熔池温度控制在 1167～1171℃ 范围内，熔体温度是通过安置在炉衬内位于渣层与铜锍之间的热电偶测量的。通过调节天然气的流量来控制温度的波动。华铜公司控制的温度略高一些，在 (1180±20)℃ 范围内，在炉子开始操作时需要 1180℃。温度控制可以从粉煤率、富氧浓度以及加料量等方面的控制来实现。

铜锍品位一般控制在 (60±2.0)% 范围内，是通过调整风料比来实现的。

从贫化炉内易形成炉结考虑，熔炼炉渣中的 Fe_3O_4 含量应限制在 10% 以下。若熔炼炉中 Fe_3O_4 含量控制不当，贫化炉内的磁性氧化铁炉结生成后是很难消除的。

熔池深度的稳定对熔炼炉的正常操作起着关键的作用。如果熔池高度超过正常高度 200mm，必须立刻停止生产，否则会导致炉子的剧烈喷溅，并在烟气出口的上部、炉顶、加料口和喷枪孔等处形成渣堆积，此外还会在熔池面上形成泡沫渣；当熔池高度低于正常值 200mm 时，需要加入水淬渣熔化，以使熔体高度增加，这种情况在正常生产时不会发生，只有在炉子内物料排放完后需要恢复生产时才会遇到。

喷枪浸没深度不合适时，会造成熔渣喷溅或喷枪顶部熔化。喷枪从炉顶开口处插入炉内，喷枪的顶部以插入熔体层 200～300mm 处较为合适，以防止插入铜锍层使喷枪顶部被熔化。

给料控制系统提供的混合料包括：铜精矿（主要成分为黄铜矿 $CuFeS_2$）、冶炼炉系统的返料、循环烟尘、熔剂和团煤。这些物料落在熔池的熔体面上，快速被喷枪强烈搅拌的熔体所熔没，在高温熔体中发生铜精矿造锍熔炼的全部反应，包括有高价金属硫化物与氧化物、硫酸盐与碳酸盐等的分解，金属硫化物（MeS）的氧化，碳的燃烧，多种 MeS 的共熔形成铜锍，各种金属氧化物（MeO）与脉石矿物（SiO_2、CaO、MgO 等）的造渣。

澳斯麦特熔炼炉采用富氧空气，吹炼炉只采用压缩空气。喷枪的末端插入渣层下 200～300mm 处，在渣层中熔炼。熔体除受到喷吹气流的剧烈搅动外，由于在管壁间设有双螺旋的螺道，还产生旋转运动。喷枪出口处压力为 50～250kPa，压力较低，动力消耗较少。燃煤通过喷枪中心的管子向下供给熔池，并在浸没于熔池中的喷枪出口处燃烧，而空气和氧气则在喷枪出口处混合，将气体喷射与浸没燃烧结合起来。在这个过程中，通过环行通道的气体使喷枪外壁保持较低温度，以使靠近枪壁的液态熔渣冷却而凝结，在喷枪外壁上形成一层固态凝渣保护层，使喷枪免受熔池中高温熔体的烧损和侵蚀。

对于工艺过程有直接意义的是喷入气体与熔体的混合状况。喷枪喷入的气体进入熔体，这些充满了滞留气泡的熔体不断地"吞没"和熔蚀加在熔渣层上面的吲体炉料，实现硫化物的氧化和造渣等反应。因此，喷枪对熔炼过程的作用决定于喷出气体在熔体中的行为。研究表明，从喷枪口每秒钟喷出的气体体积在标准状态下为 $3.4m^3$，在熔池温度下膨胀为 $16m^3$。可见，这样大的体积肯定要导致气泡从熔池中排出，造成熔池内的翻腾，形成如图 2-33 所示的 5 个不同的反应区。

2.5.2 顶吹浸没熔炼炉的结构及主要附属设备

2.5.2.1 炉子结构

顶吹熔池熔炼炉是一种圆筒形竖式炉，钢板外套，内衬耐火材料。澳斯麦特炉的炉顶为一个斜顶上升段，斜顶设有加料孔、喷枪孔、辅助烧嘴孔和烟道出口，圆筒炉体底部设有熔体放出口，如图 2-36 所示。艾萨炉的结构略有不同，如图 2-34 所示，该炉的喷枪孔位于圆柱体炉体的几何中心，喷枪从该孔插入，并定位在炉子的中心位置。

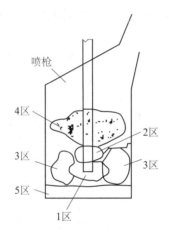

图 2-33　炉内熔池反应区域

1 区—在喷枪出口处，燃烧氧化区，燃料迅速燃烧，
能量迅速传递；2 区—在 1 区的稍上方，熔炼还原区；
3 区—物料发生强烈的氧化反应；4 区—二次反应区，
套筒风和 S、CO 等发生反应；5 区—相对静止区

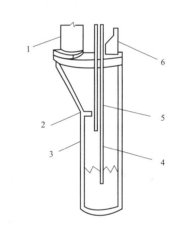

图 2-34　艾萨炉示意图

1—垂直烟道；2—阻溅板；3—炉体；4—喷枪；
5—辅助燃烧喷嘴；6—加料箱

备用烧嘴孔设于喷枪口旁边偏中心位置。该备用烧嘴孔是对准的，以使烧嘴火焰与垂直位置呈小角度喷入炉内。交接的顶盖封住了该烧嘴孔。

加料孔位于与备用烧嘴口相对的炉顶侧。加料导向设备位于加料孔上。

炉子顶部的烟道出口孔与余热锅炉入口处连接，烟气在余热锅炉降温再经电收尘器除尘后送制酸厂。

澳斯麦特炉与艾萨炉在炉衬结构上的思路是完全不同的。从使用效果来看，艾萨炉的寿命比澳斯麦特炉长。

A　艾萨炉

艾萨熔炼主体设备有艾萨炉、喷枪、余热锅炉、烧嘴、喷枪卷扬机等，辅助系统有供风、收尘、铸渣、铸铅、制酸等外围系统。

艾萨熔炼炉是一种竖直状、钢壳内衬耐火材料的圆筒形反应器，由炉体和炉顶盖两部分组成，如图 2-34 所示。

艾萨炉的炉顶为水平式炉顶盖，曾采用钢制水冷套或铜水冷套结构，现在逐渐改进为膜式壁水冷结构，成为与炉顶烟道口相接的余热锅炉的一个组成部分。炉体上部与烟道的接合部设有水冷铜水套阻溅块，以防止熔炼过程中的喷溅物直接进入烟道，在烟道中黏结。熔池部位有全衬铬镁砖和铬镁砖 + 水冷铜水套两种结构形式。

炉顶盖开有喷枪插入孔、加料孔、排烟孔、保温烧嘴插入孔和熔池深度测量孔（兼作取样）。炉体底部有熔体排放口，根据生产需要可以设置一个或多个排放口。

为了检测炉底的运行情况和熔池温度，以确保温度的精确控制，分别在炉底、熔池区域、炉膛空间和渣-铅分层面，分别设置热电偶。炉膛空间的热电偶主要用于检测升温情况，正常生产时使用很少。熔池区域热电偶的温度测控有助于监视作业情况和炉衬浸蚀情况。

艾萨熔炼炉底为倒拱椭球形钢壳，钢壳焊于钢板圈形支座上，支座底板置于混凝土圈梁基础上，并设有地脚螺栓固定。该结构符合热膨胀原理，在烤炉升温时，炉底不会产生变形。

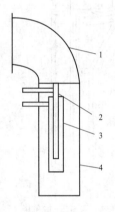

图 2-35　艾萨炉喷枪结构示意图
1—软管；2—测压管；3—油管；4—风管

喷枪是艾萨炉的核心技术。艾萨炉喷枪由三层同心圆管组成，如图 2-35 所示。最里层是测压管，与外部压力传感器相连，用来监测作业时喷枪风的背压，以此作为调整喷枪位置的依据；第二层是柴油或粉煤的通道，通过控制燃料燃烧可快速调节炉温；最外层是富氧空气，供艾萨炉熔炼需要的氧气。为使熔池充分搅动，喷枪末端设置有旋流导片，保证鼓风以一定的切向速度鼓入熔池，造成熔池上下翻腾的同时，使整个熔体急速旋转，从而加速反应并减少对炉衬耐火材料的径向冲刷力。气体做旋向运动，同时强化气体对喷枪枪体的冷却作用，使高温熔池中喷溅的炉渣在喷枪末端外表面黏结、凝固为相对稳定的炉渣保护层，延缓高温熔体对钢制喷枪的浸蚀。另外，呈旋流状喷出的反应气体对熔体产生的旋向作用，强化了对熔体/炉料的混合搅拌作用，为熔池中气、固、液三相的传热和传质创造了有利条件。

艾萨熔炼炉的辅助燃烧喷嘴长期置于炉内，烤炉和暂停熔炼时，喷嘴供油供风，燃烧补热。正常作业情况下，喷嘴停油，但供风作为熔炼补充风用。

艾萨熔炼炉采用间断排放熔体。其优点是：排液瞬时流量大，排液溜槽不易冻结，对熔体过热温度要求较低；渣线上下波动范围较大，炉衬磨损和腐蚀相对较分散，渣线区炉衬寿命较长。其缺点是：需要设置泥炮，定期打孔、放液、堵孔；清理溜槽，操作较繁琐；熔体高度周期性上下波动，喷枪需要随时进行相应调整，需精心操作控制。

艾萨炉的炉衬构筑又分两种形式，一种是芒特艾萨公司的艾萨炉，另一种是美国塞浦路斯迈阿密冶炼厂的艾萨炉。

a 芒特艾萨公司的艾萨炉

芒特艾萨公司炉子的主要构筑特点是除入、出口加铜水套进行冷却以保护砖衬外，炉体其余部分不加任何冷却设施。炉身（侧墙）及炉底采用奥地利 RADEX 公司生产的铬镁砖，底部砌砖型号为 CMS 镁铬砖，其余为 DB505 镁铬砖，砖厚 450mm，与炉壳钢板之间填充一层保温料。炉壳为炉子的承重结构。该炉于 1992 年投产，至 2000 年 8 月达第 7 个炉期，炉寿命已达 18 个月。

b 迈阿密冶炼厂的艾萨炉

该厂的艾萨炉侧墙下部砌厚度为 450mm 的耐火砖（DB505 - 3），再在外面砌铜水套，铜水套的使用效果良好。在运行后期，该砖层的厚度还有 100mm，并一直稳定，不再腐蚀。侧墙上部结构为单一的铬镁砖（DB605 - 13）砌筑。炉寿命（两次重砌炉墙之间的间隔）为 15 个月，期间分 3 个阶段，中间有过两次修补。炉底为 CMS 镁铬砖砌筑，寿命长达 8 年多。

B 澳斯麦特炉

1981 年，澳斯麦特公司将顶吹浸没熔炼技术应用于铜、铅和锡的冶炼，因此，该技术又称为澳斯麦特技术。澳斯麦特炉是该熔炼方法的主体设备，主要由炉体、喷枪及其升降装置、加料装置、排渣口、出铅口、烟气出口组成，如图 2-36 所示。

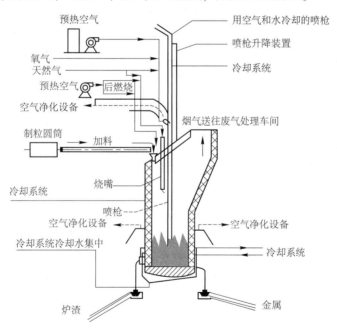

图 2-36 澳斯麦特熔炼炉示意图

澳斯麦特炉的内衬是让高温熔体黏结在炉壁砖衬上，即用挂渣的方法对炉衬进行保护。要在炉衬壁上留下一层固体渣，就要求炉壁从炉内吸收的热量及时向炉壳外传递出去，使炉衬内表面的温度低于熔体的温度。于是，澳斯麦特炉采用了高热导率的耐火材料砌筑，并且在炉壁和外壳钢板之间捣打厚度为 50mm 左右的高导热性石墨层。钢板外壳表面用喷淋水进行冷却。在运行初期，喷淋水的温度差控制在 7～8℃ 之间，后期为

$10 \sim 15℃$。

炉底采用 RADEX 公司镁铬砖砌成反拱形，向安全口倾斜。砌砖下面用捣打料打出 $600 \sim 700mm$ 厚的反拱形状。

与一般熔炼炉的炉渣和铜锍分开不同，澳斯麦特和艾萨炉的炉渣和铜锍都从矩形排放口一起放出进入贫化炉。排放口的衬砖与炉墙相同。放出口周围的衬砖很容易被熔体冲刷，损耗较快。

澳斯麦特炉的放出口外侧还加了具有虹吸作用的出口堰，这是该炉所特有的。熔体先从炉底部侧墙排放口流到出口堰内，在炉内熔体的压力下，出口堰内充满了与炉内几乎相同高度的熔体，然后通过堰上的小溜槽将熔体排出堰外。炉内熔体的高度通过堰口小溜槽的高度来控制。当排放堰口没有堵塞时，炉内熔体高度相对固定，这种情况下喷枪高度不需要调整。若加料量与排放量不相配合，排放堰口内熔体黏结时，熔池面会涨高，此时要及时调整喷枪高度，否则会将枪口烧坏。可见，堰流口用来调整熔池面的作用是很方便和有效的。

为了便于处理事故和检修时从炉内放尽熔体，在炉底的底部处开设了安全口，其直径为 $30 \sim 75mm$。安全口外有石墨套，并有铜水套保护，与一般熔炼炉放出口结构基本相同。

华铜公司的澳斯麦特炉放出溜槽设计采用石墨捣打料，损坏得最快。使用寿命仅 $20 \sim 30$ 天，后改为镁铬砖砌筑，原溜槽规格不变，但使用寿命也仍然是 $20 \sim 30$ 天。后将溜槽底部加厚到近 $1m$，使用 20 天，溜槽冲刷出 $600mm$ 的深槽。如此冲刷严重的原因是熔体温度偏高，黏度小，渗透性强，形成耐火材料被化学浸蚀后的冲刷。改为铜水套水冷溜槽后，情况大为改观，流过熔体区段未见冲刷痕迹，槽黏结也很轻微，极易清除。在转运溜槽出口处下方的溜槽，受高温熔体直接冲击，形成类似于瀑布下方的水潭，易将铜溜槽冲坏。因此，该处的铜溜槽底面，不宜做成平面，而应做成凹面，以消耗熔体自由落下时的冲击力。凹面深度由计算获得。

2.5.2.2　主要附属设备

A　喷枪和喷枪操作系统

顶吹浸没熔炼工艺是采用一种直立浸没式喷枪，称为赛洛（CSIRO）喷枪。图 2-37 是赛洛喷枪与澳斯麦特喷枪的结构示意图。喷枪吊挂在喷枪提升装置架上，便于在炉内升降。喷枪是采用 316L（美国材料试验标准）不锈钢制成，在部分构造上，澳斯麦特烧煤的喷枪与艾萨喷枪有不同之处。

澳斯麦特喷枪有四层，最内层是粉煤和空气，第二层是氧气，第三层是空气，最外层是用于保护第三层套筒壁的套筒空气，同时供燃烧烟气中的硫及其他可燃组分之用。最外层在熔体之上，不插入熔体。艾萨喷枪无第三层套筒，不插入熔体，只在熔体上方 $500 \sim 900mm$ 的距离处进行喷吹。氧气顶吹自燃熔炼炉喷枪和三菱炉喷枪不同，赛洛喷枪的末端插入熔渣面下 $200 \sim 300mm$ 处，在渣层中吹炼。熔体除受到喷吹气流的剧烈搅动外，还产生旋转运动。

赛洛枪出口气体压力在 $50 \sim 250kPa$ 之间，压力较低，动力消耗较小。进入熔体中的高氧空气是由喷枪口出来的空气与氧气混合成的，在喷枪内空气与氧气各走各的通路，互

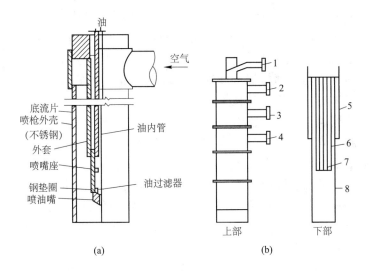

图 2-37　赛洛喷枪与澳斯麦特喷枪的结构示意图

（a）赛洛喷枪结构；（b）澳斯麦特喷枪四层结构

1—燃油；2，6—氧气；3—枪入气；4，5—护罩空气；7—燃油管；8—燃烧空气管

不相混。三菱法是将空气与氧气入喷枪前已经混合，喷枪风气体是混合后的富氧空气。赛洛喷枪可使用天然气、柴油和粉煤。三菱法则烧重油。华铜公司使用的赛洛喷枪外形尺寸如图 2-38 所示。燃料（煤、天然气或油）通过喷枪中心的管子向下供给熔池，并在浸没于熔池中的喷枪头部燃烧，而空气或氧气通过两根管子形成的环形通道输入，将气体喷射与浸没燃烧结合起来。在这个过程中，流过环形通道的气体使喷枪外壁保持较低温度，以使靠近枪壁的液态熔渣冷却而凝结，在喷枪外壁上形成一层固态凝渣保护层。固态凝渣层防止了液态炉渣到达枪表面，使喷枪免受熔池中高温液体的烧损和浸蚀。

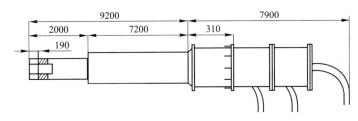

图 2-38　华铜公司澳斯麦特喷枪外形尺寸（单位：mm）

　　基于赛洛喷枪的工作原理，该喷枪系统必须满足两个重要条件才能正常运行：一是必须使喷枪的外壁随时保持一层固态凝渣层以免枪壁熔化；二是喷枪壁需足够冷却。这两个条件是紧密相连的，因为只有喷枪壁面保持低温才能使其外面形成固态凝渣层，使喷枪寿命延长。延长喷枪寿命的方法有改进喷枪材料、在反应空气中加入水或煤粉及控制喷枪传热等。其中，控制喷枪传热，使喷枪壁传给反应空气的热量足够大，使枪壁外侧形成一层稳定的固态凝渣层是最有效的措施。

　　作为澳斯麦特炉系统的一部分，喷枪用于直接向熔融物料的熔池中注入燃料以及可燃气体。喷枪在炉子中的定位由喷枪操作系统设备来完成。喷枪操作系统（见图 2-39）的设备包括：喷枪架小车、喷枪提升装置、喷枪架小车导向柱。

喷枪流量控制及定位系统采用控制系统以及现场控制盘来操作。

喷枪架小车用作喷枪在炉子中的垂直方向的导进、导出，它由定位轮定位，而定位轮在喷枪架小车导向柱上的外侧凸轮上运行。小车的垂直方向的定位通过喷枪提升装置来实现。喷枪架小车包含有一个刚性架，用来支撑喷枪及其挠性软管的接头。喷枪架小车用于将喷枪定位在喷枪插孔的中心位置。在喷枪的操作过程中可能会有一些震动，因此，枪架与喷枪支撑采用震动底座连在一起，以减少高频震动向喷枪架小车导向柱以及厂房的传递。

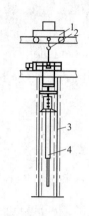

图 2-39　澳斯麦特炉
喷枪操作系统
1—喷枪架小车；
2—喷枪提升装置；
3—喷枪架小车导向柱；
4—喷枪

在喷枪提升装置出现故障时，采用天车将喷枪架小车以及喷枪从炉子中提出。喷枪架小车上装有一个钩子，用于连接行车的吊钩，行车应与喷枪架小车导轨上的限位开关连锁，以防止行车将喷枪架小车提过导轨的顶部。

炉子中的喷枪的模拟位置由安装在喷枪架小车上的位置传感装置确定。传感系统包括一个传感器和定位部件。传感器安装在喷枪架小车上。定位部件内的磁铁在部件周围产生一个磁场，传感器将探测到，从而推断出喷枪小车以及喷枪的位置，将该信号传送到控制系统。

喷枪架小车有一个闭合液压回路，控制喷枪的往复运动。该液压回路包括：一个油缸、液压控制止回阀、流量控制电磁阀和电力驱动液压泵系统。泵系统包括一个储油箱、高压回油箱道、电机和液压泵。油缸冲程为 250mm，当喷枪安装在小车上时，约需要 30s 延伸或收缩。使用的液压油应具备能适应高温的性能且不可燃。往复运动在小车停放位置进行。液压油管道应采用不锈钢管。

两个斜撑块将喷枪顶部与喷枪小车连在一起。斜撑块为弹簧装置，限制了喷枪头在炉子中的运动幅度，并且防止枪架小车上的挠性接头过度的运动。斜撑块将永久安装在喷枪架小车上，当喷枪及所有接头更换时才从喷枪上卸下。

喷枪架小车上的轮子组件形成四个独立的悬挂装置，每个悬挂装置有八个凸轮随动件，随动件在导向柱的外凸轮的内外两侧运动。另外，每个悬挂装置还有一个附加的凸轮随动件，该随动件在导向柱凸轮的内侧边缘运动，承担枪架小车的侧负荷。

与枪架小车的喷枪连接的装置由两种类型的接管制成。雾化空气和重油的管接头为快速接管。氧气、喷枪空气和套筒空气的管接头为 Ritepro 型，调整并搭配法兰，然后在内接头上旋转锁定凸轮帽便制成该接管。采用可调吊架和支撑使得配合法兰面在小车软管组件上调整成为可能（注意：喷枪加小车须称重，以保证任何时候操作的喷枪和喷枪架小车的总质量都小于 1t）。

喷枪提升装置是有一个 M7 级的变速装置，用来控制运行中的喷枪的方向的位置，控制过程通过喷枪架小车实现，而运行中的喷枪正是固定在小车上。提升装置固定在喷枪架小车的顶部的导向柱上。喷枪提升装置的绳子始终与喷枪架小车相连。这种布置便于行车在炉子操作过程中能在提升装置以及喷枪控制系统的上方自由地通过。

喷枪提升装置有两根绳子，能满足 M7 级的要求。当其中一根绳子出现故障时，另外一根绳子可以承担所有负荷。

喷枪架小车通过两个导向柱在其垂直行程上运行。这两根导向柱控制喷枪垂直方向的行程，柱子连接在厂房结构上。导向柱顶端的一个悬垂装置为喷枪提升装置提供支撑。

导向柱设计为只能承受喷枪以及喷枪架小车的静载荷和动载荷，在设计上不允许有其他载荷。

喷枪架小车停放及锁定位并支撑于导向柱的顶端。停车系统有一个气动制动销子使得喷枪能在行程的顶端位置 1 处的导轨上锁定。小车锁定系统由小车停放控制盘控制。

在导轨的顶端和底部配有可压缩橡胶缓冲片，限制了喷枪小车的运行。底部的缓冲片阻止了新喷枪下降到离炉膛 245mm 以下，顶端的缓冲片阻止了喷枪小车位置 1 以上 200mm 的运行。

B 沉降炉

沉降分离贫化炉有回转式和固定式两种。固定式沉降炉又分为燃油沉降炉和贫化电炉两种。我国炼铜厂目前都选用后者。比较两者的优缺点如下：

（1）贫化电炉操作运行的灵活性比固定式燃油沉降炉大，容易提高熔体温度，炉子结块时易处理，不会冻死。

（2）贫化电炉有利于改善沉淀条件，可以通过加入还原剂以及熔剂来降低渣含铜量。

（3）贫化电炉热利用率较高，可达 60% 左右，固定式燃油沉降炉仅为 25% 左右。

（4）贫化电炉可以使转炉渣以液态加入，固定式燃油沉降炉需将转炉渣水淬后返回熔炼炉处理，导致熔炼炉燃料率增大、烟气量增加和精矿处理量减少。

2.5.3 炉子的正常操作及常见故障处理

2.5.3.1 澳斯麦特炉的操作

操作人员必须控制的一些工艺参数有：熔池温度、铜锍品位、渣成分、给料速率、烟气量和成分、套筒风的速率。

A 熔池温度的控制

操作人员必须严格控制，澳斯麦特炉的熔炼温度为 1180℃，渣还原和沉降电炉温度为 1250℃。过高的温度会造成耐火材料的磨损加剧，温度过低会生成黏性渣，影响渣铜分层，排放也困难，甚至还会产生结块。熔池温度可以通过改变炉料与团煤的加料速率、改变喷枪 HFO（重燃油）加油的速率、改变富氧的浓度来调整。

B 铜锍品位的控制

铜锍品位一般在 58%~62% 之间。在一定的生产条件下，操作人员需要控制一定的铜锍品位，原因如下：

（1）为了满足吹炼工艺的稳定，给料铜锍的成分必须稳定。

（2）过高的铜锍品位会导致沉降炉渣铜损失量增加。

（3）过高的铜锍品位会造成渣中磁铁的含量高，容易析出并产生结块，对操作温度的要求也会变高。

（4）过低的铜锍品位会延长转炉的吹炼周期。

通过改变熔炼反应所需鼓入喷枪熔炼氧的速率来控制铜锍品位。

C　渣成分的控制

操作人员需要对熔炼过程的渣成分严加控制，原因如下：

（1）黏性渣会造成渣发泡，电炉贫化渣的铜损失量也大。

（2）Fe/SiO_2 比值高（大于2）会造成渣中磁铁含量高；Fe/SiO_2 比值低（小于1）会导致二氧化硅饱和，均使渣的黏度上升，致使渣结块，这就需要一个更高的操作温度来保持渣的流动性。

一般是通过控制二氧化硅熔剂的加入量来调整渣成分。

D　给料速率的控制

给料的速率应使炉子的生产率最大，并确保铜锍的品位控制在58%～62%的范围内，以适应吹炼的要求，防止出现任何延误。如果吹炼运行出现了延误，有必要减少或停止熔炼的给料量，直到吹炼正常运行时才能恢复正常的给料速率。

E　烟气量和成分的控制

操作人员需要对烟气量和成分加以控制，以保证制酸系统正常生产。如果烟气量过大，排烟系统能力不足时，烟气便会从熔炼炉中散发出去，恶化劳动条件。

整个操作条件，包括给料速率和喷枪的供气量，都会影响烟气的排放量和成分，必须严格控制操作制度。降低富氧浓度就需要以空气（O_2 和 N_2）来替换氧气，而这会增大烟气量，降低烟气中 SO_2 浓度而影响制酸系统。

F　套筒风速率的控制

鼓入的套筒风应保持一定速率，以确保所有煤的挥发性物质和未完全燃烧产生的一氧化碳都在炉内充分燃烧。这些产物在烟气控制系统中的氧化会导致许多问题的出现，如爆炸、烟气冷却装置和收尘设备的烧坏。

2.5.3.2　贫化电炉的操作

操作人员对贫化电炉需要控制的操作条件有：熔池的温度、铜锍和渣层的深度、磁铁的结块、电极的电源（电流和电压）。

贫化电炉内的熔池温度应控制在1250℃左右，温度过高会使耐火材料的磨损加剧；过低会产生黏性渣，使排放困难，还会在炉内产生结块或集结物，熔体的混合和渣铜分离的性能差，将增大渣铜损失。

操作人员应控制炉内一定的铜锍和渣层的厚度。铜锍层厚会使铜入渣损失增加，还会导致渣水淬时发生爆炸。铜锍层薄会使得没有足够的铜锍提供给吹炼炉，从而减少粗铜的产量。若确定的铜锍和渣层的平均厚度分别为350mm和850mm，铜锍和渣的密度分别是4.5t/m³ 和3.5t/m³，炉膛区面积是60m²，那么铜锍和渣的相应质量就是94.5t和178.5t。必须稳定熔炼炉与贫化电炉之间的熔体流量。操作人员需要密切监视贫化电炉中的任何结块的产生，因为结块多会降低炉子的生产能力，所以影响粗铜的产量。

磁铁含量高的渣将需要一个更高的操作温度来保持其良好的流动性，往贫化电炉内加入焦炭、铸铁或黄铁矿会减少磁铁的含量，有时还要调整熔炼炉熔剂的加入速率，以保持所需的渣成分。

监测和控制电极电源，以获取稳定的电极电流，某厂贫化电炉控制操作电源的功率是 $75kW/m^2$。

2.5.3.3 顶吹浸没熔炼炉常见工艺故障及处理

熔炼过程中可能发生的重大事故有泡沫渣、死炉等；主要故障有夹生料、渣黏度大、喷枪结瘤及料口卡堵等。

（1）泡沫渣发生时的现象是：熔池液面上涨，喷枪声音减小，喷枪剧烈晃动，有成团状或片状泡沫渣喷出炉外；炉负压波动幅度大，可达200Pa以上，然后又急剧下降；SO_2浓度下降，炉温有下降趋势。

引起泡沫渣的原因是长时间中断进料，渣层过氧化；在过氧化熔体中突然加入硫化物；渣型恶化使黏度增大等都会导致渣泡沫化。保证连续的进料，稳定控制渣型和炉温，就能防止泡沫渣的发生。出现泡沫渣征兆后，要及时退出熔炼状态，降低喷枪供风量，加入还原煤或精矿还原过氧化渣后再进行熔炼作业。

（2）死炉前的现象是：炉温下降，SO_2浓度上升而后快速下降，熔池搅拌状况不好，炉口有细小颗粒喷溅，炉膛发暗，温度急剧下降；喷枪声音变化明显，喷枪下降困难并晃动剧烈以至于喷枪无法下降，喷枪相对静止；探测杆测不着液面，无液态熔池。

造成死炉的原因有：启动时起始渣层太低，翻腾不好，反应不好；枪位太高，加料时熔体没搅拌翻腾起来；精矿或返渣水分过大，不能维持炉内热平衡；喷枪烧损严重；喷枪风压力太低。

预防及处理措施是将炉温控制在1200℃左右，如炉温下降炉况恶化，应果断采取减料、停料等措施；枪位应适当；炉料太湿时适当降低料速或加大燃煤量；喷枪烧损严重时应立即换枪；喷枪风压力太低时，降低料速或停止作业。

（3）夹生料发生时炉内出现生料堆；出口堰有生料块或生料颗粒同熔体一起流出；烟气中 SO_2 浓度、铜锍品位下降；渣黏度增大。这是由于炉温偏低，喷枪风量或氧气浓度不够，反应不完全；喷枪烧损或枪位不当；物料中夹有粒度大于25mm的大块所致。

预防处理措施：增大燃料量提高炉温；增大风料比与提高氧浓度；枪位不当，做适当调整，若枪烧损，应及时更换；严格炉物料管理，防止大块料入炉。

（4）渣黏度大，喷枪质量上升速度加快；SO_2浓度下降；炉渣有泡沫化迹象；出口堰熔体流动困难，溜槽黏结严重；渣成分失控。其原因是炉温偏低，熔剂配比不当，渣过氧化，磁铁含量增大，风料比不当，铜锍品位超标；枪位不当，喷枪烧损。

渣黏度大的预防处理措施：加大燃烧提高炉温；采样送X荧光室快速分析渣组成，调整熔剂量；加大还原煤以还原渣中磁铁；根据铜锍品位变化情况，调整风料比；根据炉内熔池搅拌状况，调整枪位或换枪。

（5）喷枪结瘤的现象是：喷枪载煤风与套筒风反压增大，声音减弱，枪重明显上升，目测套筒管下部有大块结瘤。其原因是：炉温低，渣黏度大；对于枪头结瘤可能是喷枪风水分太大，粉煤太湿造成的；对于套筒下部结瘤，可能是原料水分太大，套筒风量太大造成的。

喷枪结瘤的预防处理措施有：增大燃煤提高炉温；采样检查渣成分，调整渣型；定期对载煤风储气罐排水，对原料粉煤含水量提出控制要求；控制精矿含水量在8%～10%之间，适当降低套筒风量；当套筒管下部结瘤过大时，必须提枪进行清枪处理。

（6）料口卡堵为料口太小或堵塞，影响正常进料。造成料口卡堵的原因有：炉温低或渣发黏，熔渣溅到料口结死；熔池液面高，枪位相对低，喷溅严重；入炉物料太湿；炉负压太大，漏风严重；料口外冷却水向炉内漏水。

预防处理措施：提高炉温，采样分析渣成分，调整渣型；检查出口堰流动情况，若熔池液面过高，则降低料速，控制液面在正常作业范围，并调整枪位；检查入炉物料，控制混合精矿水分在8%～10%之间；控制炉负压在 –5～–10Pa 之间；处理料口漏风情况，若料口漏水，立即停止冷却水，对料口进行维修处理。

表 2-31 列出了目前国内外采用顶吹浸没熔炼进行铜精矿造锍熔炼生产厂家的技术经济指标，供分析比较。

表 2-31　国内外铜精矿顶吹浸没熔炼法生产厂家的技术经济指标

项　　目		Miami（美）	Mountls（澳）	华铜	金昌	云铜
工艺流程		艾萨熔炼—贫化电炉—PS 转炉	艾萨熔炼—贫化电炉—PS 转炉	澳斯麦特熔炼—贫化电炉—澳斯麦特炉吹炼	澳斯麦特熔炼—贫化电炉—PS 转炉	艾萨熔炼—贫化电炉—PS 转炉
精矿成分/%	Cu	27.5～29.0	24.5	15～28	20.27	20.5～25
	Fe	26～28.5	25.7	20～25	29	23～25
	S	31.5～33.25	27.6	23～26	27	23～25
	SiO_2	4～5	16.1	10～17	6.1	8～11
	水分	9.5～10.25		8～10	8.10	8～10
燃料率/%			煤 5.5	煤 8～10	煤 7.07	煤 8.5
处理精矿量/t·h^{-1}		平均 76.46 最高 95.46	98（另加返回料）	28（另加返回料 20%）	48	平均 100 最高 118
喷枪供风量/m^3·min^{-1}		425.566	840	200～260	454	360～420
喷枪供氧量/m^3·min^{-1}		283		70	145	210～240
富氧浓度（O_2）/%		47～52	42～52	40～45	40	45～50
炉子烟气量/m^3·h^{-1}		76000			51502	
熔池温度/℃		1161～1171		1180～1210	1180	1180～1210
炉子作业率/%		>94				>90
炉寿命/月		>15	>18			28
喷枪头更换周期/d		15		11	5～7	9～15
烟气 SO_2 浓度/%		12.4		7～9	10.8	13.18
锍品位/%		56～59	57.8	55～64	50	52～56
炉渣含铜/%		0.5～0.8	0.59	0.6～0.7	0.6～0.7	0.5～0.8

项　　目	Miami（美）	Mountls（澳）	华铜	金昌	云铜
炉渣含 Fe_3O_4/%	8 ~ 10		5 ~ 7		5 ~ 10
炉渣 Fe/SiO_2	1.35 ~ 1.45	1.1	1.1 ~ 1.3	1.43	1.1 ~ 1.3
炉渣 SiO_2/CaO	6		4 ~ 6		10
炉渣 Fe^{3+}/Fe^{2+}	0.2		0.16		
贫化渣温度/℃	1199 ~ 1206		1180	1250	1200 ~ 1250
喷枪出口压力/kPa	50	50	150	200	50 ~ 60
粗铜冶炼回收率/%			>97	97	

2.6　闪速熔炼

自 1949 年芬兰第一座奥托昆普闪速炉和 1953 年加拿大国际镍公司因科闪速炉工业应用 50 多年来，闪速熔炼已发展为不仅可以用做铜精矿的熔炼，而且可以用做镍和铅的熔炼；在熔炼产物方面，不仅可生产出高品位的金属锍，甚至可生产出粗铜；在生产过程控制方面，使用了计算机在线控制；在工艺介质方面，由原来的使用中高温空气熔炼，发展为如今的常温富氧甚至纯工业氧的熔炼；在闪速炉精矿喷嘴的研制发展方面，更是经历了革命性的变化，对于基本上同一大小的炉体，仅仅由于精矿喷嘴的优化，就可以使闪速炉的生产能力提高 3 ~ 4 倍。特别是由于精矿喷嘴的发展和水冷金属构件的完善，闪速炉寿命可高达 10 年。据不完全统计，到 1999 年全世界有 27 个国家已建成或将建设的闪速炉共 56 座，其中，奥托昆普型炼铜炉 41 台、炼镍炉 7 台、处理黄铁矿炉 1 台、Inco 型炼铜炉 7 台。闪速熔炼生产能力已达到甚至超过世界矿铜产量的 50%，某些超大型的闪速炉厂家 10 年前仅有 10 多万吨的年产量，如今已达 40 多万吨。

50 多年来，闪速熔炼的发展本身已经证明了该工艺的巨大优越性。

2.6.1　铜精矿闪速熔炼的工艺流程及生产过程

将硫化精矿悬浮在氧化气氛中，通过精矿中部分硫和铁的氧化以实现闪速熔炼，其方式与粉煤的燃烧十分相似。将精矿和熔剂用工业氧或富氧空气或预热空气喷入专门设计的闪速炉中，用硫和铁的闪速燃烧获得熔炼温度，精矿在闪速燃烧过程中完成焙烧与熔炼反应。

获得工业应用的闪速炉有加拿大国际镍公司的因科（氧气）闪速炉和芬兰奥托昆普公司的奥托昆普闪速炉。

奥托昆普闪速炉是一种直立的 U 形炉，包括垂直的反应塔、水平的沉淀池和垂直的上升烟道（见图 2-40）。干燥的铜精矿和石英熔剂与精矿喷嘴内的富氧空气或预热空气混合并从上向下喷入炉内，使炉料悬浮并充满于整个反应塔中，当达到操作温度时，立即着火燃烧。精矿中的铁和硫与空气中的氧的放热反应提供熔炼所需的全部热量（当热量不足时喷油补充）。精矿中的有色金属硫化物熔化生成铜锍，氧化亚铁和石英熔剂反应生成炉渣。燃烧气体中的熔融颗粒在气体从反应塔中以 90°拐入水平的沉淀池炉膛时，从烟气中分离出来落入沉淀池内，进而完成造锍和造渣反应，并澄清分层，铜锍和炉渣分别由放锍口和放渣口排出，烟气通过上升烟道排出。放出的铜锍由溜槽流入铜锍包子并由吊车装入转炉吹炼，炉渣通过溜槽进入贫化炉处理，或经磨浮法处理以回收渣中的大部分铜。

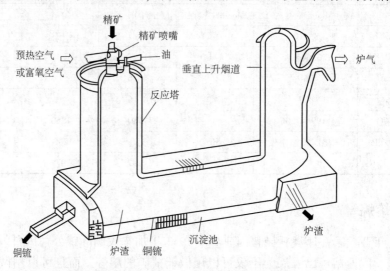

图 2-40　奥托昆普闪速熔炼炉剖视图

闪速熔炼工艺流程如图 2-41 所示。

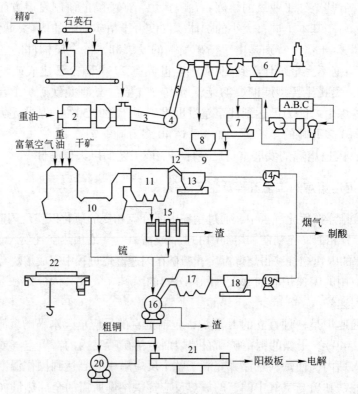

图 2-41　闪速熔炼工艺流程

1—配料仓；2—热风炉；3—回转窑；4—鼠笼；5—气流干燥管；6—干燥电收尘；7—烟尘仓；8—干矿仓；
9—埋链刮板；10—闪速炉；11—闪速炉余热锅炉；12—烟道；13—闪速炉电收尘；14—闪速炉排烟机；15—贫化电炉；
16—转炉；17—转炉余热锅炉；18—转炉电收尘；19—转炉排烟机；20—阳极炉；21—圆盘浇铸机；22—行车

闪速熔炼要求在反应塔内以极短的时间（1~2s）基本完成熔炼过程的主要反应，因此炉料必须事先干燥使其水分小于0.3%，干燥时不应使硫化物氧化和颗粒黏结。

配料干燥系统是闪速熔炼的准备工序，可采用仓式配料法和气流三段式干燥或蒸汽干燥。

干燥的工艺过程是指配料仓按配料单指定的矿种，加入经预干燥且水分小于10%的铜精矿和熔剂。仓内各种不同的铜精矿按指定的比例同步从各矿仓排出并计量。熔剂比率根据计划的铜锍品位、目标铁硅比、混合矿成分、石英熔剂比率反馈修正值等由计算机计算出来，并自动设定到熔剂仓调节计上，进行自动控制。

从配料仓给出的混合炉料，通过输送皮带，经过电磁铁除去铁质杂质和振动筛除去块状物料等杂物后，送到干燥系统进行三段气流干燥或蒸汽干燥。蒸汽干燥机剖视图如图2-42所示。

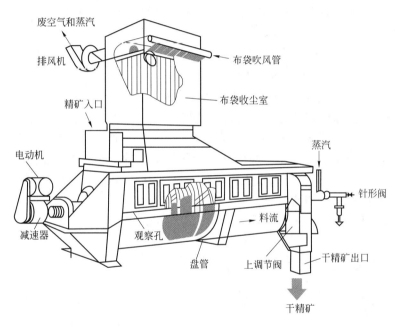

图2-42 蒸汽干燥机剖视图

三段气流干燥的工艺流程是：炉料首先用回转干燥窑进行干燥，其次通过鼠笼破碎机将由于附着水分结成块状物的炉料进行破碎，同时被干燥，再由气流输送到气流干燥管内，将水分干燥到0.3%以下。三段气流干燥的干燥率大致是：回转干燥窑20%~30%，鼠笼破碎机50%~60%，气流干燥管20%~30%，炉料水分由10%降至0.3%以下。

蒸汽干燥机由一个多盘管构成的转子（或固定）及一个固定（转动）的壳体组成，干燥机由设置在一侧的一台大功率电动机驱动，另一侧是蒸汽进、出口的连接器，蒸汽从转子的中心管进入，穿过辐射状的联箱，然后分配给盘管所有环路，加热箍管后，由盘管外壁与精矿接触，将热量传递给精矿，使精矿干燥。蒸汽中的冷凝水在转子离心力的作用下，流向每组盘管的最低点，当冷凝水到达最低点时，汇集进入中心集水管，冷凝水通过虹吸管及疏水阀排出回收利用。干矿温度一般控制在120℃，炉料水分由10%降至0.3%以下，炉料经过加料阀进入干燥机内进行蒸汽干燥，干燥后的炉料经过出料阀储存于中间仓内，干燥机内炉料蒸发的含尘水蒸气经过顶部布袋收尘器由排气风机排至大气，中间仓内的干炉料经两套交替运行的正压输送系统，将炉料输送至矿仓内，输送空气经布袋收尘器由排风机排放至大气中。

2.6.2　闪速炉反应塔内的传输现象和主要氧化反应

闪速熔炼过程的化学反应与传统工艺没有实质的区别，只是通过熔炼设备与冶金工艺上的改进来强化熔炼过程。闪速熔炼用富氧空气或热风，将干燥的精矿、石英熔剂（一定的比例）通过反应塔顶部的精矿喷嘴，以很大的速度（80~120m/s）喷入闪速炉的反应塔空间，使炉料颗粒悬浮在高温、氧化性气流中并迅速氧化和熔化。反应塔内平均气流速度为1.4~4.7m/s时，相应的气体在塔内停留时间为1.4~4.7s。悬浮在气流中的细粒精矿流经反应塔的速度与在塔内的停留时间几乎与气流同步。由于反应塔内精矿颗粒与气流之间的传热、传质条件优越，使硫化矿物的氧化反应闪速进行，并放出大量的反应热。熔炼铜精矿，一般发生的主要氧化反应有：

$$CuFeS_2 + 3/2O_2 \Longrightarrow 1/2(Cu_2S \cdot FeS) + 1/2FeO + SO_2$$
$$FeS + 3/2O_2 \Longrightarrow FeO + SO_2$$
$$2FeO + SiO_2 \Longrightarrow 2FeO \cdot SiO_2$$

这些反应放出大量的热以加热、熔化和过热炉料。由图2-43看出，在距入口0.5m附近有燃烧峰面（与现场观察到的明亮峰面一致），反应一般在离喷嘴1~5m以内迅速进行。半工业试验闪速炉反应塔中心线处气相和颗粒温度的分布（见图2-44）表明，硫化矿粒子的反应大部分在距入口1.5m以内进行，反应塔上部颗粒温度比气相温度高，提高鼓风温度和富氧浓度可以加速反应。由于氧化反应迅速，单位时间内放出的热量多，加快了炉料的熔化速度，强化了生产，使熔炼的生产率提高到8~12t/(m²·d)，提高富氧浓度后，有的工厂达到了15~21t/(m²·d)。

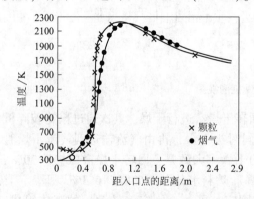
　　　　　　　　　　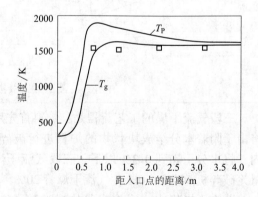

图2-43　颗粒和气相的温度沿反应塔高度的变化　　图2-44　反应塔中心线处气相和颗粒温度的分布

由于硫化物粒子的氧化反应非常迅速，有一部分FeS氧化为FeO后可进一步氧化为Fe_2O_3和Fe_3O_4，不可避免地有一部分铜要被氧化为Cu_2O。氧化产物中Fe_2O_3、Fe_3O_4和Cu_2O的数量，取决于铜锍品位与原料中SiO_2的含量。生成的Fe_2O_3在有硫化物存在时容易转化为磁性氧化铁：

$$10Fe_2O_3 + FeS \Longrightarrow 7Fe_3O_4 + SO_2$$
$$16Fe_2O_3 + FeS_2 \Longrightarrow 11Fe_3O_4 + 2SO_2$$

在温度达 1300~1500℃ 的反应塔内，Fe_3O_4 很快被 SiO_2 和 FeS 所分解：

$$3Fe_3O_4 + FeS + 5SiO_2 =\!=\!= 5(2FeO \cdot SiO_2) + SO_2 - 381.4kJ$$

在反应塔内由于氧化反应强烈，炉料在炉内停留的时间很短，各组分之间的接触不良，Fe_3O_4 不能完全被还原，而是溶解于炉渣和铜锍中，一同进入沉淀池。

少量的硫化亚铜按下列反应氧化：

$$2Cu_2S + 3O_2 =\!=\!= 2Cu_2O + 2SO_2$$

当有足量的 FeS 存在时，Cu_2O 会与 FeS 反应生成 Cu_2S 进入铜锍。由上述反应可看出，炉料中 FeS 的存在能阻止铜进入炉渣。但正如同前述的 Fe_3O_4 一样，由于反应塔内氧化反应强烈，因此仍有少量的 Cu_2O 熔于炉渣。由反应塔降落到沉淀池表面的产物是铜锍与炉渣的混合物，在沉淀池内进行澄清和分离，在分离过程中铜锍中的硫化物与炉渣中的金属氧化物还进行如下反应，从而完成造铜锍和造渣过程。

$$Cu_2O + FeS =\!=\!= Cu_2S + FeO$$

$$2FeO + SiO_2 =\!=\!= 2FeO \cdot SiO_2$$

$$3Fe_3O_4 + FeS + 5SiO_2 =\!=\!= 5(2FeO \cdot SiO_2) + SO_2$$

闪速炉炉渣中含铜高的原因是：

（1）反应塔内氧势较高，熔炼脱硫率高，产出的铜锍品位高，铜锍品位越高，渣含铜量也越高。

（2）闪速熔炼的原料多为高硫、高铁精矿，而配加的石英熔剂少，渣中铁硅比高，这种炉渣密度较大，对硫化物有较大的溶解能力。

（3）闪速炉烟尘率高，熔池表面难免有烟尘夹带，这无疑也会增加渣中含铜量。

2.6.3 奥托昆普闪速炉的炉体结构和精矿喷嘴类型

奥托昆普闪速炉由反应塔、沉淀池和上升烟道三部分组成，内衬耐火材料。最初的闪速炉耐火材料因没有冷却装置，其寿命仅 8 周左右。随着水冷的应用，闪速炉炉期已达 10 年左右。

2.6.3.1 闪速炉的外形结构尺寸

贵溪冶炼厂奥托昆普闪速炉的主要尺寸如图 2-45 所示。

贵冶闪速炉的主要结构特点为：反应塔顶为平斜结合拱顶，沉淀池为吊挂拱顶，上升烟道为吊挂顶，由平顶和斜顶组成；反应塔壁立体冷却，反应塔与沉淀池的连接部为直筒形。我国金隆公司闪速炉结构与贵冶闪速炉相似。

表 2-32 介绍了世界上数家闪速冶炼厂炉体结构的特征。

表 2-32 世界上几家冶炼厂闪速炉炉体结构特征

冶炼厂	炉体结构尺寸			反应塔冷却方式	反应塔水平水套层数	反应塔顶结构	沉淀池水平水套层数	沉淀池熔体区冷却	沉淀池冷却	沉淀池顶结构	铜口数	渣口数	连接部结构		备注
	反应塔(φ×高)/m×m	沉淀池(长×宽×高)/m×m×m	上升烟道/m										沉淀池与反应塔	沉淀池与上升烟道	
玉野	6×9.1	19.75×7×2.6	φ2.5×9.4	立体	5	斜平拱顶	1					6	2	垂直水套(24块)+H梁	矩形铜水套	上升烟道上部为锅炉结构，下部为水套结构

续表 2-32

冶炼厂	炉体结构尺寸 反应塔(φ×高)/m×m	沉淀池(长×宽×高)/m×m×m	上升烟道/m	反应塔冷却方式	反应塔水平水套层数	反应塔顶结构	沉淀池水平水套层数	沉淀池熔体区冷却	沉淀池冷却	沉淀池顶结构	铜口数	渣口数	连接部结构 沉淀池与反应塔	沉淀池与上升烟道	备注
圣玛纽尔	5.97×6.68	25.24×8.36×3.38	φ4.07×9.2	喷淋		吊挂顶				吊挂顶	8	4	T形水套	I形和L形水套	1994年前连接部均为I形和L形水套
韦尔瓦	6.5×6.8	22.13×7.62×3.5	7.62×4.88×10.735	喷淋		球拱顶		倾斜水套	H梁	吊挂拱顶	6	4	L形水套		
贵冶	6.8×7.05	18.65×8.3×2.37	出口:4.5×3.5	立体	11	平斜结合拱顶	2	倾斜水套	H梁	吊挂拱顶	3	2	倒F形铜水套	不定形捣打料中预埋水冷铜管	上升烟道为矩形截面,由斜顶和平顶组成
金隆公司	5×7	22.35×6.7×2.24	出口:4.0×2.5	立体	7	平斜结合拱顶		倾斜水套	H梁	吊挂拱顶	4	2	不定形捣打料中预埋水冷铜管	不定形捣打料中预埋水冷铜管	上升烟道为矩形截面,由斜顶和平顶组成
东予	6×6.6	20×7.5×2.28		立体	9	平斜拱顶	1	倾斜水套	H梁	吊挂拱顶	3	2		不定形捣打料中预埋水冷铜管	
巴亚马雷	4.05×6.0	17.9×5.88×1.852	φ3.0×8.732	喷淋	4	平吊顶		垂直水套		平吊顶			倒F形水套	倒F形水套	反应塔下部为水套
佐贺关	6.2×5.9	20.1×6.8×2.4		立体	7	拱顶		倾斜水套	H梁	拱吊挂顶	5	3			2号闪速炉1996年3月改造
希达尔哥	8.23×11.59	25.31×10.37×6.71(外尺寸)		喷淋		平吊挂顶				平吊挂顶	5	5			上升烟道为喷淋冷却

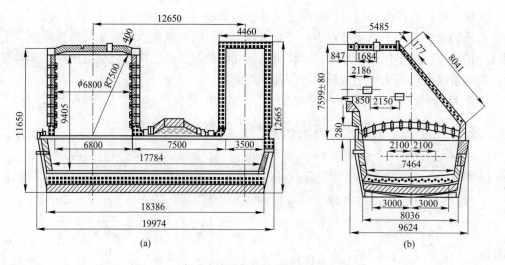

图2-45　贵溪冶炼厂奥托昆普闪速炉主要尺寸

2.6.3.2　闪速炉炉体各部位的结构

A　反应塔顶

反应塔顶有拱顶和平吊挂顶两种结构，拱顶又有球拱顶（如汉堡冶炼厂、韦尔瓦冶炼厂等）和平斜结合顶（金隆公司、贵冶等），其结构特征见表2-32。拱顶密封性好、漏风小，但砖体维修困难，一般寿命为3~5年；吊挂顶密封性较差，但可以在炉子热态下更换部分砖体。随着富氧浓度、下矿装入量和反应塔热负荷的提高，越来越多的冶炼厂采用吊挂顶改造拱顶。

B　反应塔壁

反应塔壁经受带尘高温烟气和高温熔体的冲刷，几乎没有任何的耐火材料能够承受反应塔内的苛刻条件。为提高炉寿命，各冶炼厂不断地改进反应塔的结构，使用优质耐火材料，并采用水冷却系统，冷却强度不断提高，形成了各自不同的反应塔结构特征。

反应塔冷却装置有喷淋冷却和立体冷却两种。喷淋冷却结构简单，它通过外壁淋水冷却和内侧挂磁铁渣，使炉衬得到保护而不被继续腐蚀。这种结构便于反应塔检修，炉寿命可达8年左右。但是，干矿装入量和富氧浓度提高后，喷淋冷却方式冷却强度不够，通过反应塔壁的热损失大，操作费用高。立体冷却系统由铜水套和水冷铜管组成。反应塔壁被铜水套分成若干段，水套之间砌砖，在砖外侧安装有水冷铜管，形成对耐火材料的三面冷却，这种结构冷却强度大，能适应富氧浓度、熔炼能力和热负荷提高后对反应塔冷却的要求，而且热损失小，操作费用低（反应塔燃油量降低），炉寿命长（可达10年左右）。玉野闪速炉反应塔于1993年和1994年先后进行过两次改造，如图2-46所示。1993年增加一层铜水套，并用垂直铜水套代替部分水套间铜管。1994年除反应塔上部铜管保留外，其余铜管全部改为垂直铜水套，连接部铜管改为垂直铜水套（24块）和H梁结构。

贵冶闪速炉反应塔塔底采用吊挂方式砌筑RRR-C耐火砖，砌砖厚度350mm。耐火砖

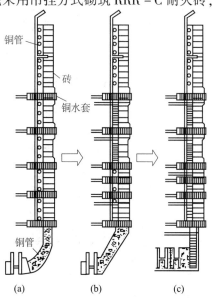

图2-46　玉野闪速炉反应塔冷却结构示意图
（a）最初；（b）改造1；（c）改造2

砌至环形 H 梁，不能砌砖处，则在 H 梁上焊筋爪，并在各空隙处吊挂"宝塔形"耐火砖，然后浇注不定形耐火材料 C-CrMgS。

贵冶闪速炉反应塔塔壁是由 20mm 厚的钢板围成的筒体，砌砖高度 5555mm，共分七段湿砌，塔壁上部砌筑高温烧制铬镁砖 RRR－ACE－U34，中下部砌筑电铸铬镁砖（MAC－EC），砌砖厚度为 395mm 和 445mm（靠近水平水套处）。塔壁沿高度方向装有六层 65mm 厚的铜板水平水套，每层 24 块，水套凸出塔壁 50mm，如图 2-47、图 2-48 和图 2-49 所示，砌砖前，先将 20mm 厚的波纹板贴在壳体内侧，然后浇注不定形耐火材料 C-CrMgS，并埋设 19 圈（每圈 4 根）φ32mm 带翅片的水冷铜管，其中在两层水平水套之间各分配 2 圈带翅片的水冷铜管，以立体冷却方式保护反应塔塔壁。反应塔与沉淀池的连接部全部用不定形耐火材料 C-CrMgS 浇注而成，浇注高度 1065mm，厚度 395mm，内埋 2 排（每排 6 圈，每圈 4 根）带翅片的水冷铜管。

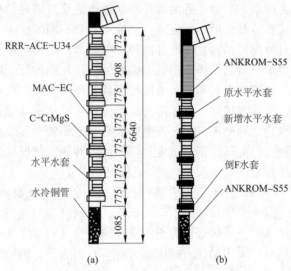

图 2-47　贵冶闪速炉反应塔炉壁结构改造前后比较图
(a) 改造前；(b) 改造后

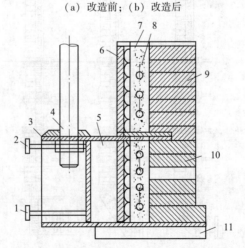

图 2-48　贵冶闪速炉反应塔上段炉壁结构图
1—钢板水套进水管；2—钢板水套出水管；3—筒体法兰；4—吊挂螺杆；5—钢板水管；
6—筒体；7—不定形耐火材料；8—带翅片铜管；9—烧结铸砖；10—电铸砖；11—铜板水套

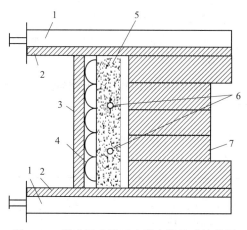

图 2-49 贵冶闪速炉反应塔中段炉壁结构图
1—钢板水套；2—筒体法兰；3—筒体；4—波纹板；5—不定形耐火材料；
6—带翅片铜管；7—电铸砖

C 沉淀池

铜锍和炉渣在沉淀池中储存并澄清分离；夹带烟尘的高温烟气（达 1400℃左右）经沉淀池进入上升烟道，因此沉淀池的结构必须能够防止熔体渗漏，同时有利于保护炉衬。

沉淀池顶一般为平吊挂顶或拱吊挂顶。沉淀池顶的冷却有 H 梁冷却和垂直水套冷却。H 梁安设在砌体中，耐火砖被圈定而不致发生变形，并能防止砖的脱落。为防止漏水，H 梁中的铜管必须是整根的，不得用数根短管焊接起来。

沉淀池位于反应塔正下方部位的侧墙，可以看做是反应塔的延长。这一部位热负荷较高，而且沿着砖的表面往下流的高温熔体量很大。因此，这一部位很容易被侵蚀，目前，一般在砖体内插入水平铜水套冷却，有的冶炼厂水套与铜管并用，构成立体冷却（如金隆公司、贵冶厂等），而且水平水套的层数越来越多，例如：贵冶 1998 年前设一层水平水套，1998 年后增设一层；金隆公司设二层；1996 年新建的巴亚马雷厂新闪速炉及 1996 年扩产的佐贺关厂 2 号闪速炉在这一部位设垂直水套以强化冷却。

沉淀池渣线区域易被熔体侵蚀，受熔体冲刷较大。这一区域沿沉淀池一周设垂直铜水套或倾斜水套冷却。1983 年，佐贺关冶炼厂为了适应高富氧熔炼，防止由于沉淀池拐角处耐火砖熔损和炉体膨胀变形而引起熔体泄漏，在沉

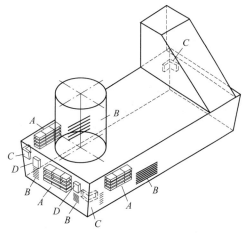

图 2-50 佐贺关闪速炉沉淀池侧墙冷却系统
A—水平铜水套；B—水冷铜管；C—L 形水套；
D—带翅片水冷铜管

淀池拐角处的耐火砖处安设了 L 形水套（见图 2-50），强化了以渣线为中心，高度方向约 600mm 范围内的耐火砖的冷却。

另外，含渣、尘的烟气在进入上升烟道时对渣口侧端墙的冲击使该墙受到机械损耗，

因此，工厂也不断增设水套，加强对该部位砌体的冷却。

为了防止沉淀池底漏铜，减少散热，人们对沉淀池底部的耐火材料的选择都做了研究，而且都筑得很厚，见表 2-33。

表 2-33　闪速炉沉淀池底厚度　　　　　　　　　（mm）

冶炼厂	炉底总厚度	镁铬砖	黏土砖	保温砖
韦尔瓦	940	375	115	300
贵冶	1825	650	230	690
巴亚马雷	1300	770	230	124
金隆	1825	805	113	690

在熔炼铜锍过程中会生成大量的 Fe_3O_4，为减少散热，以减少 Fe_3O_4 的析出形成炉底结，炉底要很好地保温，而且砌得很厚。

贵冶闪速炉炉底是在炉底钢板上浇注一层耐火混凝土和一层石棉板，并砌筑七层砖结构，各层耐火砖均砌成反拱形，炉体砌筑分为四部分，见表 2-34。

表 2-34　贵冶沉淀池底部砌筑结构

层　　次		材　　质	高度/mm	砌筑方式
工作层	第一层（最上部一层）	RRR – C	400	立砌、湿砌
	第二层	RRR – C	250	立砌、湿砌
加固层	第三层	周围砌筑 RRR-A 定型砖，中间为镁砂捣打料 S-MH	114	湿砌、捣打
保温层	第四层	普通黏土砖 SK-34	230	立砌、湿砌
	第五~七层	轻质绝热砖 PX-C3	每层 230	立砌、湿砌
	第八层	石棉板	40	平铺 4 层，每层 10mm
基础层		耐热混凝土	中心高 90，圆周方向拱脚高 391	浇　注

贵冶沉淀池四面侧墙钢板均向外倾斜 10°，共砌 20 层砖。整个侧墙可分为铜锍区域、渣线区域和气体流动区域三部分。耐火砖根据工作状况选择不同的材料，在渣线区域侵蚀严重，选用了抗渣性、抗冲刷性强的电铸铬镁砖 MAC – EC，在气流区域选用抗冲刷、耐剥落性强的高温烧制铬镁砖 RRR – ACE – U34，而铜锍区域选用普通烧制铬镁砖 RRR – C。为保护炉衬，延长耐火砖的使用寿命，沿渣线一周设有 39 块倾斜铜板水套，在反应塔下面沉淀池的三面墙及渣口附近端墙渣线上方设有 19 块水平铜板水套，并在反应塔下面沉淀池的三面墙上及渣线区域的砖与炉壳内侧波纹板之间设有 6 排共 18 根带翅片的水冷铜管，以加强对炉墙的保护。

在沉淀池侧墙一面设有 6 个放铜口，形状为菱形，侧面有两个放渣口，这两个部位使用的耐火砖为 MAC – EC，渣口中心线比放铜口高出 600mm。沉淀池的两端侧墙还分布有 4 个点检孔，各点检孔使用的材质均为 RRR – ACE – U34。此外，在沉淀池侧墙的渣线区域与气流流动区域之间设有 11 个重油烧嘴孔，使用的材质均为 RRR – ACE – U34，每个烧嘴水平向下倾斜 10°，其中端墙两个烧嘴还向炉中心线倾斜 6°07′。

贵冶沉淀池拱顶全部采用吊挂砌筑。为防止拱顶耐火砖轴向变形、脱落，以延长其使用寿命, 在炉顶圆垌方向安有弧形 H 梁, 以固定拱顶砖。该 H 梁预埋 2 根带翅片的水冷铜管后浇注不定形耐火材料 C – CrMgS, 上部为水槽, 冷却水经水冷铜管后排放到水槽内, 经水槽再进入排水管。对于拱形 H 梁, 为使上部水槽各片保持一定的水位, 在槽内不同高度设置了挡水板。

沉淀池拱炉顶耐火砖选用普通烧制铬镁砖 RRR – C (外表面用铁皮包裹), 拱顶上设有 6 个 ϕ250mm 的点检孔和 2 个 ϕ150mm 的温度计孔, 每个孔的耐火砖都是用 4 块呈 1/4 圆弧形的高温烧制铬镁砖 RRR – ACE – U34 组合而成, 各组合砖均由吊具固定。

D 上升烟道

上升烟道是闪速炉中夹带的渣粒、烟尘和高温烟气的排出通道。对上升烟道结构上的要求是: 防止熔体黏附而堵塞烟气通道; 尽量减少沉淀池的辐射热损失。

上升烟道的形状有垂直圆形 (如犹他闪速炉等)、椭圆形 (如希达尔哥闪速炉) 和断面为长方形的倾斜形 (东予、佐贺关、金隆、贵冶等)。上升烟道壁一般不设冷却。

贵冶上升烟道侧墙砌筑结构尺寸见表 2-35。

表 2-35 贵冶上升烟道侧墙砌筑结构尺寸

段 数	每段层数	材质	耐火砖工作面长度/mm	砌筑高度/mm
第 1 段最上部一段	7 层	RRR – C	460	700
第 2 ~ 10 段	5 层	RRR – C	460	每段 500
第 11 ~ 12 段	5 层	RRR – C	460	每段 555

侧墙一面有 2 个 500mm × 300mm 的重油烧嘴孔, 1 个操作孔, 另一面也有 2 个重油烧嘴孔, 一个点检孔。

贵冶上升烟道后墙 (余热锅炉侧的沉淀池侧墙顶部至上升烟道开口处) 砌筑分三段湿砌, 各段砌筑情况见表 2-36。后墙最下部沿外壳钢板处浇注不定形耐火材料 C – CrMgS, 内埋 8 根带翅片的水冷铜管。

表 2-36 贵冶上升烟道后墙砌筑结构

段 数	耐火砖工作面长度/mm	材 质	砌筑高度/mm	倾斜角度
第 1 段最上部一段		SK-34	700	29°19′
第 2 段	350	RRR-C	1110, 共砌 14 层	12°31′
第 3 段	375	RRR-C	1280, 共砌 13 层	12°31′

E 连接部

由于高温火焰和含尘烟气的冲刷, 闪速炉反应塔与沉淀池及沉淀池与上升烟道的连接部都易遭到破坏。为提高这些部位的寿命, 必须提高其冷却强度。连接部的结构比较复杂, 各厂也不尽相同, 主要结构有: 不定形耐火材料中埋设水铜管、L 形水套结构、T 形水套结构 (见图 2-51)、倒 F 形水套结构 (见图 2-52) 等。

圣玛纽尔冶炼厂于 1994 年用 T 形水套取代 L 形和 I 形水套。这种水套将碳钢支撑环铸到水套中, 安装中将水套直接焊到反应塔钢壳上, 这种结构安装简单, 最主要的是, 可在炉子热态下更换水套。巴亚马雷、贵冶等厂改造后的连接部为倒 F 形水套结构。

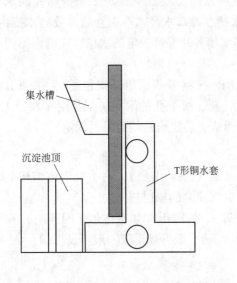

图 2-51　T 形水套连接部结构

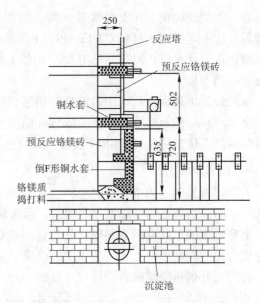

图 2-52　倒 F 形水套连接部结构

　　图 2-52 是巴亚马雷闪速炉反应塔与沉淀池连接部的配置图，其沉淀池与上升烟道的连接部也有类似的结构。

　　贵冶上升烟道与沉淀池的连接部在靠近沉淀池拱顶一侧断面为圆弧形过渡，该部位因受气流冲刷、侵蚀严重，采用不定形耐火材料 C – CrMgS 浇注，浇注高度为 1100mm，厚度为 300mm，内埋双排（每排 7 根）带翅片的水冷铜管；另一侧为垂直相交，砌筑普通烧制铬镁砖 RRR – C，在砖与上升烟道侧墙交界处内埋 2 根水冷铜管并浇注不定形耐火材料 C – CrMgS。

2.6.4　闪速炉精矿喷嘴类型与结构

　　在闪速炉中，干燥的铜精矿与熔剂、燃料以及富氧空气（或预热空气）是通过设置在反应塔上部的精矿喷嘴喷入炉内进行混合的，若混合不好，就会有局部未反应物料落入沉淀池，影响锍温度和品位，烟尘量也增大。精矿喷嘴的形式会影响精矿粉的着火点、反应塔内的回流量、死区的位置、结瘤、灰渣生成以及 Fe_3O_4 生成等，即精矿喷嘴的好坏实际上会影响整个熔炼炉的运行，因此闪速熔炼从 1949 年发展至今，喷嘴也在不断地发展、完善。

　　20 世纪 70 年代以前，精矿喷嘴都是文丘里型喷嘴，其结构如图 2-53 所示。精矿喷嘴本体 4 下部有文丘里状收缩部 5，收缩部下面是逐渐扩大的圆锥 7。精矿喷嘴中心设置有精矿溜管 2，溜管的前端比文丘里状收缩部的下方稍突出一点。一支重油喷嘴 1 自精矿溜管的中心贯通而下，其前端一直通到圆锥出口附

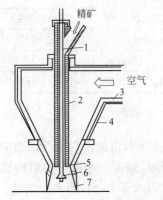

图 2-53　文丘里型精矿喷嘴

1—重油喷嘴；2—精矿溜管；3—送风管；
4—精矿喷嘴本体；5—文丘里状收缩部；
6—精矿分散锥；7—精矿喷嘴圆锥

近。在精矿溜管出口下方的重油喷嘴上设置有分散精矿的分散锥6。反应用空气从送风管3供入，在文丘里收缩部增加速度，与精矿粉混合后吹入反应塔内。

喷嘴下部设置分散锥是为了使炉料分散更好，与空气的混合更均匀。而喷嘴中心安装重油烧嘴，有利于控制反应塔内部的温度。有些冶炼厂使用的预热空气温度高（800℃），为了防止精矿在喷嘴内烧结，精矿溜管外壁设有水冷铜管，并用耐火混凝土保护。整个精矿溜管还可以在喷嘴内上下移动调节速度。

文丘里型精矿喷嘴是利用文丘里管形状产生紊流，促使空气和颗粒混合，因此这种喷嘴只适用于空气或低浓度富氧空气闪速熔炼。

1971年，闪速炉开始实行富氧熔炼，反应塔鼓风量越少，气流速度越低，文丘里型喷嘴生成的紊流不足以使富氧空气和精矿粉充分混合，达不到富氧熔炼的效果，为此各国经过研究，便开发出了多种适于富氧熔炼的喷嘴。

2.6.4.1 中央喷射扩散型精矿喷嘴（CJD型）

中央喷射扩散型精矿喷嘴是芬兰奥托昆普公司研制成功的，其结构示意如图2-54所示。该喷嘴不是文丘里管型而是倒锥型，由壳体、料管、风管、混合室等组成。炉料从中央料管流入混合室，富氧空气则从窄气管以一定的速度喷入混合室内，精矿与空气在此处进行充分的混合。混合室呈圆筒形，其底部在喷嘴的最下端与闪速炉顶相接。在精矿喷嘴中心安装一根小管，其端部设有锥形喷头，喷头周围分布有直径为3.5mm的许多小孔。压缩空气由中间小管通入，然后从小孔沿水平方向喷出，将精矿粉迅速吹散到整个反应塔内。文丘里型和中央喷射扩散型精矿喷嘴的比较见表2-37。

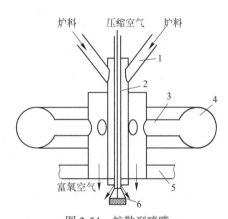

图2-54 扩散型喷嘴

1—加料管（2根）；2—压缩空气管；3—支风管（6根）；4—环形风管；5—反应塔顶；6—喷头

表2-37 文丘里型和中央喷射扩散型精矿喷嘴的比较

项 目	文丘里型	CJD型
结构示意图	(a)文丘里型	(b)CJD型
	1—干矿；2—油枪；3—富氧空气；4—精矿溜管；5—分散锥；6—喷嘴锥；7—调风锥；8—中央氧枪；9—工业氧；10—压缩空气	
喷嘴个数/个	3~4	一般设1个（最初设4个）

项　　目	文丘里型	CJD 型
油烧嘴个数/个	3 ~ 4	2 ~ 4
油烧嘴的设置	安装在喷嘴内	与喷嘴分开，也可安装在喷嘴内
精矿分散原理	(1) 出口的高速气流； (2) 分散锥	(1) 出口的高速气流； (2) 分散锥
轴向气流速度/m·s^{-1}	120 以上，最高达 250	80 ~ 120
径向气流速度/m·s^{-1}		120 ~ 180
干矿处理能力/t·(h·只)$^{-1}$	< 20	约 200
工艺空气富氧浓度	< 45%	约 95%
对炉衬的作用	炉衬易被侵蚀，局部易损坏	对炉衬作用小
装料控制	难	易

中央喷射扩散型精矿喷嘴是 20 世纪 70 年代后期开始应用的，经过不断改进，已成为标准化设计的一部分。

金隆公司采用这种精矿喷嘴的工艺风有内环和外环两个通道，根据工艺风量可以自动或手动选择使用三种通道，即内环、外环和内环 + 外环，保证工艺风出口速度为 80 ~ 120m/s。精矿下料管为水套结构（见图 2-55）。

玉野厂 1994 年安装的 CJD 喷嘴结构与金隆公司相同，但该厂进行了改进，如图 2-56 所示。该厂将内环去掉，在外环内壁安装一块固定的衬板，并安装三圈上下移动式的滑块用以调节工艺风速。这样可以选择 6 级工艺风通道操作，可以根据风量和风温控制风速。

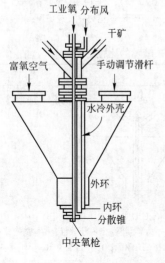

图 2-55　金隆公司精矿喷嘴

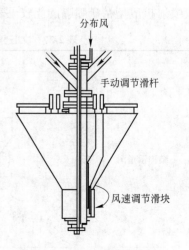

图 2-56　玉野厂精矿喷嘴

2.6.4.2 分配式喷嘴

日本东予冶炼厂从 1982 年开始采用富氧熔炼，对喷嘴进行了改造，使它能应用富氧送风，改造后的喷嘴结构如图 2-57 所示。在精矿溜管内，除重油喷嘴外，还有呈同心圆设置的氧气吹入管。在氧气吹入管出口部，通过一衬套调节其开口面积和氧气吹出速度。为了克服因鼓风量减少而发生流速降低问题，在喷嘴锥入口处设置了一个风速调节装置。风速调节装置由固定在喷嘴本体的吊杆吊起，改变吊杆在喷嘴内的长度可使风速调节锥沿精矿溜管上下移动来调节喷嘴喉部的有效断面，以达到调节风速的目的。

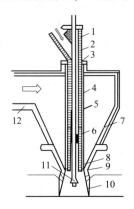

图 2-57 分配式富氧精矿喷嘴

1—重油喷嘴；2—氧气管；3—固定件；4—吊杆；5—精矿溜管；6—调节衬套；7—精矿喷嘴本体；
8—风速调节装置；9—文丘里状收缩部；10—精矿喷嘴圆锥；11—精矿分散锥；12—送风管

2.6.4.3 喷气流式喷嘴

喷气流式喷嘴是澳大利亚西方矿业公司的 Kalgoorlie 冶炼厂开发的，其结构如图 2-58 所示。这种喷嘴运用了全新的精矿散射方式，在精矿溜管出口处安置了一个大散射锥，以便给下落的精矿颗粒一个水平吹力，使它与空气更好混合。另外，喷嘴锥由文丘里型改为漏斗形。

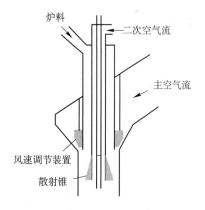

图 2-58 喷气流式喷嘴

2.6.5 闪速熔炼作业的技术管理

闪速熔炼生产的正常运行和良好指标的取得依赖于设备完好状态和各种条件的精确控制，而生产技术管理则是这两个关键的保障基础。与传统工艺相比，闪速熔炼要复杂和严格得多。由于各闪速炉熔炼厂家的炉型、原料成分、生产规模、技术指标要求、能源种类、富氧浓度、设备性能、生产经验以及上下游工艺与设备各方面的差异，因此管理中的侧重点各有所不同，而基本原则是相同的。本节主要结合国内铜闪速熔炼生产实践经验予以叙述。

2.6.5.1 闪速炉熔炼过程的管理

A 精矿喷嘴的管理

精矿喷嘴是闪速炉的核心设备。近年来，多数厂家都采用了中央喷射型喷嘴。这种喷嘴具有熔炼能力大、反应性能好、对塔壁损害小、烟尘率小、燃料消耗少等优点，是目前最为流行的喷嘴形式。生产实践表明，如果喷嘴的参数控制不当，如氧料比（$O_2/$料）变化，也会产生一系列问题，表现为反应不充分，生料堆积在沉淀池，喷嘴下部结瘤，熔体温度、铜锍品位、渣型和烟尘率等出现异常，反应塔异常高温，塔顶耐火材料损耗严重，甚至外部钢支架也产生变形。这些情况严重困扰着生产。针对这种状况，多数厂家都在摸索符合本厂情况的精矿喷嘴的管理经验，涉及的因素有工艺风速、分布风流量与中央氧枪氧气流量。

工艺风速是使物料在塔内轴向上尽量分布均匀的动力。它受投矿量的制约，投矿量大时，风速应大些，反之可小些。一般情况下，风速可基本稳定在 100~150m/s 之间。

对于一个给定的喷嘴，也可以把分布风流量看做分布风速的等效参数。它是使物料在塔内呈径向分布的主要动力。该参数的选定要考虑投矿量与工艺风速的变化。分布风流量主要影响着反应时间和反应的完全性。参数值若过大，则使反应高温区过度上移，对塔顶的热辐射较严重；但若过小，则会产生反应不充分而造成下生料。

中间氧枪的氧是工业氧（95% 左右），其主要作用是防止塔体中心轴区域由于过密的物料而得不到充足的反应氧。中间氧枪的氧量主要受投矿量的制约，应保持一定氧料比。

以上三个参数是相互关联的，以某冶炼厂为例，在通常给料量为 110t/h 左右，工艺风速为 100m/s 时，分布风流量 V_{dis}（m^3/h）与中间氧枪流量 V_0（m^3/h）分别由下面公式求出：

$$V_{dis} = 10W_{ch} + 15u - 1000$$
$$V_0 = 10W_{ch} + 400$$

式中　W_{ch}——投料量，t/h；

　　　u——工艺风速，m/s。

由于反应塔内部的高温气流分布、颗粒燃烧温度及其气相浓度等是由精矿喷嘴的工作状态决定的，国内闪速熔炼厂与高校联合开发的铜熔炼闪速炉数值仿真与操作优化技术，可以通过改变工况技术条件，进行数值仿真。从反应塔内气粒两相流的流场、温度场、浓度场和释热场特征，找出烟尘率相对较低的操作条件。凡是有利于形成高温集中、氧集中与颗粒群浓度集中（"三集中"）的"高效反应区"的技术条件，如中央供油、加大工艺风氧浓度、加大中央氧量、适当减少分散风，都能明显减少烟气中的颗粒量。三集中的"高效反应区"最佳位置的范围，高度在中央喷嘴以下 0.5~3.0m，半径约为工艺风出口环半径的 2.0~3.0 倍。

B 沉淀池的管理

反应塔连续产出的大量熔体落入沉淀池内，在继续进行反应的同时，渣与锍借助于密度差相互分离。显然，沉淀池是熔炼产物最终形成的场所。沉淀池的这种作用，要求它必须保持有一定的工作容积，以便为大量铜锍与渣的分离提供充分时间，这是沉淀池管理的首要任务；其次是必须使沉淀池中的熔体保持足够的温度，为渣、锍的分离创造条件。

闪速炉沉淀池的工作容积和熔体温度是由其自身的特点决定的。沉淀池是属于一种平静的熔池类型。熔体保温及其过热所需的热量主要依靠从反应塔来的高温烟气的对流与辐射传热，因此，在熔体层内都存在着较大的温度梯度。渣中的 Fe_3O_4 会在熔池内某些区域处于饱和或接近饱和状态，形成黏渣，严重时会成为炉结，使熔池容积减小；在锍与渣之间形成黏渣隔膜层阻碍锍粒的沉降。减小温度梯度，合理控制熔体温度，减轻黏渣危害是沉淀池技术管理的关键问题，这方面的主要管理措施有以下几点：

（1）合理地组织铜锍与炉渣的排放，准时、足量地向转炉提供铜锍，这就要求闪速炉与转炉在生产配合时，熔池铜锍的储存量要有一个基准（铜锍层厚度），以避免在排放铜锍结束时，渣、锍之间的隔膜黏渣层沉落而黏附在炉底上，使炉底上涨而减少熔池的有效容积。在制定这个基准时，要考虑转炉的吹风制度、各造渣期所需铜锍量、闪速炉投料量与铜锍产出量、熔池截面状况、排放需用时间等因素。

（2）合理使用铜锍，防止沉淀池中黏渣隔膜层形成的热量来自于铜锍和炉渣的传导传热。向渣口方向渣、锍温度呈降低的趋势。为尽量减少磁性氧化铁黏渣隔膜层变厚以及炉结的形成，就必需增大新铜锍的流动，加强传热效果。因此，要尽量并优先从靠近渣口侧的铜锍门排放铜锍。

（3）当熔体从反应塔带来的热量不够时，向沉淀池烧油补充热量，这就要求闪速炉采用薄渣层操作，以使燃烧火焰的辐射热尽量多地传给熔体；再者，薄渣层有利于隔膜层减薄或消失。

（4）正确的渣口操作要求在渣面上升到渣口位置前就把渣口打开，疏通干净，并点燃烧嘴保温，一旦渣面上来，立即排出。排渣过程中始终保持流动顺畅，不允许"憋渣"现象发生。此外，闪速炉一般有两个渣门，通常的使用比率为1:1。当特意为使某一侧（常有排渣障碍时）多排渣时，也可采用2:1的制度。

（5）在沉淀池燃烧重油为熔体保温时，重油喷嘴的工作配置，即某个位置的喷嘴在何时烧是十分重要的。正面两只烧嘴的燃烧应优先考虑。因为它处在沉淀池前端，不仅对熔池面加热，还可对从反应塔下落的产物进行集中加热，加热效果最好。此处烧嘴一般是经常燃烧着的，且油量比两侧墙上的四只烧嘴高出 20~30L/h。两侧墙上各有两只烧嘴，一般为交叉结合型配置，即两面斜对角对烧，而且要定期交换，以防止对炉墙热冲击太厉害。燃烧的顺序为从前到后，重油量为 100~120L/h。烧嘴的雾化风压一般比油压大50kPa。正常生产时，风油比设定为1（即1l油对10m³ 空气）。根据炉子的实际情况，如炉子的实际漏风多时，可调挡减少到0.7。

目前闪速熔炼都倾向于闪速炉高投料量、高热负荷、高熔体温度操作，对沉淀池燃烧重油的管理不太重视，甚至不烧重油，也能控制炉底上涨。这种高温操作方式对熔池管理固然有利，但对炉体耐火材料寿命影响较大，修炉周期缩短。由于生产能力的大幅度提高，可以完全弥补其不足点。芬兰奥托昆普公司也采用提高目标铜锍温度的方法，使熔体过热，防止炉底上涨。

生产高品位的铜锍，必然会造成更多的 Fe_3O_4 在沉淀池底沉积，从而使其有效容积减小。传统的处理方法是往沉淀池加入生铁。贵冶多年前采取在混合料中配入焦粉的办法，有效地控制了沉淀池底 Fe_3O_4 的沉积，并取代了部分燃油。日本东予采用向沉淀池喷入粉煤和烟灰使炉底过热后，将炉结熔化，也有效地控制了沉淀池的上涨。

C　重油的管理

一般闪速炉都要燃烧一定量的重油以补充不足的热量，重油的品质对炉况的控制有重要意义。一般从炼油厂出来的重油其化学成分变化不大，但重油进入冶炼厂后，还将经过油水分离-现场小油罐-泵-计量系统，才进入炉子。重油脱水问题是生产运行的必要前提。含水多的重油进入系统后，除了油泵会振动、油压极不稳定、达不到设定值外，在闪速炉的控制上会产生一系列反常现象，使炉况无法控制，操作困难，表现为熔体、烟气和炉内壁的温度都偏低；喷嘴燃烧不良，甚至灭火；铜锍品位大幅度超目标值；炉渣发黏，黏渣层明显增厚，炉底上升，储存铜锍能力明显下降；排放锍、渣困难，出现渣带锍、锍带渣现象；上升烟道出口面积越来越小。发生这些现象时，若按照常规的操作方法，用增加重油量来提高温度，是收不到效果的，甚至不良状况愈演愈烈，面临停炉的危险。

重油雾化不良影响燃烧效果，一般要求雾化风压高于油压 0.05MPa，雾化风温度控制在 180~220℃ 之间。

D　冷却水管理

冷却水为闪速炉的长寿命提供了可靠保证。冷却水给水温度最好控制在 25℃ 以上，生产中给水温度定在 30~40℃ 之间。工厂将排水温度控制在 60℃ 以下，给水、排水温度差依炉内挂渣状况而波动，一般温度差控制在 3~8℃ 之间。

E　炉内压管理

闪速炉的炉内压是靠排烟机的转速和沉降室前的压力调节阀开启度来控制的。正常生产时，是将风机转速调节到使调节阀开启度为 70% 左右的情况下运行。

炉内压的设定是在不使烟气外逸的前提下，尽量减少环境空气的吸入。正常生产时设定为 -30Pa 左右的微负压。当负压值过小时，虽无烟气外泄，但漏入过多的冷空气，势必增加油耗；多余空气进入反应塔，增加了计算外的空气中的氧量，将会提高铜锍品位，干扰正常的操作运行；排烟系统的漏风量相应增加，越靠近风机的区段越严重，并且空气的低温与其所含水分使 SO_2 露点下降，造成腐蚀状况加剧，反过来又加剧漏风，迫使风机增速，如此恶性循环，破坏电收尘的正常运行，殃及制酸系统等。除了负压控制外，应保证上升烟道开口部正常工作时，有合理的排烟截面积，一般为设计值的 2/3 左右。

F　闪速炉的保温

闪速炉保温期前，即闪速炉停料之前一周，其控制参数应做以下变化：降低铜锍品位，最低达 45% 左右；提高铜锍温度到 1215~1220℃；提高渣中 $m(Fe)/m(SiO_2)$ 至 1.25~1.30。改变参数的目的是使炉壁挂渣变薄，不至于在降温时由于较厚的挂渣脱落带下耐火材料，此期间沉淀池内需加入生铁，让炉底沉结物尽量溶解，以便在最末一次排铜锍时，尽可能多地排出炉内残余物，保持熔池有效容积。

保温期间的重点是防止炉温较大的波动，保护好耐火材料，不致由于剧烈热胀冷缩造成炉体损伤。保温期间反应塔的重油消耗量约 200L/h，沉淀池重油消耗量约 600L/h，上升烟道温度测点一般为 600℃ 即可。

保温后期，即计划投料的前 6 天开始升温，以 3.5℃/h 的速度升温，确认达到 1150℃

时，可重新投料生产。

2.6.5.2 贫化电炉的管理

贫化电炉的作用是降低渣中含铜量使它达到排放的要求；此外，也可以处理一些生产中产生的固体物料，调节铜锍的排放。贫化电炉的技术管理任务有：

（1）控制渣层厚度与锍层厚度。渣层厚度一般应不少于400mm，否则因渣层太薄而澄清不充分，弃渣含铜会升高，在水淬时容易发生爆炸。一般贫化电炉是溢流放渣，渣层厚度是通过控制锍层厚度来实现的。贫化电炉的容积有限，放渣时不允许有大量的铜锍带入其内。锍面增高会增加弃渣中的含铜量，以保证有400mm以上的渣层为目标，进行锍面控制。当有大量的铜锍向电炉排放使电炉渣层小于400mm时，要迅速放出铜锍。

（2）分批加入冷料。电炉加冷料的时间应尽量在放完锍后在低液面时进行，以使固体物料有充分熔化和分离时间。冷料要分批加入，不能一次加入过多。

（3）调节电炉功率。铜闪速熔炼贫化电炉正常工作时的操作功率通常是在二次电压选择后确定，根据入炉渣温、侧墙及炉底温度、固体冷料与块煤加入量和保温电功率等综合因素，即保温电功率、固体冷料熔化所需功率和块煤发热量（负值）确定。

一般情况下，固体料熔化电能耗为350kW·h/t，块煤发热值为26MJ/kg，块煤热效率为50%，保温电功率为800~1300kW。加入固体冷料与块煤的量依实际情况确定。炉子的保温电功率波动范围较大，分为正常生产过程中的保温（取1000kW）和年度大修时的保温（取800kW），在冬季生产时，保温电功率要提高些，取1300kW。新旧炉子和炉体改造前后（特别有扩容改造时）的保温电功率也应做调整。

电功率的调节是通过改变二次电压和电极插入渣层的深度来进行的。

如果要提高熔体表面温度，加速固体物料熔化，则应提高二次侧电压，可根据炉壁温度（小于200℃）和排烟温度（小于450℃）来决定具体的电压级别，同时将电极浅插入。此时，要特别注意渣线处耐火砖的腐蚀。若炉底温度偏低，铜锍温度低，熔池有效容积减少，则宜降低二次电压，使电极稍深插入。但应防止炉底过热，以450℃为上限。在深插电极时不宜太快，以免熔池面上升过快。

每相电流不应超过15kA，以防局部过热烧损其周围炉墙。

2.6.6 闪速熔炼的主要技术经济指标

2.6.6.1 干矿水分

一般来说，炉料从精矿喷嘴加入到落入沉淀池，在反应塔内的停留时间大约为2s左右，如果炉料含水分高，炉料中的水分从物料内部运行到颗粒表面，进而从表面蒸发出去，此时，炉料尚未及时与空气或富氧空气反应就已经落入沉淀池内，造成生料堆积。所以，在生产中常把干矿的水分控制在0.3%以下。但是，干矿水分太低时（低于0.1%），精矿中的硫会在干燥过程中与氧反应造成燃烧着火。炉料中的水分与沉尘室的烟气温度有相应的关系（见表2-38），一般沉尘室烟气温度控制在80℃左右，则干矿水分可控制在0.3%左右。

在正常生产操作过程中，如果沉尘室温度稳定在80℃，而干矿水分不能达到要求，则有可能是沉尘室温度测点或信号转换等方面发生了故障，应及时联络仪表维护人员检查、校核，尽快恢复正常状况。也有可能是风矿比偏小，在气流干燥过程中无足够的空气脱除精矿携带的水分。

表 2-38　沉尘室烟气温度与炉料含水量的关系

温度/℃	70	80	85	90	95	100
含水量/%	0.5 ~ 0.6	0.27	0.22	0.16	0.11	0.05

2.6.6.2　铜锍品位

一般冶炼厂闪速炉铜锍品位控制在 50% ~ 65% 之间。某一特定熔炼作业条件下的铜锍品位，可根据以下要求来确定：

（1）最大限度地利用 Fe 和 S 在闪速炉内氧化所放出的热量。

（2）冶炼厂要最大限度地回收 SO_2。

（3）下道工序转炉作业要求铜锍保留足够的燃料——Fe 和 S。

（4）避免生成过多的 Cu_2O 和高熔点的 Fe_3O_4 炉渣。

（5）S 和 Fe 在闪速炉大量氧化有利于满足（1）、（2）两项要求（稳定的闪速炉烟气流与间断的转炉烟气流相比，SO_2 的回收率要高些）。

（6）在闪速炉铜锍中保留适量的 FeS 有利于满足（3）、（4）两项要求。铜锍中的 FeS 即是转炉吹炼的燃料，也能抑制 Cu_2O 的形成。

2.6.6.3　炉渣含铜

闪速炉炉渣是金属氧化物和硅酸盐的熔体，含有少部分硫化物、硫酸盐。主要成分有 Fe 和 SiO_2，Fe/SiO_2 一般为 1.15 ~ 1.25，渣中含 Cu0.8% ~ 1.5%，须贫化处理后方可废弃。

一些铜厂的主要技术经济指标列于表 2-39。

表 2-39　一些铜厂的技术经济指标

指标名称	贵溪冶炼厂	金隆公司	佐贺关冶炼厂	东予冶炼厂
精矿处理量/t·d⁻¹	3314	72t/h	3840	2303
鼓风含氧量/%	40 ~ 60	52 ~ 57	70 ~ 85	40 ~ 50
铜锍品位/%	58.63	58	65	60 ~ 64
入炉干矿水分/%	<0.3	<0.3	0.2	<0.2
烟尘率/%	6.5	6	4 ~ 5	4.5
渣含铜/%	1 ~ 2	0.8 ~ 1.4	0.8	0.8 ~ 1.5
烟气 SO_2 含量/%	11			11.5
电耗（干矿）/kW·h·t⁻¹①	45			30

①1t 干矿所需电耗。

2.6.7　闪速熔炼的"四高"发展趋势

20 世纪 80 年代以后新建的闪速炉及旧闪速炉的改造，基本上走着一条共同的道路，即高生产能力、高铜锍品位、高富氧浓度及高热强度。

高生产能力并不意味着炉体尺寸的扩大，而基本是取决于精矿喷嘴的优化，使入炉精矿燃烧更有效化。许多国家从闪速炉开始生产以来，一直致力于更有效的精矿喷嘴的研制和使用。芬兰和日本的厂家都从一台炉四个文丘里型喷嘴演变为单一的中央喷嘴，从内外腔调节气流速度变为可升降风锥调节气流速度。目前，芬兰的闪速炉学者和专家们侧重于在使炉料和气流均匀混合方面充分利用反应塔的整个空间，而日本则在使气流和物料均匀混合的同时，尽量增加粒子量的相互碰撞（依据双粒子模型理论），且在中央设置了一根输送过量氧的氧油烧嘴。双方在提高生产能力上都达到了预期的目标，但日本人强调，日本的喷嘴还可有效降低耐火砖的消耗，降低烟尘发生率，减少闪速炉后面余热锅炉的烟尘黏结。

关于铜锍品位，理论上讲，闪速炉可生产任意品位的铜锍、白铜锍，直至粗铜。但在实际中，由于原始设计上所决定的设备能力、实际生产中使用精矿成分等因素的制约，为使生产达到平衡，铜锍又不能大幅度变更。但是，当新设计或改造一套新生产系统时，就要充分考虑闪速熔炼炉和吹炼炉各自应脱多少硫较合适，即闪速炉的目标铜锍品位定为多少适当。理论研究和实践都证明：对于精矿中硫的脱除、精矿中化学能的释放以及设备投资和成本，闪速炉比吹炼炉更合适。因此，当今的大型闪速炉的铜锍品位，已不是10年前的45%～55%，而达到了65%～68%，甚至更高或接近白铜锍品位的78%。

从技术和操作的观点来看，富氧技术是闪速炉冶炼中最需要的特点。几乎所有的闪速炉都使用富氧，富氧的浓度无一例外地逐年上升。以贵冶为例，富氧浓度已从最初的30%多提高到如今的55%～60%。富氧技术的使用，减少了入炉的无用氮量，排烟量也大为减少，节能效果是毋庸置疑的。排烟系统的规模也可大幅度缩小。这无疑为在同样规模设备前提下大幅度提高生产能力创造了更大的空间。当然，富氧技术要增加缺氧、制氧设备的投资和电能消耗，但节省了昂贵的重油燃料，同时，被缩小规模的设备（如余热锅炉、电收尘和湿法烟气处理系统）的运转费用也将减少。最重要的收益仍是提高了生产能力，因而生产也相应较多地下降。

尽管使用了富氧，但高投料量和高铜锍品位会导致炉体，特别是反应塔的高热负荷。这在客观上对提高炉子寿命不利。解决这一问题的应对措施为：改善精矿喷嘴性能，尽量减少对炉壁的热侵蚀和粒子及气流对砖体的冲刷，如前述日本东予厂精矿喷嘴的研制就注意到了这一因素，因而该厂的闪速炉寿命比使用芬兰奥托昆普型喷嘴的闪速炉寿命要长。提高了操作技术水平，减少了剧冷剧热造成的挂渣脱落的砖体损失。贵冶闪速炉反应塔的铜板水套已在原有的每两层之间增加了一层；塔与池的连接部，已由原来的翅片铜管浇注不定形耐火材料改为倒 F 形水套；上升烟道烟气折流冲刷区，增设了水套。各种耐火材料的配置要根据不同区域受热强度、熔体性质、气流冲刷程度等因素合理安排。

闪速炉熔炼的"四高"发展还会给生产技术管理上带来新的研究课题，例如高的投料能力和高的铜锍品位必将增加弃渣中的含铜量，增加铜资源的损失；投料能力的大幅度增加，虽然相对于干矿量的烟尘发生率会降低，但产生的总烟尘量仍要增加很多，给余热锅炉的除尘操作带来了许多麻烦。高的铜锍品位带来闪速炉沉淀池底 Fe_3O_4 炉结上升，熔池有效容积减小的问题。

2.6.8 闪速炉熔炼发展的新技术和新设备

闪速炉熔炼发展的新技术和新设备包括：

（1）精矿蒸汽干燥。传统闪速炉是采用回转窑、鼠笼和气流干燥管来完成精矿的干燥，并将尾气经过排烟道、排烟风机和电收尘送入大烟道排空的。近年来，芬兰的奥托昆普公司将挪威食品公司的蒸汽干燥设备移植到铜精矿的干燥中。经过改进，实现了圆筒外壳与蒸汽盘管的同步旋转，减少了盘管的磨损。用低压蒸汽法（7~10）×10⁵Pa（由冶炼余热锅炉产生）取代了传统的三段干燥法，使干燥设备规模大为缩减，不需要电收尘和大烟囱，精矿输送高度大幅度减小，对环境影响也小，占地面积和空间减少，干燥效率提高，初期投资和运转及维护费用大幅度减少，干燥能源取消了重油和煤，仅使用低品位级的冶炼余热。因此，该设备堪称为环保节能的绿色干燥设备。

（2）干矿的密相气流输送。含石英熔剂的干铜精矿是一种高磨损性物料。原料的稀相流态化输送，气固比为100∶1，管道内的气流速度约为20m/s，对管道的磨损很大。现在采用密相输送，气固比为10∶1，管内气流速度仅为2~3m/s，管道的磨损速率大为减小。

（3）闪速给料计量装置。闪速炉的给料速率是稳定闪速炉生产的重要参数。过去曾采用控制下料刮板或下料螺旋机转速的手段来控制闪速炉的给料速率。近年来，芬兰奥托昆普公司将食品工业的失重计量装置移植到闪速炉给料速率计量上。该方法计量准确可靠，误差小于1%。该装置是在原有的干矿仓下设置一个计量仓，再通过螺旋机将计量仓的料排入矿喷嘴。其计量控制是通过排料和装料两个周期完成的。在排料周期，干矿仓与计量仓之间的装料阀门自动关闭，计量仓中的干矿由螺旋机以设定的转速排出，该转速也即为闪速炉给料速率（t/h）。此周期一直持续到计量斗的总质量减小到预先设定好的装料低位线。然后，干矿仓与计量仓之间的装料阀门自动打开，干矿从干矿仓装入计量仓，开始装料周期。在此期间，计量仓下的螺旋机一直运行（闪速炉不能停止加料），计量仓一边排料、一边装料，控制系统无法准确称量计量仓的排出料量（也即螺旋机的排出量，闪速炉的装料速率）。但是螺旋机是以原来稳定的速度旋转，所以此时计量仓的排出量是可以推算出来的。当计量仓料量达到预先设定的高料位质量时，干矿仓与计量仓之间的装料阀门又自动关闭，又开始了下一个排料周期。由于达到预设的高低料位线时总质量是可以准确称量的，两个周期的时间是精确测定的，装料期螺旋的排出量是可以推算的，所以单位时间螺旋机的排出矿量，即闪速炉装入速率就可以得知了。再借助于系统的前馈和反馈控制，就可以将闪速炉投矿速率控制在一个相当准确的水平上。上述装料周期的螺旋机排出量由于是推算值，为了计量更准确，装料周期应尽量短。一般来说，在设计上，装料周期只占总周期的10%。

（4）密集型干矿仓和Stamet给料器。传统闪速炉的干矿仓和刮板给料机给闪速炉送料时，料仓内形成一漏斗形式，而干矿的含水率为0.3%，很容易造成流态化冲泻给料，使给料严重失控，难以控制炉况。美国的圣玛纽尔（Sam Manuel）冶炼厂于1999年采用了一种称为Stamet的多盘给料器，并配以密集型料仓，克服了上述的给料流态化现象，保证了闪速炉的高效稳定运行。

（5）新型精矿喷嘴。闪速炉精矿喷嘴的性能直接左右着闪速熔炼的发展和进程。奥托昆普公司研制的中央喷射式精矿喷嘴已被广泛采用，这种喷嘴的工艺风喷出速度是由内外套环调节的，内环用于小风量，外环用于中风量，大风量时内外环同时通风。这种喷嘴对反应塔壁的侵蚀小。该公司最新研制的精矿喷嘴生产内外环改为调风锥，可以比较平稳地调节工艺风喷出速度，精矿处理量可达3000t/d以上。

（6）闪速炉炉体。一般来说，早期设计的闪速炉炉体大小，特别是反应塔的直径和高度，是由设计的精矿投入量来决定的。精矿投入量大的炉子，其各部尺寸也大一些。但是，由于精矿喷嘴的不断优化，相同的投料量已不需要那么大的尺寸了。换言之，在相同炉体尺寸的前提下，对于新精矿喷嘴，可允许更大的投矿量。

如前节所述，由于热强度的增加，炉体的冷却系统也必然相应强化，这反映在炉体冷却方式（如原来的喷淋式冷却已变为水套式立体冷却）、水套的数量（如贵冶闪速炉反应塔的原两层水套间增加一层水套，沉淀池烟气层新增水平水套）、冷却元件的形式（原来的预埋铜管的捣打料方式变为倒 F 形水套）以及只需停料而不需将炉子冷下来就可以更换水冷元件等方面。

在炉体造型上，有在典型的闪速炉外加独立贫化电炉的格式，也有废除贫化电炉，而直接在沉淀池插电极的方式。后者在节能方面更优越一些。

为了减少上升烟道黏结造成的故障，也有将闪速炉的上升烟道设计为锅炉式的结构，依靠振打除去黏结物。

（7）上升烟道的管理。上升烟道是容易被熔融或半熔融的矿尘颗粒黏附的，其后果是上升烟道逐渐变狭窄，甚至堵死出口部而停炉。传统办法是在上升烟道加燃烧重油烧嘴，将黏结物烧化流入沉淀池。这种办法容易造成渣口被堵塞以及余热锅炉壁上大块坚硬物的生成。为了解决这个问题，日本佐贺关公司设计了一种新装置，从上升烟道顶孔插入一可旋转升降的、可调节焦粉量的氮气喷枪，将焦粉喷洒在结瘤上使其还原熔化。为了不让焦粉喷入炉子出口部进入锅炉，喷枪被设计成只能在背离出口部的 240° 范围内旋转喷洒，而不将焦粉喷入余热锅炉。通过控制焦粉用量和喷枪的使用频率，可使上升烟道的结瘤控制在一定厚度，即不给排烟带来较大的阻力，也不使结瘤太薄而损伤耐火材料。这种方法甚为有效且合理。

（8）余热锅炉防黏结技术。早期闪速炉余热锅炉的除尘措施为吹灰器的机械振打锤。在今天，闪速炉投料速率已为原来的 3~4 倍，原来的除尘措施已不能满足当今生产的需要，已成为阻碍闪速炉能力提高的瓶颈。因此，烟尘的硫酸盐化和弹簧锤的应用技术应运而生。所谓硫酸盐化技术，就是将余热锅炉出口的烟气抽出一部分再返回余热锅炉入口，或干脆把冷风送入锅炉入口，降低烟温，使氧化性烟尘生成松脆的硫酸盐尘，以便清除。弹簧锤的采用由于能有效地控制对设备起破坏作用的低频振动和衰减快的高频振动，因此可以提高每一锤的振动力度，提高除尘效果。

（9）烟气制酸和 SO_2 排放。闪速炉和转炉混合烟气的制酸工艺和设备也有重大的改进。美国孟山都环境化学公司的动力波烟气净化技术、高 SO_2 浓度的转化技术、硫酸吸收工序回收蒸汽技术已被许多厂家采用。AP（阳极保护）冷却器、板式换热器和铯触媒的使用，也都促进了制酸技术的发展，有效地保护了生态环境。

2.7 其他熔炼方法

从 20 世纪 50 年代闪速熔炼工业化并于 60 年代迅速发展以后，进入 70 年代各种新的熔池熔炼也陆续得到了推广，除了前面介绍的诺兰达法、顶吹浸没熔炼法和白银法外，下面将介绍几种采用不多的新熔池熔炼法。

2.7.1　瓦纽柯夫法

前苏联对铜精矿熔池熔炼的研究是从 1956 年开始的，1987 年在巴尔哈什、诺里尔斯克和乌拉尔炼铜厂分别建成了 $48m^2$ 的熔池熔炼炉。独联体有三家炼铜厂共有六台熔池熔炼炉在生产。

瓦纽柯夫熔炼炉的吹炼过程类似我国白银法侧吹熔池熔炼，但其熔池较深（2.5m），采用高浓度氧（60% ~ 90%），吹炼熔池上部熔有料矿并混有铜锍小滴的乳渣层。在鼓泡乳化熔炼过程中有效地抑制 Fe_3O_4 的生成，加速了相凝聚与分离，强化了传质与传热过程。

瓦纽柯夫炉的结构如图 2-59 所示。该炉是一个具有固定炉床、横断面为矩形的竖炉。炉缸、铜锍池和炉渣虹吸池以及炉顶下部的一段围墙用铬镁砖砌筑，其他的侧墙、端墙和炉顶均为水套结构，外部用架支承。风口设在两侧墙的下部水套上。端墙外一端为铜锍虹吸池，设有排放铜锍的铜锍口和安全口，另一端端墙外为炉渣虹吸池，设有排放炉渣的渣口和安全口，小型炉子的炉膛中不设隔墙，大型炉的炉膛中设有水套炉墙，将炉膛分隔为熔炼区和贫化区，呈双区室（见图 2-60）。隔墙与炉顶之间留有烟气通道，与炉底之间留有熔体通道。

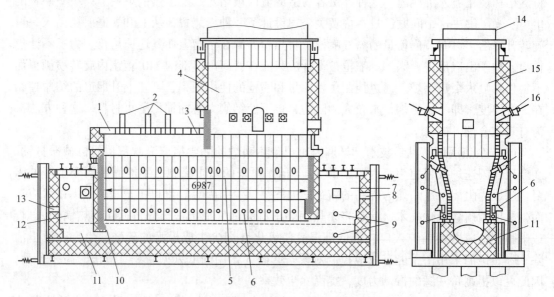

图 2-59　瓦纽柯夫炉结构图

1—炉顶；2—加料装置；3—隔墙；4—上升烟道；5—水套；6—风口；7—带溢流口的渣虹吸；
8—渣虹吸临界放出口；9—熔体快速放出口；10—水冷区底部端墙；11—炉缸；12—带溢流口的铜锍虹吸；
13—铜锍虹吸临界放出口；14—余热锅炉；15—二次燃烧室；16—二次燃烧风口

炉子烟道口有的设在炉顶中部，有的设在靠渣池一端的炉顶上，在熔炼区炉顶上设有两个加料口，贫化区炉顶上设有一个加料口。

为了更充分地搅拌熔池，两侧墙风口的对面距离较小，仅 2.0 ~ 2.5m；炉子的长度因生产能力不同而变化，为 10 ~ 20m；炉底距炉顶的高度很高，为 5.0 ~ 6.5m，熔体上面空间高度为 3~4m，有利于减少带出的烟尘量。风口中心距炉底 1.6~2.5m，风口上方渣层厚 400~900mm；渣层厚度和铜锍层厚度由出渣口和出铜口高度来控制，一般为 1.8m 和 0.8m。

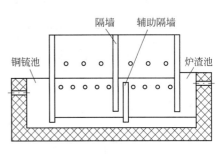

图 2-60 瓦纽柯夫炉的双室隔墙

炉料从炉顶的加料口连续加入熔炼区，被鼓入的气流搅拌便迅速熔入以炉渣为主的熔体中。所以熔炼区的反应过程是气液固三相反应。硫化物的氧化反应和脉石的造渣反应放出的热，直接传给熔池，由于熔池的搅拌能可达到 60~120kW/m³，其传热系数可达到 1.5J/(cm²·s·℃) 左右，加入的炉料只需 3~5s 便完全熔化，随后即被氧化。熔炼区的温度维持在 1300℃。

由于风口位置设在熔池的上部，只有上部的熔渣层被强烈搅拌，下部熔池却相对处于静止状态。所以熔池反应产生的铜锍与炉渣混合体，便会产生铜锍汇集沉降的分层现象。未完全分离好的炉渣通过炉中的隔墙流入渣贫化区，在此被风口鼓入的还原剂（煤、天然气）还原，有时还加入块状贫铜高硫的矿石，使炉渣贫化后从渣池连续放出（1200~1250℃）。渣贫化后产生的贫铜锍逆流返回熔炼区，与熔炼区产生的较富铜锍汇合至铜锍池连续放出（1100℃）。烟气从炉顶中央或一端排烟口排放。

瓦纽柯夫法具有以下一些特点：

（1）备料简单，对炉料适应性强，可以同时处理任意比例的块料与粉料，如 150mm 的大块和含水分达 6%~8% 的湿料、转炉渣以及 Cu-Ni、Cu-Zn 精矿、含铜的黄铁矿等各种含铜物料均可入炉处理。

（2）由于能处理湿料与块料，故烟尘率低，仅为 0.8%。

（3）鼓泡乳化强化了熔炼过程，炉子的处理能力很大，床能力达到 60~80t/(m²·d)；硫化物在渣层氧化，放出的热能得到了充分利用。

（4）大型瓦纽柯夫炉的炉膛中有隔墙，将炉膛空间分隔为熔炼区与渣贫化区，熔炼产物铜锍与炉渣逆流从炉子两端放出，炉渣在同一台炉中得到贫化，渣含铜量可降至 0.4%~0.7%，达到弃渣的要求，无须设置炉外贫化工序。

（5）炉子在负压下操作，生产环境较好，作业简单，由于鼓风氧浓度高达 60%~70%，烟气中 SO₂ 浓度仍高达 25%~35%。

几家工厂采用瓦纽柯夫炉生产铜锍的主要技术指标列于表 2-40。

表 2-40 瓦纽柯夫法生产厂家主要技术指标

项　　目		巴尔哈什厂	诺里尔斯克厂	中乌拉尔厂
精矿成分/%	Cu	14~19	19~23	13~15
	Fe	20~28	36~40	20~30
	S	18~30	28~34	35~39
铜锍品位/%		44~47	45~50	45~52

项　　目		巴尔哈什厂	诺里尔斯克厂	中乌拉尔厂
炉渣成分/%	Fe/SiO$_2$	1.25~1.30	1.47~1.50	
	Cu	0.5~0.7	0.45~0.6	0.55~0.75
	Fe	36~37	44~45	
	SiO$_2$	29~34	27~33	26~29
	CaO	3~6		4~5
床能力/t·(m^2·d)$^{-1}$		50~60	55~80	40~60
富氧浓度/%		65~60	55~80	40~60
炉气中 SO$_2$ 浓度/%		24~32	20~35	25~37
铜锍中铜回收率/%		97.1（不返回烟尘）	97.3（不返回烟尘）	96.2
燃料消耗占热收入的百分数/%		97.8（烟尘返回时）2~3	98~98.5（烟尘返回）2~3	（不返烟尘）1~2

　　瓦纽柯夫炉投入工业生产以来，经过多年实践与改进，已日趋完善，是一种稳定可靠的先进熔炼方法，在处理复杂精矿、炉渣贫化及余热利用等方面取得了一定的成就。俄罗斯在标准瓦纽柯夫炉型的基础上，提出了一种带炉料预热装备的瓦纽柯夫改型炉，又称巴古特炉（BAGUT）或称联合鼓泡炉。这种联合鼓泡炉的特点之一，是以竖井式逆流交换器（CCHE）代替余热锅炉，并用来预热炉料。

2.7.2　特尼恩特法

　　特尼恩特（Teniente）炼铜法是 1977 年在乔利卡列托尼炼铜厂投入工业生产的，随后在 20 世纪 80 年代在智利得到推广，于 90 年代推广到其他国家，目前全世界共有 11 台炉子在生产。

　　原先采用的特尼恩特炼铜法工艺包括以下三个火法冶金过程：

　　（1）反射炉熔炼铜精矿是采用顶插燃料的 O$_2$ 烧嘴。

　　（2）采用特尼恩特转炉（见图 2-61）同时吹炼反射炉产出的铜锍和自热熔炼铜精矿。可以采用空气或富氧空气吹炼，产出高品位铜锍或白铜锍。

　　（3）在一般转炉中吹炼白铜锍产出粗铜。近年来，特尼恩特法经过不断地改进与完

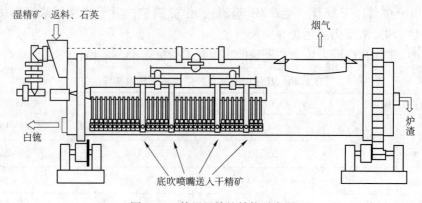

图 2-61　特尼恩特炉结构示意图

善，已取消了反射炉熔炼部分，改进成一种全新的自热熔炼工艺，如图2-62所示。

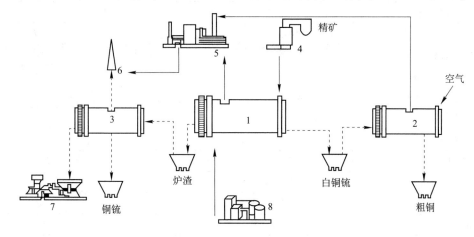

图2-62 智利卡列托尼冶炼厂的特尼恩特熔炼工艺流程

1—特尼恩特炉；2—白铜锍吹炼转炉；3—炉渣贫化炉；4—流态化焙烧炉；

5—硫酸厂；6—烟囱；7—堆渣场；8—氧气站

从图2-62中可看出，工艺的主要改进是用一台P-S转炉型炉子，代替原来的反射炉贫化炉渣。经流态化干燥炉干燥后，精矿含水量降到0.25%，通过侧吹喷嘴用34%的富氧空气喷入熔池，大大强化了熔炼过程，部分湿精矿、熔剂、返回料等也可通过位于一端墙上的料枪加入炉内。

熔炼产出的铜锍品位很高，俗称白铜锍（75%~78%），铜锍与炉渣分别从炉子的两端墙间断放出。铜锍用包吊至P-S转炉，吹炼成粗铜（Cu99.4%）。炉渣送贫化炉处理，通过喷嘴喷入粉煤吹炼将炉渣中Fe_3O_4含量从16%~18%降到3%~4%，于是炉渣的流动性大为改善，澄清分层好，产出高品位铜锍（Cu72%~75%）和含铜量低于0.85%的弃渣。

智利的卡列托尼炼铜厂现在拥有两台流态化干燥炉、两台$\phi55m \times 22mTMC$改良转炉，4台P-S转炉、5台贫化转炉和3个制氧站（1200t/d），使精矿处理能力达到1600kt/a，年产铜量480kt，硫回收率达到92%。

表2-41列出了三个采用特尼恩特改良转炉的工厂的操作参数和技术经济指标。

表2-41 三个采用特尼恩特改良转炉的工厂的操作参数和技术经济指标

参数及指标名称	1厂	2厂	3厂
干精矿处理量/t·d⁻¹	2000（含水0.2%）	800	854
湿精矿处理量/t·d⁻¹			928
铜锍需要量/t·d⁻¹			377
富氧鼓风速率/m³·min⁻¹	1000	450	680
富氧浓度/%	33~36	32~36	28.4
送风时率/%	95	88	99.8

参数及指标名称	1 厂	2 厂	3 厂
铜锍产量/t·d⁻¹	609		407
铜锍品位（Cu）/%	74 ~ 76		74.5
炉渣产量/t·d⁻¹	1400		806
渣含 Cu 量/%	4 ~ 8	8，送浮选	4.5
渣中 FeO/SiO₂	0.62 ~ 0.64		0.7
烟尘率/%	0.8		1.6
返回品量/t·d⁻¹	200		29.1
炉寿命/d	450		379
烟气 SO₂ 浓度/%	25 ~ 35		18
阳极铜能耗/MJ·t⁻¹	2050		

2.7.3　三菱法连续炼铜

自 1974 年日本直岛炼铜厂的三菱法炼铜投入工业生产以来，相继被加拿大、韩国、印度尼西亚和澳大利亚的炼铜厂采用。

三菱法连续炼铜包括一台熔炼炉（S 炉）、一台贫化电炉（CL 炉）和一台吹炼炉（C炉），这三台炉子用溜槽连接在一起连续生产，铜精矿要连续经过这三台炉子才能炼出粗铜。其设备连接图如图 2-63 所示。

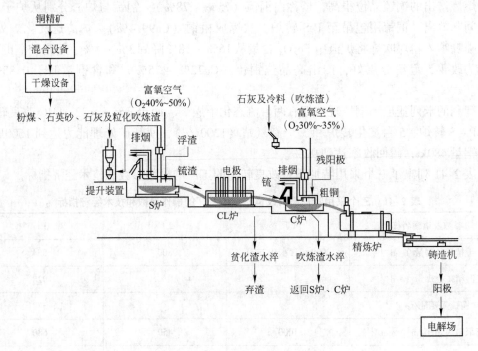

图 2-63　三菱法工艺设备连接图

三菱法的三个主要过程以直岛冶炼厂为例叙述如下：

(1) 熔炼炉（S炉）过程。熔炼炉为圆形，尺寸为 8.25m×3.3m，熔池深 1.1m，用铬镁砖和熔铸镁砖砌筑，通过炉顶垂直安装 6~7 根喷枪。干精矿以每小时 25~27t 的速度供给喷枪，同时按配比加入石英和石灰石熔剂、粒化吹炼渣和烟尘。混合炉料用空气输送，通过五个加料斗加入喷枪的内管，富氧空气通入喷枪的外管，在喷枪的下部两者混合，然后高速（出口速度 140~150m/s）喷入熔池。供氧量按产出品位为 65% 的铜锍来控制。氧化反应产出的铜锍和炉渣溢流出炉，渣层很薄。熔池内主要是铜锍，还存在大量未氧化的铁与硫，以便 O_2 参与反应。这样操作的结果，虽然未将喷枪浸没熔池，但熔炼反应是迅速进行的，氧利用率也很高。近来已将一些粉煤混入料中一起喷入熔池燃烧，可减少烧嘴喷的重油消耗。炉温则通过烧喷油量来调节。

(2) 炉渣贫化电炉（CL炉）过程。熔炼炉产出的铜锍与炉渣，通过一般的溢流孔流入贫化电炉。贫化电炉为椭圆形，短径 4.2m，配置三根石墨电极，变压器容量 1200kV·A。约经 1h 澄清分层后，流出的废渣含铜量为 0.5%~0.6%，废渣水淬后堆存。铜锍虹吸流出，经加热的溜槽流入吹炼炉。

(3) 吹炼炉（C炉）。铜锍吹炼炉为圆形，内径为 6.65m，高 2.9m，熔池深 0.75m。除了尺寸与放出孔的配置不同外，吹炼炉的许多特点类似于熔炼炉（S炉），通过顶插喷枪喷入空气，使铜锍连续吹炼得粗铜。鼓入的氧除了使铜锍中的铁与硫全部氧化外，也使一部分铜被氧化。通过喷枪加入少量石灰石，以便形成 $Cu_2O - CaO - Fe_3O_4$ 三元系吹炼渣，吹炼渣中 CaO 的含量为 15%，铜的含量为 15%~20%，在这种条件下，粗铜中的硫含量为 0.1%~0.5%，远低于饱和量，虹吸放出的粗铜送阳极炉吹炼，渣放出后经水淬和干燥后返回熔炼炉。

整个过程给料的计量是借助于计算机系统控制的。每小时取熔体产品一次并自动分析，将分析结果返回控制系统，从而调整给料速度。

熔炼炉与吹炼炉排出的烟气通过各自的锅炉冷却到 350℃，然后经电收尘送硫酸厂。进硫酸厂前混合烟气 SO_2 浓度为 10%~11%。

近来三菱法炼铜的典型生产数据列于表 2-42 中。

表 2-42 三菱法炼铜的典型生产数据

	项　　目	直岛老设备（日）	Kiddcreek（加）	直岛新设备（日）
炉子	S炉直径/m	8.25	10.3	10.1
	CL炉功率/kV·A	1800	3000	3600
	C炉直径/m	6.50	8.2	8.05
S炉数据	精矿/t·h⁻¹	40	60	83
	精矿品位（Cu）/%	30	25	31
	加铜屑/t·h⁻¹		2	4
	喷枪数	8	10	10
	喷枪直径/cm	7.62	7.62	10.16
	喷枪鼓风（标态）/m³·h⁻¹	22400	29000	40000
	鼓风氧浓度/%	42	48	45
	产铜锍/t·h⁻¹	19	26	43

项　目		直岛老设备（日）	Kiddcreek（加）	直岛新设备（日）
S 炉数据	铜锍品位（Cu）/%	68	68	69
	产炉渣/t·h⁻¹	27	54	
C 炉数据	加铜屑/t·h⁻¹			5
	加铜锍/t·h⁻¹	19	26	43
	喷枪数		6	8
	喷枪直径/cm	889	7.62	10.16
	喷枪鼓风（标态）/m³·h⁻¹	12000	16000	24000
	鼓风氧浓度/%	28	33	32
	产粗铜/t·h⁻¹	12.1	16.5	33
	吹炼渣量/t·h⁻¹	3.5	6	7
月生产能力	处理精矿/t	27700	45000	56000
	产阳极/t	8000	11250	20400

三菱法炼铜的主要工艺特点概括如下：

（1）将精矿和熔剂用顶插喷枪喷入熔炼炉，加速了熔炼，产生的烟尘少（2%）。

（2）产出高品位铜锍（65% Cu），铜锍与炉渣经 CL 炉贫化分层后，渣铜损失只有 0.5%~0.6%。

（3）实现了连续吹炼，并采用 $Cu_2O - CaO - Fe_3O_4$ 系吹炼渣。

经过多年的生产实践，对原有工艺进行了如下的改进：

（1）将粉煤混入精矿中喷入熔炼炉，代替了重油来补偿燃料消耗。

（2）富氧鼓风氧气含量从开始时的 32% 提高到了 42%~45%。

（3）铜锍品位提高到了 63%。

（4）由于采用了水套，修炉期延长。

三菱法炼铜是目前世界上唯一在工业上应用的连续炼铜法，与一般炼铜法比较具有如下的优点：

（1）基建费用下降 30%，阳极的加工费用低 20%~30%。

（2）可以回收原料中 98%~99% 的硫，回收费用只需一般炼铜法的 1/5~1/3。

（3）能量消耗较一般炼铜法节约 20%~40%。

（4）操作人员可减少 35%~40%。

2.7.4　北镍法（氧气顶吹自热熔炼炉）

北镍法熔池熔炼是 20 世纪 70 年代前苏联国家镍钴锡设计院和北镍公司共同研制的硫化铜镍矿自热熔炼技术，试验在氧气顶吹竖式熔池熔炼炉中进行。经过 0.1m²、3m² 和 17.8m² 熔池面积的自然熔炼炉试验，至 1984 年进行试生产，于 1986 年 1 月正式投入生产。

北镍公司的氧气顶吹自热熔炼炉为圆柱形，外径为 6m，熔池面积 18.8m²，高 11.4m，小于 40mm 的铜镍矿和熔剂混合后，从两个炉壁上的水冷料枪加到炉子里。装在炉顶的氧喷枪有三个喷嘴，插入炉子空间距熔体面1000mm，通过氧枪鼓入工业氧气，氧气压力为1.0~1.2MPa，氧气流量为7500~9000m³/h，生产能力达40t/h，年处理湿矿砂达210000t。

1990年，中国有色金属进出口总公司从俄罗斯引进该项技术，用于熔炼金川公司的二次铜精矿。氧气顶吹竖式圆柱形炉（见图2-64）筒体外径为4.0m，炉膛内径2.79m，炉床面积为2.54m²。采用单孔氧喷枪。1994建成投产，每年可处理二次铜精矿45000t。金川公司已成功地掌握并发展了该项技术。

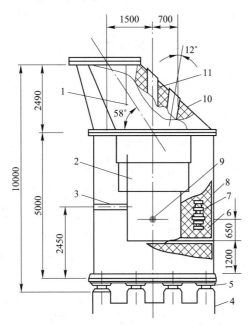

图2-64 金川氧气顶吹炉结构

1—炉顶；2—炉体；3—放渣口；4—炉基；5—工字钢；6—熔体排空口；7—冷却水套；
8—耐火砖；9—放铜口；10—加料口；11—氧枪插入孔

金川公司的氧气顶吹自热炉熔炼二次侧精矿的成分（%）：
Cu 67~69，Ni 4，Fe 3~4，S 21~22。
熔炼后产出一种生铜，其成分（%）：Cu 87.37，Ni 5.69。
生铜送卡尔多炉吹炼脱镍产出粗铜，成分（%）为：Cu 98.5，Ni 0.5。
这种用氧气顶吹自热炉熔炼二次铜精矿产出生铜，然后用卡尔多炉吹炼产出粗钢的工艺流程如图2-65所示。
自热熔炼技术具有以下优点：
（1）能充分利用化学反应热，并且烟气带走热量少，燃料消耗少。
（2）炉子的生产率高，一般为50t/（m²·d）。
（3）采用纯氧吹炼，脱硫率高，烟气中SO₂浓度高，烟气不仅可用于制酸，还可以用于生产单体硫或二氧化硫。
（4）精矿不需干燥可直接入炉，备料系统较简单。
（5）对原料的适应性强。

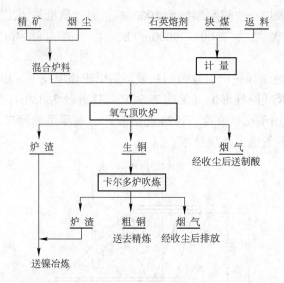

图 2-65　氧气顶吹自热炉熔炼和卡尔多炉吹炼产出粗铜的工艺流程

随着全球能源日趋紧张，以及对环境保护的要求越来越高，为自热熔炼技术的发展及应用提供了一个契机。由于自热熔炼技术具有能耗低、生产率高及烟气中 SO_2 浓度高的特点，它在处理硫化矿方面具有很广阔的前景。但是，自热熔炼技术也有缺点，主要包括：

（1）吹炼的压力较高，熔体喷溅严重，烟道系统容易堵塞，易导致排烟不畅。

（2）由于采用工业氧气吹炼，炉渣易过氧化而产生大量泡沫渣，从而产生冒炉事故。

（3）炉渣中有价金属含量高，需另行处理。

（4）强烈搅动和翻腾的高温熔体对炉衬侵蚀强烈，炉寿命短。

（5）要想使氧气顶吹自热熔炼技术得到更广泛的应用，必须很好地解决以上存在的问题。

思考题和习题

2-1　简述造锍熔炼过程的主要物理化学变化。

2-2　试用 $\Delta G^{\ominus}$-T 图分析在造锍熔炼条件下造锍熔炼反应 $Cu_2O + FeS === Cu_2S + FeO$ 进行的可能性。

2-3　造锍熔炼过程中 Fe_3O_4 有何危害？生产实践中采用哪些有效措施抑制 Fe_3O_4 的形成？

2-4　闪速炉造锍熔炼对入炉铜精矿为何要预先进行干燥？

2-5　闪速熔炼过程要达到自热，生产上采用哪些措施来保证？

2-6　闪速熔炼的发展趋势如何？

2-7　熔池熔炼产出的炉渣为何含铜较高？

2-8　澳斯麦特/艾萨法造锍熔炼过程主要控制哪些技术条件？生产上是怎样控制的？

3 吹炼铜锍

3.1 概　述

硫化铜精矿经造锍熔炼产出的铜锍是炼铜过程中的一个中间产物，其主要成分（%）为：Cu30～65，Fe10～40，S20～25，还富含贵金属金与银。

铜锍送转炉吹炼的目的是把铜锍中的硫和铁几乎全部氧化除去而得到粗铜，金、银及铂族元素等贵金属熔于铜中。

铜锍的吹炼过程是周期性进行的，整个作业分为造渣期和造铜期两个阶段。在造渣期，从风口向炉内熔体中鼓入空气或富氧空气，在气流的强烈搅拌下，铜锍中的硫化亚铁（FeS）被氧化生成氧化亚铁（FeO）和二氧化硫气体；氧化亚铁再与添加的熔剂中的二氧化硅（SiO_2）进行造渣反应。由于铜锍与炉渣相互溶解度很小，而且密度不同，停止送风时熔体分成两层。上层炉渣定期排出，下层的锍称为白锍，继续对白锍进行吹炼，进入造铜期。

在造铜期，留在炉内的白锍（主要以 Cu_2S 的形式存在）与鼓入的空气中的氧反应，生成粗铜和二氧化硫。粗铜送往下道工序进行火法精炼，铸造合格的阳极板。吹炼产生的烟气（SO_2）经余热锅炉回收余热后，进入重力收尘和电收尘器收尘，处理后的烟气送去制酸。

在转炉吹炼过程中，发生的反应几乎全是放热反应，放出的热量足以维持1200℃下的高温进行自热熔炼。为防止炉衬耐火材料因过度受热而缩短炉寿命，所以需要向炉内加入冷料，以控制炉内温度。用空气吹炼高品位铜锍时，吹炼过程所需的热量难以维持过程自热进行，可以鼓入富氧空气，减少烟气带走的热量以弥补热量的不足。富氧吹炼可以缩短吹炼时间，提高生产能力。

铜锍转炉吹炼的工艺流程如图3-1所示。

转炉吹炼过程是周期性作业，倒入铜锍、吹炼和倒出吹炼产物三个操作过程的循环，造成大量的热能损失。产出的烟气量与烟气成分波动很大，使硫酸生产设备的工作条件难以稳定，致使硫的回收率不高，这是转炉吹炼过程的主要问题。

3.2 铜锍吹炼的基本原理

3.2.1 吹炼时的主要物理化学变化

造锍熔炼产出的铜锍品位通常在30%～65%之间，其主要组分是 Cu_2S 和 FeS。这两种硫化物在吹炼氧化气氛下的氧化趋势及先后顺序，已在造锍熔炼的基本原理中叙述过，用 $\Delta G^\ominus$ 与温度的关系图也可以清楚地说明吹炼时发生的变化过程（见图3-2与图3-3）。

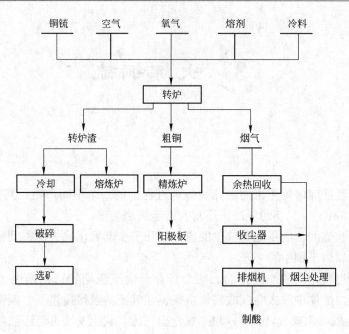

图 3-1 铜锍转炉吹炼的工艺流程

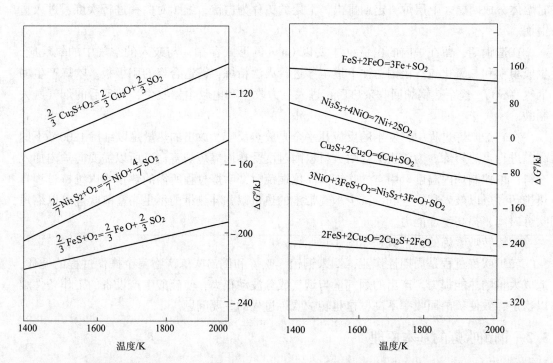

图 3-2 硫化物氧化反应的 $\Delta G^{\ominus}$-T 关系图   图 3-3 硫化物与氧化物交互反应的 $\Delta G^{\ominus}$-T 关系图

铜锍吹炼通常在 1150~1300℃ 温度下进行，从图 3-2 硫化物氧化反应的 $\Delta G^{\ominus}$-T 看出，Fe、Cu、Ni 的硫化物都是自发的氧化反应，所以在吹炼温度下都可能被氧化成氧化物。但从图 3-2 中可看出，FeS 的氧化 $\Delta G^{\ominus}$ 比 Cu$_2$S 更负，因此，FeS 首先被氧化成 FeO，并以加入的石英熔剂造渣，即在吹炼的第一阶段是 FeS 的氧化造渣，称为造渣期。

由于在造渣期铜锍中的 FeS 不断地氧化造渣，Cu_2S 的浓度便会上升，Cu_2S 氧化的趋势增大。但是，有 FeS 存在时会把 Cu_2O 转变为 Cu_2S，所以在造渣期只要 FeS 还未氧化完，Cu_2S 便会保留在铜锍中。待 FeS 氧化造渣完后，才转入 Cu_2S 氧化的造铜期。

所以造渣期发生的化学反应有：

$$2FeS + 3O_2 = 2FeO + 2SO_2 + 935.484kJ$$

$$2FeO + SiO_2 = 2FeO \cdot SiO_2 + 92.796kJ$$

随着吹炼的进行，当锍中的 Fe 含量降到 1% 以下时，也就是 FeS 几乎全部被氧化之后，Cu_2S 开始氧化进入造铜期。

造铜期发生的化学反应式有：

$$Cu_2S + 3/2O_2 = Cu_2O + SO_2$$

$$Cu_2S + 2Cu_2O = 6Cu + SO_2$$

总反应方程式为：

$$Cu_2S + O_2 = 2Cu + SO_2$$

造铜期吹炼开始时，并不会立即出现金属铜相，该过程可以用 $Cu\text{-}Cu_2S\text{-}Cu_2O$ 体系状态图（见图 3-4）来说明。

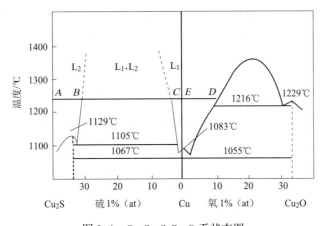

图 3-4　$Cu\text{-}Cu_2S\text{-}Cu_2O$ 系状态图

从图 3-4 中可以看出，从 A 点开始，Cu_2S 氧化，生成的金属铜溶解在 Cu_2S 中，形成均一的液相（L_2），即溶解有铜的 Cu_2S 相。此时熔体组成在 A—B 范围内变化，随着吹炼过程的进行，Cu_2S 相中溶解的铜相逐渐增多，当达到 B 点时，Cu_2S 相中溶解的铜量达到饱和状态。在 1200℃ 时，Cu_2S 溶解铜的饱和量为 10%。超过 B 点后，熔体组成进入 BC 段，此时熔体出现两相共存，其中一相是 Cu_2S 溶解铜的 L_2 相，另一相是铜溶解 Cu_2S 的 L_1 相，两相互不相溶，依密度不同而分层，密度大的 L_1 相沉底，密度小的 L_2 相浮于上层。在吹炼温度下继续吹炼，两相的组成不变，但是两相的相对量发生了变化，L_1 相越来越多，L_2 相越来越少。这时应适当转动炉体，缩小风口浸入熔体的深度，使风送入上层 L_2（Cu_2S 熔体）相中。当吹炼进行到 C 点位置，L_2 相消失，体系内只有溶解有少量 Cu_2S 的 L_1（金属铜）相，进一步吹炼，L_1 相中的 Cu_2S 进一步氧化，铜的纯度进一步提高，直到含铜品位达 98.5% 以上，吹炼结束。

在造铜期末期，必须准确地判断造铜期的终点，否则容易造成金属铜氧化成氧化亚铜

（Cu_2O），这就是铜过吹事故。如已过吹，可缓慢地加入少许热铜锍，使 Cu_2O 还原为金属铜，但熔体铜锍的加入必须缓慢，否则 Cu_2S 与 Cu_2O 激烈反应可能引起爆炸事故。

3.2.2　杂质在吹炼过程中的行为

铜锍的主要成分是 Cu_2S 和 FeS，还含有少量的杂质 Ni、Pb、Zn、As、Sb、Bi 及贵金属，这些杂质元素在卧式 P-S 转炉吹炼过程中的行为现分述如下：

（1）镍。铜锍中的镍主要以 Ni_3S_2 的形态存在，它在 1300℃ 吹炼温度下，Ni_3S_2 氧化的顺序是在 FeS 之后，在 Cu_2S 之前（见图 3-2）。在造渣期即使有部分 Ni_3S_2 氧化成 NiO，也会发生如下硫化反应：

$$3NiO + 3FeS + O_2 = Ni_3S_2 + 3FeO + SO_2$$

在造铜期，从图 3-3 中看出，Ni_3S_2 与 NiO 的交互反应只能在 1700℃ 以上才能进行，在转炉吹炼的温度下不可能产出金属镍。但是，当熔体中有大量 Cu 和 Cu_2O 时，少量 Ni_3S_2 可按下列反应：

$$Ni_3S_2 + 4Cu = 3Ni + 2Cu_2S$$

$$Ni_3S_2 + 4Cu_2O = 8Cu + 3Ni + 2SO_2$$

反应生成的金属镍会溶于铜中。因此在转炉吹炼过程中，难以将镍大量除去。

（2）锌。铜锍中的锌以 ZnS 形态存在，在造渣期末期，ZnS 发生激烈的氧化反应并造渣，以硅酸盐的形态进入转炉渣。

$$2ZnS + 3O_2 = 2ZnO + 2SO_2$$

$$ZnO + 2SiO_2 = ZnO \cdot 2SiO_2$$

ZnS 在吹炼温度下有一定的蒸气压，部分 ZnS 以蒸气状态挥发，然后被氧化以 ZnO 形态进入烟尘。

在造铜初期，由于熔体中有部分铜生成，会发生置换反应生成金属锌：

$$ZnS + Cu = Zn + CuS$$

由于锌的蒸气压很大，反应生成的金属锌挥发进入烟尘。

在整个转炉吹炼过程中约有 70% ~ 80% 的锌进入转炉渣，20% ~ 30% 进入烟尘。渣中 ZnO 含量高会使转炉渣的黏度和熔点升高，渣含铜量增高。

（3）铅。铜锍中的 PbS 是在造渣末期，铜锍中的 FeS 大量被氧化造渣之后才被氧化，随后与 SiO_2 造渣：

$$PbS + 1.5O_2 = PbO + SO_2$$

$$2PbO + SiO_2 = 2PbO \cdot SiO_2$$

由于 PbS 沸点较低（1280℃），在吹炼温度下，有相当数量 PbS 直接从熔体挥发，然后被氧化为 PbO 而进入烟尘。

在造铜末期，PbS 与 PbO 发生交互反应：

$$PbS + 2PbO = 3Pb + SO_2$$

由于铅易挥发，反应生成的铅大部分进入气相，并被炉气氧化成 $PbSO_4$ 和 PbO。因此铜锍中的铅大部分都进入烟尘，只有极少量的铅留在粗铜中。

（4）砷、锑的硫化物在吹炼过程中，大部分被氧化成 As_2O_3 和 Sb_2O_3 挥发除去，少部

分以 As_2O_5 和 Sb_2O_5 形式进入炉渣。只有少量砷和锑以铜的砷化物和锑化物形态留在粗铜中。

（5）在吹炼温度下，Bi_2S_3 有一定的蒸气压，部分挥发，部分被氧化成 Bi_2O_3 后挥发。未挥发的 Bi_2S_3 和 Bi_2O_3 发生交互反应，生成金属铋。在 1100℃ 时，铋的蒸气压为 900Pa，显著挥发。铋及其化合物的行为，决定了在转炉吹炼条件下，大约有 90% 以上的铋进入烟尘，少量残留在粗铜中。转炉烟尘是生产铋的原料。

3.3 转炉吹炼

3.3.1 转炉结构

目前铜锍吹炼普遍使用的是卧式侧吹（P-S）转炉，国外有少数工厂采用所谓虹吸式转炉。P-S 转炉除本体外，还包括送风系统、倾转系统、排烟系统、熔剂系统、环集系统、残极加入系统、铸渣机系统、烘烤系统、捅风口装置、炉口清理等附属设备。转炉本体包括炉壳、炉衬、炉门、风口、大托轮、大齿圈等部分。图 3-5 是一个 P-S 转炉的结构图。

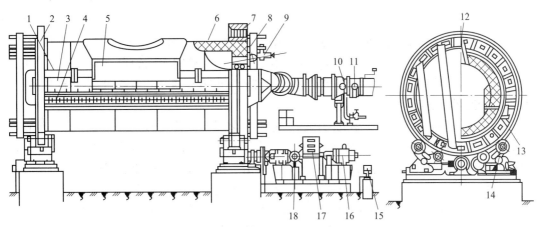

图 3-5　P-S 转炉结构图

1—炉壳；2—滚圈；3—U 形风管；4—集风管；5—挡板；6—隔热板；7—冠状齿轮；8—活动盖；9—石英枪；10—填料盒；11—闸板；12—炉口；13—风口；14—托轮；15—油泵；16—电动机；17—变速箱；18—电磁制动器

随着社会对生产能力不断增加的要求，目前转炉的尺寸都在朝着大型化的方向发展，外径 4m 以下的转炉已逐步被淘汰。表 3-1 列出的是目前国内一些工厂采用的转炉的技术规格。

表 3-1　目前国内一些工厂采用的 P-S 转炉的技术规格

转炉尺寸（$\phi \times L$）/mm × mm	铜锍处理量/t	风口数目/个	送风量（标态）/$m^3 \cdot h^{-1}$
4000 × 9000	145	49	29000
4000 × 11700	195	54	34000
4000 × 13700	230	59	39000

3.3.1.1 炉壳及内衬材料

转炉炉壳为卧式圆筒，用 40 ~ 50mm 的钢板卷制焊接而成，上部中间有炉口，两侧焊接弧形端盖，靠两端盖附近安装有支撑炉体的大托轮（整体铸钢件），驱动侧和自由侧各一个。大托轮既能支撑炉体，同时又是加固炉体的结构，用楔子和环形塞子把大托轮安装在炉体上。为适应炉子的热膨胀，预先留有膨胀余量，因此，大托轮和炉体始终保持有间隙。大托轮由 4 组托架支承着，每组托架有 2 个托滚，托架上各个托滚负重均匀。驱动侧的托滚有凸边，自由侧的没有，炉体的热膨胀大部分由自由侧承担，因而对送风管的万向接头的影响减小。托滚轴承的轴套里放有特殊的固态润滑剂，可做无油轴承使用，并且配有手动润滑油泵，进行集中给油。在驱动侧的托轮旁用螺栓安装着炉体倾转用的大齿轮。中小型转炉的大齿轮一般是整圈的，可使转炉转动 360°，大型转炉的大齿轮一般只有炉壳周长的 3/4，转炉便只能转动 270°。

在炉壳内部多用镁质和镁铬质耐火砖砌成炉衬。炉衬按受热情况、熔体和气体冲刷的不同，各部位砌筑的材质有所差别。炉衬砌体留有的膨胀砌缝宜严实。对于一个外径 4m 的转炉，它的炉衬厚度分别为：上、下炉口部位 230mm，炉口两侧 200mm，圆筒体（400 +50）mm 填料，两端墙（350 +50）mm 填料。

3.3.1.2 炉口

炉口设于炉筒体中央或偏向一端，中心向后倾斜，供装料、放渣、放铜、排烟之用。炉口一般为整体铸钢件，采用镶嵌式与炉壳相连接，用螺栓固定在炉口支座上。炉口里面焊有加强筋板。炉口支座为钢板焊接结构，用螺栓安装在炉壳上。炉口上装有钢质护板，使熔体不能接触到安装炉口的螺栓。

在炉口的四周安装有钢板制成的裙板，它是一个用钢板卷成的半圆形罩子，将炉口四周的炉体部分罩住，用螺栓固定在炉体及炉口支座上，它可以看做是炉口的延伸，其作用是保护炉体及送风管路，防止炉内的喷溅物，排渣、排铜时的熔体和进料时的铜锍烧坏炉壳。也可以防止炉后结的大块和行车加的冷料等异物的冲击。

现代转炉大都采用长方形炉口。炉口大小对转炉正常操作很重要。炉口过小会使注入熔体和装入冷料发生困难，炉气排出不畅，使吹炼作业发生困难。当鼓风压力一定时，增大炉口面积，可以减少炉气排出阻力，有利于增大鼓风量来提高转炉生产率。若炉口面积过大，会增大吹炼过程的热损失，也会降低炉壳的强度。炉口面积可按转炉正常操作时熔池面积的 20% ~30% 来选取，或按烟气出口速度 8 ~10m/s 来确定。

在炉体炉口正对的另一侧有一个配重块，是一个用钢板围成的四方形盒子，内部装有负重物，一般为铁块或混凝土，配重块用螺栓固定在炉体上，配重的作用是让炉子的重心稳定在炉体的中心线上。

我国已成功地采用了水套炉口。这种炉口由 8mm 厚的锅炉钢板焊成，并与保护板（又称裙板）焊在一起。水套炉口进水温度一般为 25℃ 左右，出水温度一般为 50 ~70℃。实践表明，水套炉口能够减少炉口黏结物，大大缩短清理炉口的时间，减轻劳动强度，延长炉口寿命。

3.3.1.3 风口

在转炉的后侧同一水平线上设有一排紧密排列的风口，压缩空气由此送入炉内熔体中，参与氧化反应。它由水平风管、风口底座、风口三通、弹子和消音器组成。风口三通

（见图3-6）是铸钢件，用2个螺栓安装在炉体预先焊好的风口底座上。水平风口管通过螺纹与风口三通相连接。弹子装在风口三通的弹子室中。送风时，弹子因风压而压向弹子压环，因而与球面部位相接触，可防止漏风。机械捅风口时，虽然钎子把弹子捅入弹子室漏风，但钎子一拔出来，风压又把弹子压向压环，以防漏风。消音器用于消除捅风口产生的漏风噪声，它由消声室、消声块、压缩弹簧和喇叭形压盖组成。

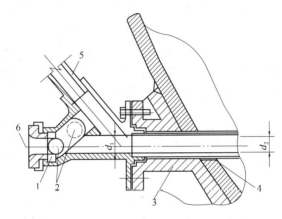

图3-6 风口三通的结构

1—风口盒；2—钢球；3—风口座；4—风口管；5—支风管；6—钢钎进出口

在炉体的大托轮上均匀地标有转炉的角度刻度，有一个指针固定在平台上指示0°角度的数值，操作人员在操作室内可以看到角度，从而可以了解转炉转动的角度，一般0°位置是捅风眼的位置，其他一些重要的角度有：60°为进料和停风的角度，75°~80°为加氧化渣的角度，140°为出铜时摇炉的极限位置。

风口是转炉的关键部位，其直径一般为38~50mm。风口直径大，其截面积就大，在同样鼓风压力下鼓入的风量就多，因此采用直径大的风口能提高转炉的生产率。但是，当风口直径过大时，容易使炉内熔体喷出。所以，转炉风口直径的大小应根据转炉的规格来确定。

风口的位置一般与水平面成3°~7.5°。风口管过于倾斜或风口位置过低，鼓风所受的阻力会增大，将使风压增加，并给清理风口操作带来不便。同时，熔体对炉壁的冲刷作用加剧，影响炉子寿命。实践证明，在一定风压下，适当增大倾角，有利于延长空气在熔体内的停留时间，从而提高氧的利用率。在一般情况下，风口浸入熔体的深度为200~500mm时，可以获得良好的吹炼效果。

3.3.2 转炉的附属设备

转炉附属设备由送风、倾转、排烟、熔剂、环集、残极加入、铸渣机、烘烤系统等组成。

3.3.2.1 送风系统

送风系统由送风机、防喘振装置、放风阀、总风管、支风管、送风阀、万向接头、三角风箱、U形风管、软管、风口组成。

送风机鼓出的压缩空气通过总风管、支风管、油压送风阀到每台炉子的 U 形风管，再从 U 形风管上的一排金属软管经过风口送入炉内熔体中。送风机都配有防喘振装置，用以保护风机叶轮。

送风阀位于送风管道上，一般在炉子的侧面平台上，它有两种方式，一种为半封闭式，它的阀杆露在外面，阀体上手动转轮连着一根长螺杆，转动转轮时可以牵引螺杆一起运动，在螺杆的前端有一个锁眼，在送风阀的阀杆上有一个与其相配合的锁眼，当用锁子将两个锁眼锁住时，就可以通过转轮的转动来开闭阀门了；而另一种送风阀为全封闭式的，它的阀杆不外露，阀体的开闭状态只能由电器的开闭限位灯识别。

U 形风管固定在炉体上，裙板将其罩住以保护其不受损坏，它是随炉子转动的。与送风管相连的总风管是固定不动的，它们之间的连接采用万向接头和三角风箱。

万向接头用球墨铸铁制成，内有球面衬套耐热 O 形密封圈等。这种结构能吸收由于炉体中心线和支风管中心线的错动而产生偏差，以及由于炉子热膨胀而引起的轴向伸缩。三角风箱安装在型钢结构的 X 形支撑上，支架焊接在驱动侧的大托轮上，因此热胀等对万向接头的影响不大。

U 形风管与三通的连接采用不锈钢制成的弹性软管，以此来吸收因操作中温度变化而引起的伸缩。软管外绕有金属丝编织物，其外层卷着可伸缩的保护环，所以送风软管是一种抗热膨胀、抗熔体黏附很强的结构。

3.3.2.2　倾转系统

转炉倾转装置通过电动机→制动轮和联轴节→减速机→齿轮联轴节→小齿轮→大齿圈而使炉体倾转。

减速机由蜗杆和斜蜗轮两部分组成，即使在制动器发生故障时，也不会因来自负荷侧的扭矩而转动，因为蜗杆是自锁结构，可以防止炉子因炉内黏结或其他原因发生重心偏移，造成偏重而发生自转。

减速机的出力轴的对侧安装有旋转型的限位装置（LS 装置），并且和小齿轮、大齿圈做相同的减速比减速，即炉体和 LS 凸轮轴旋转速度一致。回转型 LS 装置中有多个接点，检测出转炉操作的各种必要信号，使操作顺利进行，并且和送风过程中送风管压力低等事故取得连锁。事故发生时，炉子自动倾转到要求的角度（一般为 40°），使风口脱离熔体，以保护风口不被熔体灌死。

3.3.2.3　排烟系统

排烟系统由烟罩、余热锅炉、球形烟道、鹅颈烟道、沉尘室、电收尘、水平烟道、排风机等组成。

转炉多设有密封烟罩以减少漏风，提高烟气中 SO_2 浓度，改善劳动条件。设计正常生产时，烟罩下沿与转炉护板之间缝隙很小（约 20~30mm），但由于烟罩制作上的误差以及受热膨胀等原因，不是烟罩下沿与转炉护板压得太紧，妨碍转炉正常转动，就是缝隙太大，使漏风增加。此外，由于转炉熔体喷溅，使烟罩门升降不灵活，较难操作。因此，这种密闭烟罩的使用不能令人满意。我国贵冶采用的转炉烟罩由内层固定烟罩、前部活动烟罩和环保烟罩三部分组成。内层固定烟罩是转炉烟罩的主体，其功能是汇集和排出转炉出口的烟气，并将烟气冷却到一定的温度。其结构设计需要满足耐热、密封、耐蚀、结构形状合理及不影响有关设备的操作等要求。内层固定烟罩的冷却方式有水冷、汽冷、常压汽冷等。汽化冷却可产生 200~400kPa 的蒸汽 3~5t/h，能有效地回收余热。汽化冷却使用寿命为 2~3 年。常压汽化冷却又称半汽化冷却。进水为常温软化水，产出的 105℃ 蒸汽放空。水套中的水为自然蒸发状态，冷却水由高位槽自动补给，其特点为常压操作，工作条件好，使用寿命长，没有复杂的循环管路及烟罩配置简单等，但是，热能未利用，水消耗大。

转炉前部的活动烟罩在加铜锍、倒渣和放铜时启动频繁，且受辐射热强烈烘烤，是整个烟罩中工作条件最差的部分。活动烟罩有水套式和铸钢式两种结构。水套式结构复杂，安全性差，一旦出现漏水，将引起铜锍爆炸。铸钢式烟罩为整体耐热铸钢件，要求材料性能好、变形小，比水套式安全、简便、密封性能好。

当转炉在加铜锍、倒渣和出铜操作时，炉口离开内层烟罩，冒出的烟气由环保烟罩收集排走，以免烟气泄漏到车间内。环保烟罩由位于上部的固定罩和前部的回转罩两部分构成。

转炉用余热锅炉一般采用强制循环。它用于回收烟气中余热及沉降烟尘。余热锅炉的组成部分有：锅炉本体（包括辐射部和对流部）、汽包、锅炉水循环系统、纯水补给系统以及烟尘排出系统等。锅炉的辐射部和对流部里面有大面积的隔膜式水冷壁和蒸发管，纯水在此和高温烟气进行热交换，形成汽水混合物。汽包是汽水混合物分离的场所，产生的蒸汽由汽包上的蒸汽管导出，用于透平发电等。烟灰排出系统包括振打装置、灰斗、刮板机、回转阀等；有些锅炉没有刮板，在锅炉底部利用灰斗，将烟尘收集住，定期打开灰斗的底部将锅灰放空。在余热锅炉的出口有一个钟罩，这样可以实现多台炉子使用一套排风系统，当一台炉子停风后它的锅炉出口钟罩放下，排风系统就不会空抽冷风过去。

在锅炉出口钟罩的下方是球形烟道，主要用于沉降烟尘，同时也将几台转炉锅炉出口连接起来实现共用一套排风系统，在烟道的底部有埋刮板机和下灰口，埋刮板机将灰带到下料口排出，为了防止漏风，在下料口上装有回转阀。

在球形烟道后面连接的是鹅颈烟道，它呈"∧"形结构，目的是防止烟尘在管壁上黏附，下坡管道上装有蝶阀，可以自动调节转炉炉口的排烟压力。

在鹅颈烟道的下方是沉尘室，它也用于沉降烟尘，下部有排灰装置，以此排出烟尘。其后就是电收尘器，前面的烟道已将大部分颗粒大的烟尘收集下来，但烟气中的微小颗粒烟尘则由电收尘器收集。电收尘器的后面是排风机，它为整个排风系统提供动力。

3.3.2.4 加熔剂系统

加熔剂系统包括中继料仓、板式给料机、皮带运输机、装入皮带、活动溜槽和加料挡板等组成。中继料仓由钢板焊接而成，底部漏斗内附有衬垫，用于暂时存储石英熔剂和其他物料，其底部配置了板式给料机，给料速度由板式给料机转速调整器调节。运输皮带均由摆线式减速电动机驱动，并附有附属设备：运输皮带的计量装置通常使用的是莫里克里秤，运输皮带和装入皮带之间配置了切换挡板。切换挡板可以将熔剂引到作业炉中。

熔剂活动溜槽为钢板焊接结构，能通过安装在侧烟罩上的铸钢装入口伸入烟罩内。

加料挡板是溜槽的入口，溜槽下降前，挡板打开；溜槽上升后，挡板立即关闭，以保证烟罩能良好地密封。活动溜槽和加料挡板之间的动作全部由熔剂设备的自动控制系统控制。活动溜槽的上下限、加料挡板的开闭等讯号均由限位器检测并进行连锁。

3.3.2.5 加残极系统

残极加料系统主要由油压装置、整列机、装料运输机、投入设备和检测器组成，油压装置的附属设备有油过滤器、油冷却器和油加热器等。

3.3.2.6 铸渣机系统

转炉渣有多种处理方式，可以返回熔炼系统进行缓冷处理或者进行铸渣。铸渣机就是把转炉渣铸成模块，冷却后运往选矿车间进行处理，其构成有包子倾转装置、溜槽、铸渣机本体及头部切换溜槽。包子的倾转装置包括油压机组、倾转用油缸、倾转平台和防倾翻装置。油压机组用于倾转用油缸加压操作，油压机组上附有油过滤器、油冷却器及加热器，以此来控制油质、油温。包子的倾转靠安装在倾转平台上的两个油压缸的升降来进行，倾转速度可通过操作柄调整油缸油量大小来变更。

国内使用的铸渣机型号为帕特森型，其连杆上安装有盛渣的铸模，连杆安在轨道上，两端分别设置了头部链轮和尾部铸轮。铸渣机靠电动机驱动头部链轮，使铸模移动，其驱动顺序为：摆线减速机→链式联轴器→齿轮减速机→齿式联轴器→链轮→连杆→铸模。头部切换溜槽用于选择落渣方式，其动作是用连杆机构和两个气缸来驱动完成方向选择。

3.3.2.7 烘烤装置

转炉的烘烤有多种方式，可以用木材、液化气和其他燃料进行烘烤，但目前普遍使用的是石油液化气。这种烘烤方式有一些突出的优点：液化气的发热值高、清洁、设备简单、操作简单，最高可将烘烤温度提到 800℃，但液化气的费用较高。

3.3.3 转炉用的耐火材料

转炉吹炼的温度在 1100 ~ 1300℃ 之间，炉内熔体在压缩空气的搅动下流动剧烈。对耐火材料的选择有以下要求：耐火度高、高温结构强度大、热稳定性好、抗渣能力强、高温体积稳定、外形尺寸规整、公差小。能满足以上要求的耐火材料是铬镁质耐火材料。

铬镁质耐火材料是以铬铁矿和镁砂为原料而制成的尖晶石-方镁石或方镁石-尖晶石耐火砖。铬铁矿加入量大于 50% 的耐火砖称为铬镁砖，加入量小于 50% 的称为镁铬砖。

铬镁砖中的 MgO 易将铬铁尖晶石中的 FeO 置换出来，这些被置换出来的量较多的 FeO 对气氛变化极为敏感，易使砖"暴胀"，其热稳定性也差；而以镁铬砖为主要相组成的方镁石和尖晶石，其荷重软化点较高，高温体积稳定性较好，对碱性渣抗侵蚀性强，对气氛变化和温度变化敏感性相对铬镁砖而言却不太显著。但 MgO 置换出的 FeO 仍易使砖"暴胀"损坏。镁铬砖的品种很多，下面分别进行介绍：

（1）硅酸盐结合镁铬砖（普通镁铬砖）。这种砖是由杂质（SiO_2 与 CaO）含量较高的铬矿与烧结镁砂制成的，烧成温度不高，在 1550℃ 左右。砖的结构特点是耐火物晶粒之间是由硅酸盐结合的，显气孔率较高，抗炉渣侵蚀性较差，高温体积稳定性较差。这种砖按理化指标分为 MGe-20、MGe-16、MGe-12、MGe-8 四个牌号。硅酸盐结合镁铬砖属于早期产品，为了克服硅酸盐结合镁铬砖的缺点，限于当时的装备水平，只得将镁砂（轻烧镁砂）与铬矿共磨压坯在窑内烧成，用合成的镁铬砂作为原料再制砖，形成预反应镁铬砖，这种砖属于硅酸盐结合镁铬砖的改进型。虽然性能有所提高，但仍不能满足强化冶炼的要求，目前很少使用。

（2）直接结合镁铬砖。随着烧成技术的不断发展，目前超高温隧道窑的最高烧成温度已超过1800℃，耐火砖的成型设备——压砖机已超过1000t且能抽真空；对原料进行选矿，使镁砂与铬矿的杂质含量大大降低，为直接结合镁铬砖的生产创造了物质条件，于是新一代的镁铬砖——直接结合镁铬砖问世了。直接结合镁铬砖的特点是：砖中方镁石（固溶体）-方镁石与方镁石-尖晶石（固溶体）的直接结合程度高，抗炉渣侵蚀性好，高温体积稳定性好，现使用广泛。其理化性能列于表3-2。

表 3-2　直接结合镁铬砖的理化性能

项　　　目		LZMGe-8	LZMGe-12	LZMGe-18	RRR-ACE-U32	RRR-ACE-U34
$w(MgO)/\%$ ，	≥	65	60	52	72	73
$w(Cr_2O_3)/\%$ ，	≥	8	12	18	12	11
0.2MPa 荷重软化点/℃ ，	≥	1700	1700	1700	1700	1700
气孔率/% ，	≤	18	18	18	18	17
常温耐压强度/MPa ，	≥	40	40	40	46	46

（3）熔粒再结合镁铬砖（电熔再结合镁铬砖）。随着冶炼技术的要求不断强化，要求耐火砖的抗侵蚀性更好，高温强度更高，从而进一步提高了烧结合成高纯镁铬料的密度，降低了气孔率，使镁砂与铬矿（轻烧镁砂或菱镁矿与铬矿）充分均匀地反应，形成结构很理想的镁石（固溶体）和尖晶石（固溶体），由此生产了电熔合成镁铬料，用此原料制砖称熔粒再结合镁铬砖，该砖的特点是气孔率低，耐压强度高，抗侵蚀性好，但热稳定性较差。由于熔粒再结合镁铬砖中直接结合程度高，杂质含量少，具有优良的高温强度和抗渣侵蚀性，在转炉上大量使用的就是这种砖，其理化性能列于表3-3中。

表 3-3　熔粒再结合镁铬砖的理化性能

项　　　目		LDMGe-12	LDMGe-16	LDMGe-20	RRR-ACE-U35SL	RUBINAL-260
$w(MgO)/\%$ ，	≥	60	55	5	73	55
$w(Cr_2O_3)/\%$ ，	≥	12	16	20	10	15
0.2MPa 荷重软化点/℃ ，	≥	1700	1700	1700	1700	1650
气孔率/% ，	≤	16	16	16	18	20
常温耐压强度/MPa ，	≥	35	35	35	46	40

（4）熔铸镁铬砖（又称电铸镁砖）。该种镁铬砖采用镁砂、铬矿为主要原料，加入少量添加剂，经电炉熔炼、浇注成母砖，然后经过冷加工制成各种特定形状的砖。这种砖化学成分均匀、稳定，抗渣侵蚀与冲刷特性好，但热稳定性差。要使熔铸镁铬砖取得好的使用效果，必须具有非常好的水冷技术，否则就失去了使用熔铸镁铬砖的意义。尽管熔铸镁铬砖的生产难度大，价格昂贵，但在转炉的关键部位，例如在风口区熔铸镁铬砖的使用是其他耐火砖所无法取代的。表3-4列出了日本的 MAC-EC 和法国的 Corhart-104 两种熔铸镁

铬砖的理化指标。国内青花与长城生产的镁铬砖在转炉上应用，取得了很好的效果。

表 3-4 日本的 MAC-EC 和法国的 Corhart-104 两种熔铸镁铬砖的理化指标

项 目		Corhart-104	MAC-EC
$w(MgO)$ /%，	≥	55	50
$w(Cr_2O_3)$ /%，	≥	16	18
$w(Al_2O_3)$ /%，	≥	6~7	14~16
0.2MPa 荷重软化点/℃，	≥	1700	1700
气孔率/%，	≤	15	13
常温耐压强度/MPa，	≥	80	100

（5）不定形耐火材料。除了使用耐火砖外，筑炉时还要使用不定形耐火材料，用于填充砖缝，进行整体构筑等。

根据不定形耐火材料的作用和特点可以将其分为以下几种类型：

1）代替耐火砖的整体构筑材料，如耐火混凝土、耐火塑料和耐火捣打料。

2）结合用的耐火泥，用来填充耐火砖块的砖缝。

3）为了保护耐火砌体的内衬在使用过程中不受磨损的耐火涂料。

4）用来填补炉子局部损坏部位的耐火喷补料，喷补料在高温时用于喷补损坏的部位，并且与基体立即烧结成一个整体。

5）这些材料基本上是由两部分组成：其一是作为耐火基础的骨料，骨料可以由黏土质、高铝质、硅石质、镁质、白云石、铬质和其他特殊耐火材料构成；其二是作为结合剂用的胶结材料，可以是各种耐火水泥、磷酸、磷酸盐、水玻璃、膨润土以及其他有机的胶结物等。

（6）转炉的砌炉要求。转炉的砌炉要求包括：

1）炉口部位的耐火砖直接受到直投物的冲击和吹炼时含尘烟气的冲刷与侵蚀以及炉口清理机的冲击作用，容易损坏、掉砖。因此，选用耐火砖和筑炉时要求耐火砌体的组织结构强度高、有耐磨性、抗冲刷和抗侵蚀性好。最佳的使用效果是让炉口寿命与风口寿命达到同步。

2）端墙可以按照圆形墙的砌炉方法进行。要求砌墙时在同一层内，前后相邻砖列和上下相邻砖层的砖缝应交错。端墙应以中心线为准砌炉，也可以炉壳做向导进行砌筑，并用样板进行检查。

3）风口及圆筒部。风口区域是每次筑炉必须要挖补的地方，可以说风口的寿命就是转炉的寿命，圆筒部在每次筑炉时并不一定要进行挖补或翻新，而是根据残砖的厚度来决定修补的量。

3.3.4 转炉吹炼实践

铜锍吹炼的造渣期在于获得足够数量的白铜锍（Cu_2S），但是生产中并不是注入第一批铜锍后就能立即获得白铜锍，而是分批加入铜锍，逐渐富集成的。在吹炼操作时，把炉子转到停风位置，装入第一批铜锍，其装入量视炉子大小而定，一般是在吹炼时风口浸入液面下 200mm 左右为宜。然后，旋转炉体至吹风位置，边旋转边吹风，吹炼数分钟后加石英熔剂。当温度升高到 1200~1250℃以后，把炉子转到停风位置，加入冷料。随后把炉子转到吹风位置，边旋转边吹风。再吹炼一段时间，当炉渣造好后，旋转炉子放渣，之后再加铜锍。依此类推，反复进行进料、吹炼、放渣，直到炉内熔体所含铜量满足造铜期要求时为止。这时开始筛炉，即最后一次除去熔体内残留的 FeS，倒出最后一批渣的过程。为了保证在筛炉时熔体能保持在 1200~1250℃ 的高温，以便使第二周期吹炼和粗铜浇注不致发生困难，有的工厂在筛炉前向炉内加少量铜锍。这时熔剂加入量要严格控制，同时加强鼓风，使熔体充分过热。

在造渣期，应保持低料面、薄渣层操作，适时、适量地加入石英熔剂和冷料，炉渣造好后及时放出，不能过吹。

铜锍吹炼的造渣期（从装入铜锍到获得白铜锍为止）的时间不是固定的，取决于铜锍的品位和数量以及单位时间向炉内的供风量。在单位时间供风量一定时，锍品位越高，造渣期越短；在锍品位一定时，单位时间供风量越大，造渣期越短；在锍品位和单位时间供风量一定时，铜锍数量越少，造渣期越短。

筛炉时间指加入最后一批铜锍后从开始供风至放完最后一次炉渣之间的时间。筛炉期间石英熔剂的加入量应严格控制，每次少量加，多加几次，防止过量。熔剂过量会使炉温降低，炉渣发黏，渣中铜含量升高，并且还可能在造铜期引起喷炉事故。相反，如果石英熔剂不足，铜锍中的铁造渣不完全，铁除不净导致造铜期容易形成 Fe_3O_4。这不仅会延长造铜期吹炼时间，而且会降低粗铜质量，同时还容易堵塞风口使供风受阻，清理风口困难。在造铜期末稍有过吹，就容易形成熔点较低、流动性较好的铁酸铜（$Cu_2O \cdot Fe_2O_3$）稀渣，不仅使渣含铜量增加，铜的产量和直接回收率降低，而且稀渣严重腐蚀炉衬，降低炉寿命。

判断白铜锍获得（筛炉结束）的时间，是造渣期操作的一个重要环节，它是决定铜的直接回收率和造铜期是否能顺利进行的关键。过早或过迟进入造铜期都是有害的。过早地进入造铜期的危害与石英熔剂量不足的危害相同，过迟进入造铜期，会使 FeO 进一步氧化成 Fe_3O_4，使已造好的炉渣变黏，同时 Cu_2S 氧化产生大量的 SO_2 烟气使炉渣喷出。

筛炉后继续鼓风吹炼进入造铜期，这时不向炉内加铜锍，也不加熔剂。当炉温高于所控制的温度时，可向炉内加适量的残极和粗铜等。

在造铜期，随着 Cu_2S 的氧化，炉内熔体的体积逐渐减少，炉体应逐渐往后转，以维持风口在熔体面下一定距离。

造铜期中最主要的是准确判断出铜时机。出铜时，转动炉子加入一些石英，将炉子稍向后转，然后再出铜，以便挡住氧化渣。倒铜时应当缓慢均匀。出完铜后迅速捅风口，清除结块，然后装入铜锍，开始下一炉次的吹炼。

3.3.4.1　吹炼的作业制度

转炉的吹炼制度有三种：单炉吹炼、炉交换吹炼和期交换吹炼。目前国内多采用单台炉吹炼和炉交换吹炼，只有贵冶采用期交换吹炼。其目的在于提高转炉送风时率、改善向硫酸车间供烟气的连续性，保证闪速熔炼炉比较均匀地排放铜锍。

A　单炉吹炼

如工厂只有两台转炉，则其中一台操作，另一台备用。一炉吹炼作业完成后，重新加入铜锍，进行另一炉次的吹炼作业。其作业计划如图 3-7 所示。

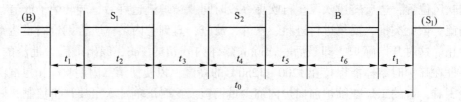

图 3-7   单炉吹炼作业计划

t_0—吹炼一炉全周期时间；t_1—前一炉 B 期结束后到了一炉 S_1 期开始的停吹时间，在此期间将粗铜放出并装入
精炼炉，清理风眼并装 S_1 期的铜锍；t_2—S_1 期吹炼时间；t_3—S_1 结束到 S_2 期开始的停吹时间，其间需排出
S_1 期炉渣并送往铸渣机以及装入 S_2 期的铜锍；t_4—S_2 期吹炼时间；t_5—S_2 期结束后到 B 期开始的停吹时间，
其间需排出 S_2 期炉渣及由炉口装入冷料；t_6—B 期吹炼时间

B   炉交换吹炼

工厂有三台转炉的，一台备用，两台交替作业。在 2 号炉结束全炉吹炼作业后，1 号炉立即进行另一炉次的吹炼作业。但 1 号炉可在 2 号炉结束吹炼之前预先加入铜锍，2 号炉可在 1 号投入吹炼作业之后排出粗铜，缩短了停吹时间。其作业计划如图 3-8 所示。

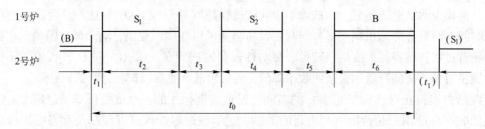

图 3-8   炉交换吹炼作业计划

t_0—吹炼一炉全周期时间；t_1—2 号炉 B 期结束后到 1 号炉 S_1 期吹炼开始，其间需进行
两个炉子的切换作业；$t_2 \sim t_6$—与单炉连吹相同

C   期交换吹炼

工厂有三台转炉的，一台备用，两台作业。在 1 号炉的 S_1 期与 S_2 期之间，穿插进行 2 号炉的 B_2 期吹炼。将排渣、放粗铜、清理风眼等作业安排在另一台转炉投入送风吹炼后进行，将加铜锍作业安排在另一台转炉停吹之前进行。仅在两台转炉切换作业时短暂停吹，缩短了停吹，其作业计划如图 3-9 所示。

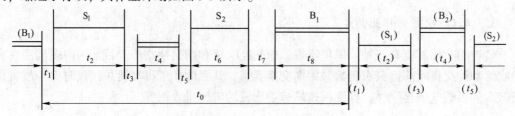

图 3-9   期交换吹炼作业计划

t_0—吹炼一炉吹炼作业全周期时间；t_1，t_3，t_5—两台转炉切换作业的停吹时间；t_2—S_1 期吹炼时间；
t_4—B_2 期吹炼时间；t_6—S_2 期吹炼时间；t_7—与单炉连吹的 t_5 相同；t_8—B_1 期吹炼时间

以每炉处理 145t 品位为 50% 的铜锍为例，将三种吹炼制度进行比较，鼓风量为 32000m³/h，其结果列于表 3-5 和表 3-6。

表 3-5 送风时率及生产效率的比较

吹炼制度	送风时间/min	停风时间/min	全周期时间/min	送风时率/%	生产效率/%
单炉吹炼	290	170	460	63	100
炉交换吹炼	290	105	395	72	116
期交换吹炼	290	55	245	83	133

表 3-6 转炉进铜锍的时间间隔比较

| 吹炼制度 | 进铜锍时间间隔/min | | | 均匀性 |
	$S_1 \rightarrow S_2$	$S_2 \rightarrow S_1$	$S_1 \rightarrow S_2$	
单炉吹炼	140	320	140	最差
炉交换吹炼	140	255	140	较差
期交换吹炼	165	180	165	较好

转炉吹炼制度的选定一般要考虑以下两个原则：

（1）根据年生产任务决定的处理铜锍量，计算出转炉的作业炉次，再根据作业炉次的多少选择吹炼形式。

（2）根据转炉必须处理的冷料量的多少来选择。

当然，实际生产中，吹炼形式的选择还应结合转炉的生产状况及上下工序间的物料平衡来考虑。

3.3.4.2 转炉吹炼加料

转炉吹炼低品位铜锍时，热量比较充足，为了维持一定的炉温，需要添加冷料来调节。当吹炼高品位铜锍时，尤其是当铜锍品位在 70% 左右采用空气吹炼时，如控制不当，就显得热量有些不足；如采用富氧吹炼，情况要好得多。当热量不足时，可适当添加一些燃料（如焦炭、块煤等）来补充热量。

在生产过程中，由于物料成分的变化和一些人为的因素，造成铜锍品位的波动，放出的铜锍带渣或造成转炉等料。因此转炉作业人员不能及时地把握好上道工序的变化情况，转炉的吹炼作业就会受到影响。

国内工厂铜锍品位一般为 30%～65%，国外为 40%～65%，诺兰达法熔炼可高达 73%。铜锍吹炼过程中，为了使 FeO 造渣，需要向转炉内添加石英熔剂。由于转炉炉衬为碱性耐火材料，熔剂含 SiO_2 较高，对炉衬腐蚀加快，降低炉寿命。通常熔剂的 SiO_2 含量宜控制在 75% 以下。如果所用熔剂 SiO_2 含量较高，可将熔剂和矿石混合在一起入炉，以降低其 SiO_2 含量。也有的工厂采用含金银的石英矿或含 SiO_2 较高的氧化铜矿作转炉熔剂。生产实践表明，熔剂中含有 10% 左右的 Al_2O_3 对保护炉衬有一定的好处。目前，国内工厂多应用含 SiO_2 90% 以上的石英石，国外工厂多应用含 SiO_2 65%～80% 的熔剂。

石英熔剂粒度一般为 5～25mm。当熔剂的热裂性好时，最大粒度可达 200～300mm。

粒度太大，不仅造渣速度慢，而且对转炉的操作和耐火砖的磨损都有影响；粒度太小，容易被烟气带走，不仅造成熔剂的损失，而且烟尘量也增大。熔剂粒度大小还与转炉大小有关，如 8 ~ 50t 转炉用的石英一般为 5 ~ 25mm；50 ~ 100t 转炉一般为 25 ~ 30mm，不宜大于 50mm。

在铜锍吹炼过程中，加入冷料（含铜杂料）是为了消耗反应生成的过剩热量，以取得炉子的热平衡，即避免高温作业，以减少炉壁耐火材料的损耗，同时还可以回收冷料中的铜。

加入冷料的数量及种类与铜锍品位、炉温、转炉大小、吹炼周期等有关。铜锍品位低、炉温高、转炉大需加入的冷料就多。通过热平衡计算可知，造渣期化学反应放出的热量多于造铜期，因此造渣期加入的冷料量通常多于造铜期。由于造渣期和造铜期吹炼的目的不同，对所加的冷料种类要求也不同。造渣期的冷料可以是铜锍包子结块、转炉喷溅物、粗铜火法精炼炉渣、金银熔铸炉渣、溜槽结壳、烟尘结块以及富铜块矿等。造铜期如果温度超过 1200℃，也应加入冷料调节温度。不过造铜期对冷料要求较严格，即要求冷料含杂质量少，通常造铜期使用的冷料有粗铜块和电解残极等。吹炼过程所用的冷料应保持干燥，块度不宜大于 400 ~ 500mm。

冷料的加入方法及时机的选择，要根据具体情况而定，一般要综合考虑以下四个方面的原则：

（1）对炉况及产品质量的影响要小。

（2）对转炉的送风作业影响小。

（3）加入时尽量减少冷料的飞散损失。

（4）容易装入，不至于出现堵塞等故障。

3.3.4.3　铜锍吹炼产物及放渣与出铜操作

A　吹炼产物

铜锍转炉吹炼的主要产物是粗铜和转炉渣，粗铜的化学成分列于表 3 - 7，其品位、杂质含量与炼铜原料、熔剂和加入的冷料有关，粗铜需进一步精炼提纯后才能销售给用户。

表 3-7　粗铜的化学成分

编　号	Cu/%	Pb/%	Ni/%	Bi/%	As/%
1	99 ~ 99. 4	0. 012 ~ 0. 0127	0. 15 ~ 0. 3	0. 0067	0. 009 ~ 0. 04
2	99. 5 ~ 99. 67	0. 0127	0. 046	0. 0083	0. 132
3	98. 32	>0. 12	0. 25	0. 037	0. 85
4	98. 5 ~ 99. 5	0 ~ 0. 2	—	0 ~ 0. 01	0 ~ 0. 3

编　号	Sb/%	Fe/%	S/%	O/%	Au/g · t^{-1}	Ag/g · t^{-1}
1	0. 004 ~ 0. 011	0. 001 ~ 0. 0047	0. 0322 ~ 0. 036	0. 076 ~ 0. 1	20 ~ 25	300 ~ 2000
2	0. 0051	—	—	0. 086	56	757
3	0. 20	0. 022	0. 046		30 ~ 130	1300 ~ 2400
4	0 ~ 0. 3	0. 1	0. 02 ~ 0. 1	0. 5 ~ 0. 8	100	100

铜锍吹炼产出的转炉渣一般含：Cu2% ~ 4%，Fe 约 50%，$SiO_2$21% ~ 27%。转炉渣

含铜高，大都以硫化物形态存在，少量以氧化物和金属铜形态存在。转炉渣可以液态或固态返回熔炼过程予以回收铜，也可采用磨浮法将铜选出以渣精矿的形式再返回熔炼炉。

如果铜原料中含钴高时，进入铜锍中的钴硫化物会在吹炼的造渣后期被氧化而进入转炉渣中，这样造渣末期的转炉渣含钴很高，可作为提钴的原料。

转炉吹炼产出的烟气含 SO_2 5% ~ 7%，采用富氧时 SO_2 会高一些，均可送去生产硫酸。烟气含尘为 $26 ~ 40g/m^3$，收集的烟尘中往往富含 Bi、Pb、Zn 等有价元素，如贵冶收集的烟尘含铋达到 6.6%，这种烟尘可作为炼铋的原料。

B 排渣操作

转炉放渣作业要求尽量地把造渣期所造好的渣排出炉口，避免大量的白铜锍混入渣包，即减少白铜锍的返炉量。放渣操作的注意事项有：

(1) 放渣前，要求下炉口宽且平，避免放渣时，渣流分层或分股。若炉口黏结严重，应在停风之后放渣前，立即用炉口清理机快速修整炉口，然后再放渣。

(2) 炉前放好渣包，渣包内无异物（至少要求无大块冷料），放渣不要放得太满（渣面离包沿约200mm）。

(3) 炉前用试渣板判别渣和白铜锍时，要求试渣板伸到渣流"瀑布"的中下层，观察试渣板面上熔体状态，正常渣流面平整无气泡孔，而当渣中混入白铜锍时，白铜锍中的硫接触到空气中的氧气，会生成 SO_2，在试渣板渣流面上形成大量的气泡孔，且伴有 SO_2 刺激味的烟气产生。此外白铜锍和渣有下列不同性质：

项目	黏性	色亮度	熔点/℃	密度/g·m^{-3}
渣	黏	明亮	1200	3.2 ~ 3.6
白铜锍	流动性好	稍许暗些	1100	5.2

从感观上来看，白铜锍流畅，不易产生断流，其散流呈流线状，不会像渣的散流那样，产生滴流，并且白铜锍在试渣板上的黏附相对较少。

(4) 渣层自然是浮在白铜锍上面，当炉子的倾转角度取得过大时，白铜锍将混入渣中流出，因而当临近放渣终了时，要小角度地倾转炉子，缓慢地放渣，如果发现有白铜锍带出时，则终止放渣。

C 出铜操作

转炉放铜作业要求把炉内吹炼好的铜水全部倒入粗铜包中，送入阳极炉中精炼，并且在放铜过程中要避免底渣大量地混入粗铜包中，以保证粗铜的质量。放铜前，确认下炉口宽且平，避免铜水成小股流出粗铜包之外。放铜水用的粗铜包要经过挂渣处理，以防高温铜水烧损粗铜包体。放铜之前要求进行压渣作业，即用舟形斗，将硅石均匀地投入到炉口内部流口周围的熔体表面上，小角度地前后倾转炉体，使石英与炉口处的底渣混合固化，在炉子出铜口周围形成一道滤渣堤把底渣挡在炉内。压渣过程中，要求注意以下事项：

(1) 造铜期结束后，要确认炉内底渣量及底渣干稀状况。如果渣稀且底渣量多，此时炉内表面渣层会出现"翻滚"状况，不易压好渣，待炉内渣层平静后，方可进行压渣作业。

（2）压渣用的石英量可根据底渣状况而定，一般2t左右，稀渣可增加到3~4t，并且压渣用的石英量应计入造渣期的石英熔剂量中。

（3）在石英和底渣的混合过程中，要注意安全，以防石英潮湿"放炮"伤人。

D　转炉底渣的控制

所谓底渣就是粗铜熔体面上浮有一层渣，这种渣称做底渣，主要是由残留在白铜锍中的铁在造铜期继续氧化造渣，以及造渣期未放净的渣所组成。底渣的化学成分列于表3-8中。

表3-8　底渣的化学成分　　　　　　　　　　　　（%）

编号	Cu	S	Fe	SiO$_2$	Pb	Zn	备 注
1	40.0	0.12	20.0	8.0		2.0	设计值
2	41.44	0.13	28.0	17.6	1.77	1.9	干渣
3	41.7	0.06	16.9	11.8	4.78	2.5	稀渣

底渣中的铜主要以 Cu$_2$O 形态存在，底渣中的铁约有一半是磁性氧化铁（Fe$_3$O$_4$），由于 Fe$_3$O$_4$ 熔点高（1527℃），使得底渣并不容易在造渣期渣化，久而久之，由于底渣的积蓄而沉积在炉底，造成炉底上涨（炉底上涨情况要根据液面角判别），炉膛有效容积减小，严重时会使吹炼中熔体大量喷溅，无法进行正常的吹炼作业，因而平时作业要求控制好底渣量。

3.3.4.4　转炉的开、停炉作业

转炉经一定生产运转周期后，内衬及各部位有局部或全部被损坏，需要进行局部修补或全部重新砌筑，经修补或重砌的转炉要组织开炉工作。

A　开炉

开炉作业首先是烘炉，其目的是除去炉体内衬砖及其灰浆中的水分。适应耐火材料的热膨胀规律，要求以适当的升温速度，使炉衬的温度升至操作温度。如果升温速度过快，使黏结砖的灰浆发生龟裂而削弱黏结的强度，而且会使砖衬材质中的表内温度偏差太大，会出现砖体的断裂和剥落现象，缩短炉衬的使用寿命。因此，必须保持适当的升温速度，使砖衬缓慢加热，炉体各部均匀地充分膨胀，但是，也不宜过慢升温，过慢会造成燃料和劳力等浪费，且不适应生产的需要。一般来讲，全新的内衬砖（指钢壳内所有部位炉衬全部使用新砖砌筑）需要6~7天升温时间。风口区内砖挖修后的升温需要4天时间，炉口部挖修的炉衬需烘烤3天即可投料作业。转炉预热升温是依靠各台转炉后平台上设置的燃烧装置来实现的。通过风口插入烧嘴，使炉内砌体（砖的表面温度）温度达到800℃时，就可以投料作业。有的工厂采用自然干燥20天除去部分水分后再进行烘烤。

投料前应熄火停止烘炉，取出烧嘴，按规定放置好，并装好消音器，用大钎子清一遍风口，然后将炉口前倾至60°，通知吊车取掉炉口盖，往转炉内进热铜锍。

进第一炉时，由于炉内温度较低应尽快将料倒完，并及时开风，避免炉内铜锍结壳造成开风后喷溅严重。所以，第一炉吹炼应以提高炉衬温度为主，一般不加入冷料，造铜期应采取连续吹炼作业方式。

B　停炉

当转炉内衬残存的厚度，风口砖普遍小于100mm，风口区上部、上炉口下部砖小于

200mm，两侧炉口左右肩部砖小于 150mm，端墙砖小于 150mm 时，就应当有计划地停炉冷修，倘若继续吹下去容易烧损炉壳或炉砖底座，一旦出现此类故障，将会给检修带来许多麻烦，不仅增加了维修工作量，还往往因为检修周期延长而影响两炉间的正常衔接，从而影响生产任务的顺利完成。从筑炉方面考虑，由于炉壳烧损而无法提温洗炉，大量底渣堆积于炉衬表面，增大了挖修的劳动强度，同时也影响到砌筑的质量，由于结渣多，一些炉衬的薄弱点凹陷部位不易发现，造成该挖补的地方未能挖补，这样就给下一炉期的安全生产留下了事故隐患。

一旦停炉检修计划已经订出，为了确保检修进度及其质量，首先要进行高标准的洗炉工作。所谓洗炉，顾名思义就是要清除干净炉衬表层的黏结物或不纯物质，使炉衬露出本体，见到砖缝。洗炉作业进程包括：

（1）提前一星期加大熔剂的修正系数，增加熔剂量的同时，适当控制冷料加入量，使作业温度适当地提高，将炉衬表层黏结的高铁渣（Fe_3O_4）逐渐熔化掉。

（2）最后一炉铜的造渣作业再次加大熔剂加入量，并再次控制冷料投入量，使炉温进一步提高，而且造铜期应连续吹炼，使炉膛出现多个高温区，加速炉衬挂渣的熔化，为集中洗炉准备条件。

（3）集中洗完最后一炉铜加入造渣期所需铜锍量后，加大熔剂量约为平时的 1.5 倍，少加或不加冷料进行吹炼。要求将造渣终点吹至白铜锍含铜达 75% ~ 78%，含铁在1.00%，然后将渣子尽可能排净，倒出白铜锍。可以将几台炉子洗炉时倒出的白铜锍合并在一台炉中进入造铜期作业。

转炉集中洗炉倒出白铜锍后，应仔细检查洗炉效果，若已见砖缝，炉底无堆积物，则为良好。经冷却三天后交筑炉，进入炉内施工。倘若这次洗炉效果不理想，炉底有堆积物，风口区砖缝仍看不到时，应当再次洗炉，重复以上操作。

洗炉过程中的注意事项：

（1）洗炉过程是高温作业过程，由于炉衬已到末期，应注意对各部炉体壳的点检，见有发红部位，应采用空气冷却，不可打水冷却，防止钢壳变形或裂缝。

（2）洗炉造渣终点尽可能吹老些，便于并炉后安全地进入造铜期作业。

（3）洗炉放渣后，白铜锍并炉时，倒最后一包白铜锍时应尽可能将炉膛内残液全部倒净，炉口朝正下方约为 140° ~ 290° 位置范围内往复倾转多次直到确认液滴停止为止，然后将炉口上倾至 60°，自然冷却。一般需要三天时间，夏季需要四天自然冷却，方可交给筑炉施工。在冷却过程中的第一天，应将炉口砖用清理机彻底打掉，见到钢板，便于冷却。同时，要把安全坑内杂物全部清理干净，空出施工现场，然后按预先制定的停修方案，逐项付诸实施。

3.3.4.5 转炉吹炼过程中常见的故障及其处理

A 转炉喷炉的原因及其处理

a 因磁铁渣引起的喷炉事故

由于在造渣时投入的石英熔剂量不足，致使部分 FeO 无法与 SiO_2 造渣，而继续氧化成 Fe_3O_4 磁铁渣。这种磁铁渣密度大、黏度高、流动性差，当温度降低时使鼓入炉内的气体不易穿透熔体表面渣层，鼓入的气体在熔体内越积越多，当气压大大超过上层熔体的静压时，就会引起喷炉事故。这种事故可以追加半包或一包热铜锍，且加入足够量的石英熔剂后继续进行吹炼作业，使磁铁还原造渣。

b　造渣期石英加入过量而引起的喷炉事故

因石英加入过多，会使渣性恶化，渣黏度增大，且易在渣表层形成一层絮状物（游离态的石英），致使气体不易排出，造成喷炉事故。这时可追加热铜锍继续吹炼，少加石英改变渣型造出良性渣。

c　造铜终点前的喷炉事故

造渣期的渣型不好，未排尽渣就强行进入造铜期。当接近造铜终点时，熔体中的硫含量不断减少而使反应热越来越少，这时若熔体表面渣层厚，随着熔体厚度不断降低，渣的黏度加大，把大量气体阻挡在熔体里面，超过一定的限度时便会喷炉。

发现这种喷炉迹象时，立即将炉子倾转到0°后用残极加料机投入适量的残极以破坏渣层的凝结性，排放出积压的气体，或把一些木柴推入炉膛，使渣层与木柴搅拌在一起，木柴燃烧产生的 CO_2 和热量可破坏渣层的凝结性，此时送风量宜稍为降低，且调整炉子吹炼的角度；另外也可停风，倒出底渣后，再继续吹炼。

d　冷料投入多而引起喷炉事故

无论造渣期或造铜期，若冷料一次性投入太多，会引起熔体表面温度偏低，熔体黏度大，送风阻力大，往往夹带着熔体呈团块状喷出炉口。这时应及时修正冷料加入量，适当降低送风量，加大用氧量，调整炉子的送风角度，应尽快促使熔体温度回升，待正常后可恢复以前的作业状况。

B　粗铜过吹时的特征、原因及其处理

粗铜过吹时，烟气消失，火焰暗红色，摇摆不定，炉后取样的黏结物表面粗糙、无光泽，呈灰褐色，组织松散，冷却后易敲打掉。这是由于对造铜终点判断失误，或因炉倾转系统故障造成铜终点已到，但转炉不能及时停风所致。

处理粗铜过吹的措施有：

（1）将高品位固态铜锍（最好采用固态白铜锍）或热铜锍加入炉内进行还原反应，根据"过吹"的程度来确定加入的数量。

（2）若加入的热铜锍过多时，可继续进行送风吹炼，直到造铜终点。

（3）粗铜过吹后，用铜锍进行还原，其反应主要是粗铜中 Cu_2O 和渣中 Fe_3O_4 与铜锍中的 FeS、Cu_2S 的反应，这些反应几乎在同一瞬间完成，释放大量的热能，使炉内气体体积迅速膨胀，气压增大至一定程度，就会形成巨大的气浪冲出炉外。因此过吹铜还原时一定要注意安全，还原要慢慢进行，不断地小范围内摇动炉子，促使反应均匀进行。

C　熔体过冷的原因及其处理

因停电或设备故障等原因造成转炉进料后无法吹炼或续吹，若保温不当且超过 6h 后，会使熔体表面冻结成厚壳。向熔体内直投冷料过多，热量收支失衡，造成炉内熔体冻结或局部凝结成团，无法倾出炉口。这些熔体过冷的现象主要表现为炉膛发暗红或黑色，熔体黏稠且很快会凝结，结果送风吹炼，不见熔体的喷溅物和浓烟出现，越吹越凉。

当熔体过冷的现象发生后，可在液面角允许的范围内最大限度地追加热铜锍后立即送风吹炼，增加富氧率，推迟加入石英熔剂的时间，修正冷料加入量，必要时可以不加冷料吹炼，以确保炉内反应正常进行。

D 炉黏渣的原因及处理

铜锍造渣吹炼到终点，在铜锍中残留的 FeS 含量约为 1.0% ~ 2.0% 时，而未及时放渣，造成渣中产生大量的磁性氧化铁，并且渣层温度降低，渣流动性变差，倒入渣包易黏结，渣较厚。过吹渣冷却后呈灰白色，喷出时正常渣呈圆而空的颗粒，过吹渣呈片状，同时喷出频繁。石英熔剂加入太多、加入的时间不当或加入的冷料过多，都会产生黏渣。

发生黏渣现象后应尽量把渣放出来，且根据黏渣原因，可以采用追加适量的热铜锍，调整石英熔剂量和冷料量，适当地缩短吹炼时间等措施来解决。也可参考"转炉喷炉的原因及其处理"和"熔体过冷的原因及其处理"中介绍的方法。

3.3.4.6 转炉吹炼的技术经济指标

A 送风时率

铜锍的吹炼过程是间歇式、周期性作业，在进料、放渣、放铜时必须停风。在停风期间，不但不能进行任何吹炼反应，而且会使炉温下降，以至影响下一步操作。因此应当很好地组织熔炼、吹炼和火法精炼工序之间的配合，尽量缩短转炉吹炼的停风时间，提高转炉的工作效率。

送风时率与生产组织、操作人员的技术水平、上下工序的配合紧密程度有关。为了提高转炉的送风时率，要求生产管理人员在详细了解熔炼、吹炼和火法精炼的生产规律的基础上，制定出转炉吹炼进度计划，作为生产操作指南，这样才能缩短转炉停风时间。

送风时率与转炉工序的机械化程度有关。机械化程度越高，清理转炉炉口、放渣、放铜等操作时间就越短，送风时率就越高。目前，炼钢厂大都向大型化发展，即采用大转炉、大吊车、大包子来提高送风时率。

送风时率与铜锍品位有关。理论计算和生产实践都表明，在其他条件相同的情况下，铜锍品位越低，吹炼时送风时率越高；相反，铜锍品位越高，则吹炼时送风时率越低。

送风时率还与车间的平面配置有关，例如转炉与熔炼炉的相对位置和距离与火法精炼炉的位置和距离有关。

送风时率可按下式计算：

$$送风时率 = \frac{炉送风时间}{炉总操作时间} \times 100\%$$

单台炉连续操作时，送风时率可达 60% ~ 70%；两台炉交换操作时，可达 75% ~ 80%；两台炉炉期交换操作时，可达 81% ~ 83%。

B 铜的直收率

铜的直接回收率与铜锍品位、铜锍中杂质含量（特别是 Zn、Pb、Bi 等易挥发成分）、鼓风压力和送风量、转炉渣成分及操作技术（特别是放渣环节）等因素有关。铜锍品位低、杂质含量高，铜的直接回收率低。当铜锍中（Cu＋Fe）为70%、硫为25%，吹炼过程中铜损失为1%时，铜的直接回收率与铜锍品位有如下关系：

$$\eta = （104 - 350/B） \times 100\%$$

式中，η 为铜直收率，%；B 为铜锍品位，%。

C　炉寿命

炉寿命是衡量转炉生产水平的重要指标。转炉的寿命与铜锍品位、耐火材料质量、砌砖技术和耐火材料的分布、吹炼热制度、风口操作等因素有关。

在吹炼过程中，转炉炉衬在机械力、热应力和化学侵蚀的作用下逐渐遭到损坏，工厂实践指出，转炉炉衬的损坏大致分两个阶段：第一阶段，即新炉子初次吹炼（即炉龄初期）时，炉衬受杂质的侵蚀作用不太严重，这时受热应力的作用炉衬砖掉块、掉片较多，风口砖受损严重；第二阶段，即炉子工作了一段时间（炉龄后期），炉衬受杂质侵蚀作用较大，砖面变质。

实践表明，炉衬各处损坏的严重程度不同，炉衬损坏最重的部位是风口区和风口以上区，其次是靠近风口两端墙熔体浸没部分，炉底和风口对面炉墙损坏较轻。

在造铜期，炉衬损坏比造渣期严重。采用富氧空气吹炼时，炉衬损坏比采用空气时严重。

炉衬损坏的原因很多，归结起来主要是由机械力、热应力和化学侵蚀三种力作用的结果：

（1）机械力的作用。主要是指熔体对炉衬的冲刷磨损和清理风口不当时对炉衬所造成的损坏。在转炉内流体流动中，气泡膨胀、上升过程和流体环流对炉壁造成的冲刷，使炉衬遭到损坏。这种情况与炉子大小有关，炉子直径小，这种机械力的作用更明显。

（2）热应力的作用。转炉吹炼是间歇式、周期性作业，在供风和停风时炉内温度变化剧烈，从而引起耐火材料掉片和剥落。有人对直径为 3.05m、长为 7.98m 的转炉吹炼品位为33.5%的铜锍时炉温的变化情况进行了测定，结果为：每吹风 1min，造渣期温度升高 2.92℃，造铜期温度升高 1.20℃；每停风 1min，造渣期温度降低 1.05℃，造铜期温度降低 3.10℃。由于温度的剧烈变化，产生很大的热应力，耐火材料尤其是含 Cr_2O_3 高的耐火材料，抗热胀性较差。在850℃下进行的抗热胀性试验指出，Mg – Cr 砖 18 次、Mg – Al 砖 69 次即发生断裂，可见热应力是引起炉衬损坏的重要因素。

（3）化学侵蚀。主要是炉渣熔体的侵蚀，锍和金属铜也产生很大的侵蚀作用，在造渣期，吹炼过程产出的炉渣（$2FeO \cdot SiO_2$）能溶解镁质耐火材料。

温度越高，MgO 在转炉渣中的溶解度越大。在同一温度下，渣中 SiO_2 含量增大，MgO 在渣中的溶解度总的趋势是升高的，这说明高温下含 SiO_2 高的炉渣对镁质耐火材料侵蚀严重。

在造铜期，金属铜黏度很小，能顺着耐火砖的气孔渗透到砖体内部，使方镁石晶体、铬矿晶粒间的距离增大，从而使耐火砖结构疏松。但是金属铜并未与耐火砖的主晶相反应。造铜期有少量 Cu_2O 生成，它与粗铜表面上的残渣反应形成流动性非常好的炉渣（其

成分大都是 $Cu_2O \cdot Fe_2O_3$），对耐火砖有很强的侵蚀能力。

提高炉寿命的措施有：

（1）选用优质耐火材料提高砌炉和烤炉质量，在渣线和容易损坏的部位砌优质镁铬砖有较好的抗损坏效果，如选用青花厂的系列镁铬砖、长城 SA 系列风口砖均可取得很好的效果。

（2）严格控制工艺条件，控制造渣期的温度在 1200～1250℃ 范围内，当炉温偏高时及时地分批加入冷料，在加入石英熔剂时要防止大量集中加入，以免炉温急剧下降。

（3）及时放渣和出铜，勿过吹，减少对砖体的侵蚀作用。

（4）当炉衬局部出现损坏时，可采用热喷补等措施补炉。

（5）从炉体结构角度看，适当增大风眼管直径和减少风眼数量，可以降低风口区炉衬的损坏速度。适当增大风口端墙的距离，可以减缓端墙的损坏。

D　转炉的生产率

转炉的生产率可用三种方法表示，即炉日产粗铜量、生产吨粗铜时间、日炉处理铜锍吨数。常用的是前两种表示方法。

转炉的生产率与炉子大小、铜锍品位、单位时间鼓入炉内的空气量、送风时率及操作条件等有关。大转炉无疑比小转炉生产率高。铜锍品位高、造渣时间短，炉子生产率也大。生产实践表明，铜锍品位提高 1%，产量可以增加 4%。

铜锍吹炼过程就是利用鼓入炉内空气中的氧来氧化铜锍中的铁和硫的过程。因此，鼓风量的大小和送风时率高低直接影响转炉的生产率。生产率与鼓风量、送风时率成正比，即鼓风量和送风时率越大，转炉的生产率越高。但是鼓风量不能无限增大，以免发生大喷溅和加剧炉衬损坏，可以采用富氧空气吹炼，提高炉子生产率。

E　耐火砖消耗

耐火砖消耗与炉寿命、铜锍品位、转炉容量、操作制度等有关。炉寿命短、铜锍品位低、炉子容量小，耐火砖消耗就相应高。国外铜锍转炉吹炼耐火材料消耗为 2.25～4.5kg/t。

铜锍转炉吹炼的主要技术经济指标列于表3-9。

表 3-9　铜锍转炉吹炼的主要技术经济指标

指标名称	转炉容量/t						
	5	8	15	20	50	80	100
铜锍品位（Cu）/%	30～35	25～30	37～42	28～32	30～40	50～55	55
送风时率/%	76	75～80	80	77～88	80～85	70～80	80～85
铜直收率/%	90～95	95	96	80～85	95	93.5	94
熔剂率/%	18	23	16～18	18～20	16～18	8～10	6～8
冷料率/%	25	15	10～15	7～10	—	26～63	30～37
砖耗/kg·t^{-1}	24	19.7	25	60～140	15～30	4～5	2～5
炉寿命/t·炉期$^{-1}$	1500	1500	1500	1200	17570	26400	—
电耗（Cu）/kW·h·t^{-1}	—	—	250～400	—	—	50～60	40～50

注：炉寿命是指从两次大修之间所产出的铜量。

3.4　铜锍吹炼的其他方法

3.4.1　反射式连续吹炼炉吹炼

我国富春江冶炼厂开发的反射炉式连续吹炼炉（又称连吹炉）为小型铜冶炼厂开辟了铜锍吹炼的新途径。邵武冶炼厂、烟台鹏晖铜业有限公司、红透山矿冶炼厂、滇中冶炼厂等相继采用了这种炉型进行铜锍吹炼。其结构如图 3-10 所示。

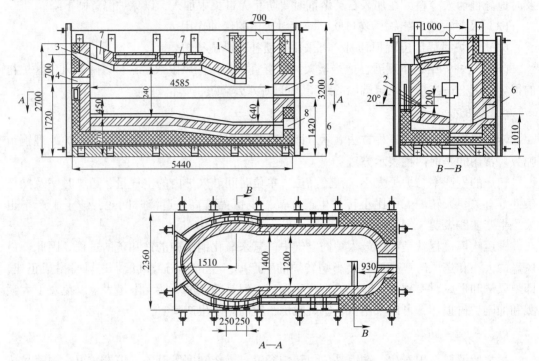

图 3-10　反射炉式连吹炉结构

1—排烟口；2—风口；3—燃油口；4—加铜锍口；5—扒渣口；6—放铜口；7—熔剂加入口；8—安全口

连续吹炼炉在正常作业时，铜锍由密闭鼓风炉的前床虹吸口经铸铁溜槽间断加入炉内，石英由炉顶水套上的气封加料口加入炉内吹炼区，压缩空气通过安装在炉墙侧面的风口直接鼓入熔体内，熔体、压缩空气、石英三相在炉内进行良好的接触及搅动，使氧化、造渣反应进行得很快，直到炉内熔体含铜量达到 77%，接近白铜锍，时间只有 4~5h，这一过程被称为造渣期。

造渣后，在不加铜锍和熔剂的情况下，继续大风量吹风 1~2h（现场称为空吹），等白铜锍全部转变为粗铜，即粗铜层大约 150mm 左右，开始放粗铜铸锭。

连吹炉每个吹炼周期包括造渣、造铜和出铜三个阶段。操作周期为 7~8h。事实上这种吹炼炉仍保留着间断作业的部分方式，只是在第一周期内进料-放渣的多次作业改变为不停风作业，提高了送风时率。烟气量和烟气中 SO_2 浓度相对稳定，漏风率小，SO_2 浓度较高，在一定程度上为制酸创造了较好的条件。例如，1999 年新建的滇中冶炼厂，采用富氧密闭鼓风炉-反射炉式连吹炉流程，在其他条件配合较好的情况下，全厂的烟气能够进行两转两吸制酸，硫的利用率达到 96%，SO_2 达到 2 级排放标准，基本上无低空烟气逸散污染，保持了工厂内良好的环境。

由于连续吹风，避免了炉温的频繁急剧变化。又由于采用水套强制冷却炉衬，在炉衬上生成一层覆盖层，炉衬的侵蚀速度缓慢，炉寿命延长，以两次大修间生产的粗铜计，一般为 750~1500t/炉次。

反射炉式连吹炉因设备简单、投资省，尤其是在 SO_2 制酸方面比转炉有优点，因而适合于小型工厂采用。

3.4.2 铜锍的闪速吹炼

前面叙述了铜锍的吹炼过程，无论是采取侧吹或顶吹、连续或间断的操作方式进行，都是将空气或富氧空气鼓入熔融铜锍熔池中进行吹炼反应，产出金属铜来，同属于液态熔池熔炼的类型。直到 1995 年世界上第一个闪速熔炼-闪速吹炼的炼铜厂——美国犹他冶炼厂顺利投产后，将固态铜锍粉喷入闪速炉反应塔进行闪速吹炼，改变了传统的铜锍的液态吹炼方式。犹他冶炼厂采用这一新工艺后，引起了冶金工作者的高度重视，认为该厂是世界上最清洁的冶炼厂。该厂硫的捕收率达 99.9%，吨铜 SO_2 的逸散率小于 2.0kg/t；只要铜锍品位适中，吹炼过程可以实现自热；耗水量减少 3/4。除犹他冶炼厂以外，目前还有秘鲁的依罗冶炼厂也采用闪速吹炼。

闪速吹炼的工艺流程如图 3-11 所示。

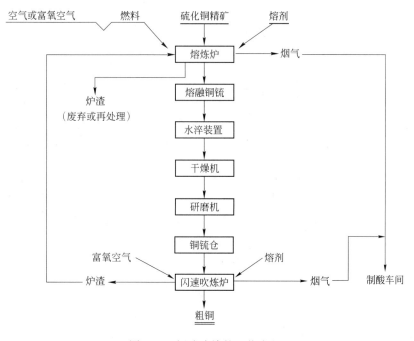

图 3-11　闪速吹炼的工艺流程

从熔炼炉放出的熔锍（含 Cu68%~70%）首先进行高压水淬，然后经干燥与细磨（（100~150）×10^{-6}m，粒度小于 0.15mm 的锍粉不应少于 80%），经风力输送到闪速吹炼炉的料仓，然后与需要加入的石灰熔剂和返回的烟尘一并用含氧 75%~85% 的富氧空气或工业氧气喷入反应塔内，经反应后从闪速吹炼炉的沉淀池放出含硫量仅为 0.2%~0.4% 的粗铜。用石灰代替常规的 SiO_2 作熔剂，产出含铜约 16%、含 CaO 为 18% 左右的吹炼渣，吹炼渣返回熔炼炉处理，产出的烟气含 SO_2 高达 35% ~ 45%，经余热锅炉与电收尘冷却净化后送去制酸，收下的烟尘可返回闪速吹炼炉或闪速熔炼炉处理。

进入闪速吹炼炉中的铜锍经反应后，其中的硫几乎全被氧化掉，只有很少量的硫分散在炉渣与粗铜中。在闪速反应塔中反应产生的金属铜是不多的，约占所产金属铜的 10%，大部分的铜锍粉在反应塔中有的被过氧化为 Cu_2O，有的欠氧化仍为 Cu_2S，当它们落于沉淀池的熔体中后，继续发生造铜反应：

$$Cu_2S + 2(Cu_2O) \Longrightarrow 6Cu + SO_2$$

$$Cu_2S + 2(Fe_3O_4) \Longrightarrow 2Cu + 6(FeO) + SO_2$$

根据造锍熔炼过程的热力学分析，要在吹炼过程得到金属铜，一定要维持在较高的氧势下进行，这样便会发生过氧化反应，闪速吹炼过程同样，也会产生许多 Cu_2O 与 Fe_3O_4，给吹炼过程的顺利进行带来许多麻烦，所以在闪速吹炼过程中选用了三菱法连续吹炼的铁酸钙渣型，以石灰代替石英作熔剂，使产出的含 Fe_3O_4 高的吹炼渣不会析出固相 Fe_3O_4，而保持均匀的液相。

犹他冶炼厂现采用闪速熔炼–闪速吹炼工艺流程（见图 3-12）进行生产，所产铜锍的成分和粗铜成分列于表 3-10，其闪速炉结构及主要作业参数列于表 3-11。

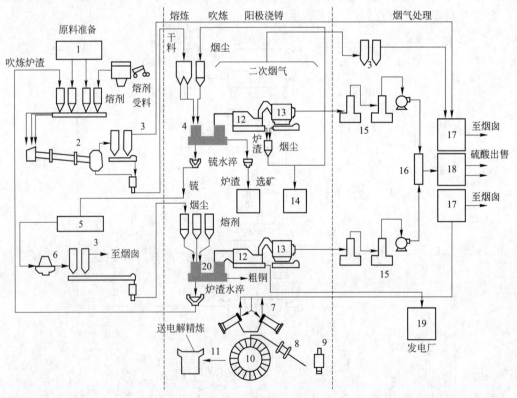

图 3-12　犹他闪速熔炼-闪速吹炼工艺流程

1—铜精矿仓；2—干燥窑；3—布袋收尘器；4—闪速熔炼炉；5—冷锍储仓；6—锍粉破碎机；7—阳极精炼炉；
8—保温炉；9—竖炉；10—极浇铸圆盘；11—阳极板；12—余热锅炉；13—电除尘器；14—湿法车间；
15—湿法收尘器；16—湿式电除尘器；17—氧气除尘器；18—硫酸厂；19—发电厂；20—闪速吹炼炉

表 3-10 犹他冶炼厂的铜锍与粗铜的成分 (%)

名称	Cu	Fe	S	Pb	As	Sb	Bi	Zn
铜锍	71	5.3	21.4	0.7	0.3	0.035	0.015	
粗铜	—	—	0.3	0.016~0.067	0.24~0.35	0.018~0.027	0.009~0.015	0.004~0.011

表 3-11 犹他冶炼厂闪速炉结构及主要作业参数

项 目	设计值	项 目		设计值	实际值
熔炼炉尺寸	反应塔：ϕ7m×7.5m	精矿处理量/t·h^{-1}		139	>200
	沉淀池：25m×9.5m	铜锍品位/%		70	71
	反应塔设13层水套	富氧浓度/%	FSF 熔炼	70	80~85
	渣口数：6				
	铜口数：4		FCF 吹炼	70	75~85
吹炼炉尺寸	反应塔：ϕ4.25m×6.5m	吹炼铜锍处理量/t·h^{-1}		60	82
	沉淀池：18.75m×6.5m	烟气量/m^3·h^{-1}	FSF	42000	
	渣口数：4				
	铜口数：6		FCF	18700	
精矿处理量/万吨·a^{-1}	110	烟气 SO$_2$ 浓度/%		28	35~40
		粗铜产量/t·d^{-1}		756	803
		粗铜含硫量/%		0.2~0.4	0.3
硫酸产量/万吨·a^{-1}	90	熔炼渣含 SiO$_2$ 量/%		30	
		熔炼渣温度/℃		1315	
发电量/MW·h·a^{-1}	29	吹炼渣温度/℃		1260	
		吹炼渣成分含量/%		Cu16、CaO18	Cu18、CaO16
		吹炼铜温度/℃		1240	

闪速熔炼与闪速吹炼工艺的工业应用，开辟了铜冶金技术的新纪元，但是用一台闪速炉直接生产粗铜的工艺才是最经济、最理想的方法，因此，一种更大胆的设想出现了：

(1) 一台闪速炉有两个反应塔，一个用来将精矿熔炼成铜锍，另一个用来把铜锍和高品位的铜精矿熔炼成粗铜。由于含 SO$_2$ 烟气的循环，熔炼过程使用工业氧。反应塔的直径和高度变小了。所需的耐火材料和冷却设备也少了，热的损失也少了。料仓建在平地上，其他建筑物的高度也低很多。所以，投资费用和运行费用减少了。

(2) 从闪速炉排出的铜锍不断被粒化和磨碎。炉子另一端的炉渣被贫化，渣含铜减少，并以弃渣不断排走。

(3) 含有少量烟尘的烟气经过喷雾冷却除尘设施进入电收尘器或布袋收尘器。不用对高浓度的 SO$_2$ 烟气进行空气稀释，直接进入新型硫酸厂，产出硫酸或硫黄与硫酸。收下的尘既可以用火法处理，也可以用湿法处理，达到综合利用的目的。处理后的残渣返回到闪速炉的反应塔。

未来闪速炼铜工艺流程如图 3-13 所示。

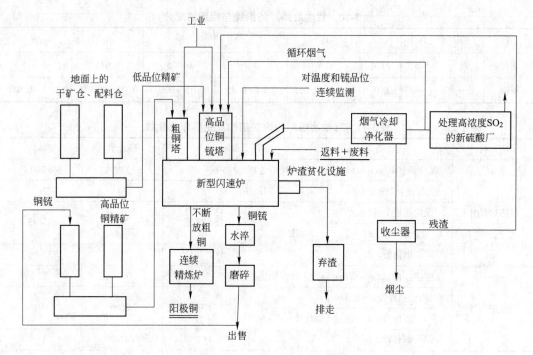

图 3-13　未来闪速炼铜工艺流程

思考题和习题

3-1　铜锍的吹炼过程为何能分为两个周期?

3-2　在吹炼过程中 Fe_3O_4 有何危害, 怎样抑制其形成?

3-3　吹炼过程中铁、硫之外的其他杂质行为如何?

3-4　吹炼的作业制度有哪些, 如何进行选择?

3-5　吹炼排渣和出铜操作时应注意哪些问题?

3-6　转炉发生喷炉事故的原因有哪些, 应如何处置?

3-7　何为转炉过吹, 应如何处置?

4 还原熔炼铅烧结块

4.1 还原熔炼的原料

用还原熔炼方法生产的重金属主要有 Pb、Zn、Sn、Sb、Bi 等，它们的矿物原料（见表 4-1）除锡是氧化矿（SnO_2）以外，其他大都是硫化矿物，如方铅矿（PbS）、闪锌矿（ZnS）、辉锑矿（Sb_2S_3）、辉铋矿（Bi_2S_3）等。

还原熔炼所处理的原料中，氧化矿和二次物料也占有一定的比例。这里所说的氧化矿就是包括氧化物、碳酸盐、硫酸盐以及硅酸盐在内的广义的氧化物所构成的矿石，如白铅矿（$PbCO_3$）、铅矾（$PbSO_4$）、菱锌矿（$ZnCO_3$）和硅锌矿（Zn_2SiO_4）等，它们都属次生矿。所谓二次物料，主要是废杂金属和冶金、化工、金属材料加工等过程中产出的烟灰、残渣等副产物，如废铅蓄电池、湿法冶金的硫酸铅残渣、热镀锌渣、炼钢厂的烟灰等物料都是生产铅锌的二次原料。

从矿山直接开采出来的矿石称为原矿，通过选矿尽可能除去脉石得到高品位的可供冶炼使用的矿石称为精矿。一般来说，它们在精矿中的品位比铜精矿品位高，而且这些精矿含杂质金属铁量比铜精矿低，这有利于冶炼过程获得高的金属生产率和回收率，有利于降低燃料和熔剂消耗。

Pb、Zn 等硫化精矿，先经焙烧或烧结焙烧预处理，将硫化物转变成氧化物后再用碳还原。焙烧过程中同时回收硫，用于生产硫酸或元素硫。根据精矿成分可以推算，处理 1t 锌精矿大约可生产 1t 硫酸；1t 铅精矿约产半吨硫酸。充分利用硫化矿焙烧烟气中的二氧化硫制酸，也是重金属冶金企业必须注意的环境效益。

精矿成分中含量最多的杂质金属仍然是铁。铁的矿物形态及其在冶炼中的行为与有色金属有许多相似之处，从而给冶炼过程带来很大的麻烦。同 Cu、Ni 冶金的造硫熔炼一样，还原熔炼也是主金属与杂质金属和脉石成分的分离过程，如何合理选择冶炼方法和工艺条件，使铁与其他脉石充分进入炉渣是至关重要的，将直接影响到主金属产品质量、回收率和冶炼过程的顺利进行。

精矿成分中普遍含有主金属元素以外的其他有色金属。例如，铅精矿含有较高的 Zn、Cu 等重金属，锌精矿含有一定量的 Pb、Cd 等。地壳中还没有发现单独的镉矿床，辉镉矿主要伴随于锌精矿。镉是锌冶金最重要的副产品，世界镉产量的 95% 是从炼锌过程中回收的。此外，冶炼过程不可忽视贵金属和稀散金属（如 In、Ge、Ga 等）的综合回收。据统计，世界白银产量中，大约 60% 来源于铅锌矿，尤其普遍存在于铅精矿中，甚至有的铅精矿的价值是银高于铅。

铅锌硫化精矿和铜精矿一样具有很大的发热值，精矿粒度大都小于 100μm，具有极大的表面积和化学活性。例如，锌精矿的主要成分是 Zn、Fe 和 S，三者共占总量的 90% ~ 95%，它们在焙烧时转变成相应的氧化物，同时放出大量的热量。如焙烧 1kg 锌精矿放出

$4.2 \times 10^6 J$ 的热量；又如 1kg 含 Pb 70.0%、Zn 2.0%、Fe 4.5%，S 14.4% 的铅精矿，通过硫化物的氧化、氧化铅的还原、脉石的造渣和二氧化硫的生成等过程，共放热 $1.19 \times 10^6 J$。充分利用精矿的这部分热值，是考虑硫化精矿直接熔炼的出发点。

烧结焙烧得到的铅烧结块中的铅主要以 PbO（包括结合态的硅酸铅和铁酸铅）和少量的 PbS、金属铅及 $PbSO_4$ 等形态存在，此外还含有伴存的 Cu、Zn、Bi 等有价金属和贵金属 Ag、Au 以及一些脉石氧化物。鼓风炉还原熔炼的目的为：

（1）最大限度地将烧结块中的铅还原出来获得金属铅，同时将 Au、Ag、Bi 等贵重金属富集其中。

（2）将 Cu 还原进入粗铅；若烧结块中含 Cu、S 都高时，则使 Cu 呈 Cu_2S 形态进入铅锍（俗称铅冰铜）中，以便下一步回收。

（3）如果炉料中含有 Ni、Co 时，使其还原进入黄渣（俗称砷冰铜）。

（4）将烧结块中一些易挥发的有价金属化合物（如 CdO）富集于烟尘中，便于进一步综合回收。

（5）使脉石成分（SiO_2、FeO、CaO、MgO、Al_2O_3）造渣，Zn 也以 ZnO 形态入渣，便于回收。

铅鼓风炉熔炼的主要过程有：炭质燃料的燃烧过程、金属氧化物的还原过程、脉石氧化物（含氧化锌）的造渣过程，有的还发生造锍、造黄渣过程，最后是上述熔体产物的沉淀分离过程。

4.1.1　铅鼓风炉熔炼的炉料组成及对炉料的要求

鼓风炉炼铅的原料由炉料和焦炭组成。炉料主要组成为自熔性烧结块，它占炉料组成的 80% ~ 100%。除此以外，根据鼓风炉正常作业的需要，有时也加入少量铁屑、返渣、黄铁矿、萤石等辅助物料。

焦炭是熔炼过程的发热剂和还原剂。一般用量为炉料量的 9% ~ 13%，即为焦率。

4.1.2　烧结块的化学成分和物理性能

对烧结块的化学成分和物理性能的要求为：

（1）化学成分。要求主金属铅含量为 40% ~ 50%，造渣成分的含量应符合鼓风炉选定的渣型。烧结块含硫应小于 3%，当烧结块含铜 1.5% 以下时，控制烧结块含硫 1.5% ~ 2.0%。某些炼铅厂的铅烧结块化学成分见表 4-1。

表 4-1　某些炼铅厂的铅烧结块化学成分 （%）

厂　别	Pb	Zn	S	Fe	SiO_2	CaO	Cu
1	43.50	6.27	1.48	11.44	11.18	8.45	1.0
2	43.39	6.45	2.06	12.88	11.56	8.28	0.8
3	40.05	5.75	3.13	13.00	16.28	8.5	0.5
4	48.50	4.08	1.4	11.70	9.00	5.0	1

（2）物理规格。要求块度为 50 ~ 120mm，小于 50mm 的碎块和大于 120mm 的大块不大于 25%；孔隙率不小于 50% ~ 60%；烧结块强度一般要求它的转鼓率为 28% ~ 40%，

或者从 1.5m 高处三次自然落至水泥地面或钢板上后，块度小于 10mm 的质量少于 15% ~20%。

4.1.3 焦炭质量

焦炭在铅鼓风炉还原熔炼过程中的作用为：（1）焦炭燃烧放出的热量为吸热化学反应和炉料熔化造渣提供充足的热量，保证熔体过热所必需的温度；（2）产生一氧化碳气体，使炉料中的金属氧化物还原成金属。

铅鼓风炉对焦炭的要求见表 4-2。

表 4-2 铅鼓风炉对焦炭的要求

固定碳/%	灰分/%	发热量/MJ·kg^{-1}	着火点/℃	孔隙率/%	抗压强度/MPa	块度/mm
75 ~80	<16	25 ~29	600 ~800	40 ~50	>7	50 ~100

4.1.4 辅助物料

铅鼓风炉熔炼一般不需要添加熔剂，只有在炉况不正常时可能加萤石（CaF_2）、黄铁矿（FeS_2），主要用作洗炉，后者还作硫化剂使用，在炉料中铅高、硫不足时，使铜进入铅，以提高铜的回收率。此外，为了改善炉况，使熔炼过程比较容易进行，有时也加块度为 50 ~120mm 的鼓风炉渣。

当烧结块含硫高时，可添加铁屑，置换残存在 PbS 中的铅，降低铜锍含铅量，以提高铅的回收率。

4.2 铅鼓风炉还原熔炼的基本原理

4.2.1 炉内料层沿不同高度所起的物理化学变化

炉料在炉内形成垂直的料柱，它支承在盛接熔炼液态产物的炉缸上，一部分压在炉子的水套壁上。气流给予炉料以动压力，故料柱大部分重量为相对气流所平衡。由于燃料燃烧和液态粗铅、炉渣等产物的生成，在料柱下面形成空洞，所以料柱逐渐下移，经风口送入鼓风炉的空气与焦炭发生剧烈反应，生成的高温炉气不断向上运动，穿过和冲洗下降的炉料，这时炉料中的组分与炉气之间不断发生化学反应过程和热交换过程，生成粗铅、炉渣、锍等流体产物和炉气。炉料在还原熔炼过程中由上而下移动时，将发生一系列物理及化学变化，影响此变化的主要因素是炉气成分和温度。因为沿炉内高度的不同，炉气成分和温度也各异，故大致可沿炉高将炉子分为五个区域，如图 4-1 所示。

（1）炉料预热区（100 ~400℃）。炉料被烘干，表面附着水被蒸发，易还原的氧化

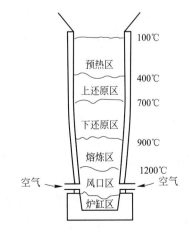

图 4-1 铅鼓风炉内炉料温度及其物理化学变化

物（游离的 PbO、Cu_2O 等）开始被还原。

（2）上还原区（400~700℃）。在此区结晶水开始脱除，碳酸盐及某些硫酸盐开始分解，还原过程进一步加强，$PbSO_4$ 被 CO 还原成 PbS，PbO 还原析出的 Pb 滴进行聚集，在向下流动过程中将 Au、Ag 捕集。铁的高价氧化物被还原成低价氧化物。

（3）下还原区（700~900℃）。在此区 CO 还原作用强烈，上述两区开始的反应在此区基本完成，$CaSO_4$、$MgSO_4$、$ZnSO_4$ 的分解和硫化物的沉淀反应，以及金属铜的硫化反应分别进行，另外高价 As、Sb 的氧化物被还原成低价氧化物，硅酸铅呈熔融状态并开始被还原。

（4）熔炼区（900~1300℃）。上述各区进行反应均在此区完成，SiO_2、FeO、CaO 造渣，并将 Al_2O_3、MgO、ZnO 溶解其中，CaO、FeO 置换硅酸铅中的 PbO，游离出来的氧化铅则被还原为金属铅，炉料完全熔融，形成的液体流经下面赤热的焦炭层过热，进入炉缸，而灼热的炉气则上升，与下降的炉料作用，发生上述化学反应。

（5）炉缸区。包括风口以下至炉缸底部，其温度上部为 1200~1300℃，下部为 1000~1100℃。过热后的各种熔融体流入炉缸后继续完成上述未完成的化学反应并按密度差分层。最下层为粗铅（密度约 $11t/m^3$），其上层为黄渣（密度约为 $7t/m^3$），再上层为铅锍（密度约 $5t/m^3$），最上层为炉渣（密度约 $3.5t/m^3$）。产出的粗铅经渣层、铅锍和黄渣层而沉降，同时将贵金属捕集。

分层以后，铅锍、黄渣、炉渣等从炉缸的排渣口一道排出，至前床或沉淀锅；而粗铅经缸吸道连续排出外铸锭或流入铅包送往精炼。

4.2.2　焦炭的燃烧反应

碳燃烧的主要反应：

$$C + O_2 \overline{\!\!=\!\!} CO_2 + 408kJ \qquad\qquad (4-1)$$

$$C + CO_2 \overline{\!\!=\!\!} 2CO - 162kJ \qquad\qquad (4-2)$$

$$2C + O_2 \overline{\!\!=\!\!} 2CO + 246kJ \qquad\qquad (4-3)$$

从鼓风炉顶加入的焦炭在下落过程中逐渐被热炉气加热并发生上述燃烧反应，至风口区炉内温度高达 1000℃ 以上，焦炭发生燃烧反应，燃烧产物为 CO 和 CO_2。反应（4-1）称为完全燃烧反应。反应（4-1）生成的 CO_2，与赤热的焦炭发生反应（4-2），使固体还原剂 C 变成气体还原剂 CO，故称为碳的气化反应，又称布多尔反应。此外还发生反应（4-3），因为碳的燃烧产物为 CO，且反应热值远小于反应（4-1），称不完全燃烧反应。

在上述反应中，反应（4-1）、（4-3）的平衡常数值非常大，实际上可视为不可逆反应。唯有反应（4-2）为可逆反应，又是吸热反应。在一定温度下，当反应（4-2）达到平衡时，如果不考虑气相中惰性气体 N_2 的存在，CO 平衡气相组成与温度的关系如图 4-2 所示。

由图 4-2 可知，当温度升高，平衡反应（4-2）向右生成 CO 的方向移动，气相中平衡 CO 浓度增加。当温度大于 1000℃，只要有足够量的碳存在，平衡气相中的 CO 最高可达 100%。

在风口区，随着鼓风中的空气向炉子中心运动，空气中的氧与焦炭发生反应，同时产生了 CO_2 与 CO，氧的含量急剧减少（见图 4-3），但由于布多尔反应的发生，炉气中 CO 显著增加，CO_2 逐渐降低，风口区炉子中心 CO 的含量可达到 50% 以上。这表明，由于碳的完全燃烧和金属氧化物被 CO 还原产生的大量 CO_2，而被灼热（大于1000℃）的焦炭层迅速还原成 CO，从而为鼓风炉金属氧化物还原源源不断地提供还原剂。

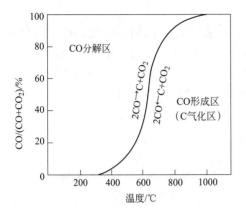

图 4-2　CO 平衡气相组成与温度的关系

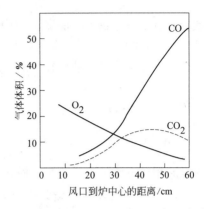

图 4-3　铅鼓风炉风口区水平断面的气相成分变化

4.2.3　铅鼓风炉内金属氧化物的还原反应

4.2.3.1　铅及其主要杂质铁的氧化物还原

鼓风炉还原熔炼在以焦炭作还原剂时，固体炭还原氧化物的固-固或固-液反应，与用 CO 还原的气-固或气-液反应相比，反应速度缓慢，因为固体炭的还原反应一开始后，就被反应产物所隔开，固-固（液）之间的扩散几乎不再发生。对于烧结块和焦炭的鼓风炉还原条件，相互接触更为有限，固体炭的还原作用微弱，实际上是靠 CO 来起还原作用。在高温下，CO 比 CO_2 更稳定，在 $CO + CO_2$ 的混合气体中占有优势，随着温度升高这种优势更加增长，只要有固体炭存在就可以提供大量的 CO 作为还原剂。

从氧化铅还原的热力学考察，由于炉内上下区域温度的差别有下述三种情况：

<327℃：	$PbO_{(s)} + CO \Longrightarrow Pb_{(s)} + CO_2 + 63625J$
327~883℃：	$PbO_{(s)} + CO \Longrightarrow Pb_{(l)} + CO_2 + 58183J$
>883℃：	$PbO_{(l)} + CO \Longrightarrow Pb_{(l)} + CO_2 + 67895J$

上述三式均为放热反应，其反应的平衡常数方程式见式（4-4）：

$$\lg K_p = \frac{3250}{T} + 0.417 \times 10^{-3} T + 0.3 \qquad (4-4)$$

用 CO 还原 PbO 的热力学计算结果见表4-3。

表 4-3　用 CO 还原 PbO 的热力学计算结果

T/K	$\lg K_p = \lg (p_{CO_2}/p_{CO})$	平衡气相中（$CO + CO_2$）中 CO 含量/%
573	5.17	0.001
1000	−2.87	0.13
1500	−1.24	5.10

由表4-3数据可知：PbO 还原所需 CO 浓度不大，低于1000℃的温度下为万分之几至

百分之几，高于 1000℃时，CO 的浓度为 3% ~ 5%。不管是固体氧化铅还是液体氧化铅都是易还原的氧化物。由于上述反应是放热反应，所以温度越高，还原所需 CO 浓度也越大。

硅酸铅（$x\text{PbO} \cdot y\text{SiO}_2$）是烧结块中最多的一种结合态氧化铅，熔化温度为 720 ~ 800℃，熔融后的硅酸铅还原反应进行的程度是降低鼓风炉渣含铅的关键所在。还原反应进行的极限或以氧化物形态残留在炉渣中的金属铅量，可按式（4-5）计算加以判断：

$$\text{PbO}_{(1)} + \text{CO} \Longrightarrow \text{Pb}_{(1)} + \text{CO}_2 \quad \Delta G^{\ominus} = -87320 + 8.97T \tag{4-5}$$

若熔炼温度为 1200℃，则：

$$K = \frac{a_{\text{Pb}} p_{\text{CO}_2}}{a_{\text{PbO}} p_{\text{CO}}} = \frac{p_{\text{CO}_2}}{\gamma_{\text{PbO}} x_{\text{PbO}} p_{\text{CO}}}$$

因为金属相接近于纯铅，故可看做 $a_{\text{Pb}} = 1$。a_{PbO} 可用活度系数 γ_{PbO} 与摩尔分数 x_{PbO} 之积表示。PbO 作为碱性较强的氧化物，在铁硅酸盐炉渣中的活度系数被认为是 0.3，则计算 $p_{\text{CO}_2}/p_{\text{CO}}$ 和 w_{Pb}（炉渣中铅的质量分数）的关系见表 4-4。

表 4-4　还原气氛对炼铅炉渣含铅的影响

$p_{\text{CO}_2}/p_{\text{CO}}$	4	1	0.144
x_{PbO}	0.031	0.0078	0.0011
w_{PbO}	9.7	2.4	0.35

从反应平衡常数表达式可知，熔渣中 a_{PbO}（x_{Pb}）越小，气相成分中 $p_{\text{CO}_2}/p_{\text{CO}}$ 平衡值越低。因此，要想提高结合态 PbO 的还原程度，降低渣含铅，混合气体（CO + CO₂ = 100%）中的 CO 浓度必须比游离 PbO（$a_{\text{PbO}} = 1$）还原高，这表明结合态氧化物被 CO 还原比游离 PbO 要困难得多。随着炉渣中的 PbO 含量越来越少，即 PbO 的活度 a_{PbO} 逐渐降低，残存的 PbO 还原越来越困难，其气相平衡组成可由一组曲线来表示（见图 4-4）。

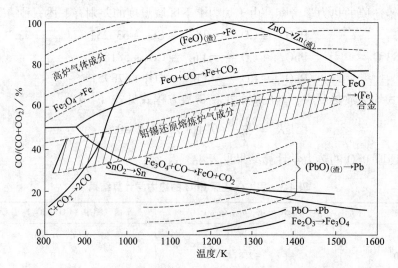

图 4-4　铅、锌、锡和铁的氧化物用 CO 还原的平衡图

用 CO 还原 PbO 和硅酸铅的实验表明：游离 PbO 仅 10min 左右还原度接近 100%，而

$x\mathrm{PbO} \cdot y\mathrm{SiO_2}$ 的还原速度小得多，并随 $\mathrm{SiO_2}$ 含量的增加而降低（见图4-5）。

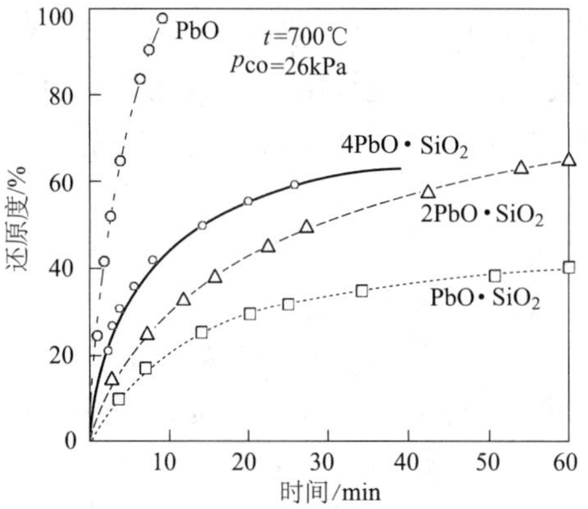

图 4-5　PbO，$x\mathrm{PbO} \cdot y\mathrm{SiO_2}$ 用 CO 还原的动力学曲线

从上面计算还可以看出，当采用强还原气氛时，有利于降低渣含铅。但是，强还原气氛除在热的利用上不经济外，还受到铁的还原反应的制约：

$$\mathrm{FeO_{(l)}} + \mathrm{CO} = \mathrm{Fe_{(s)}} + \mathrm{CO_2} \quad \Delta G^{\ominus} = -43640 + 38.12T \tag{4-6}$$

$$K_{1473} = \frac{a_{\mathrm{Fe}} p_{\mathrm{CO_2}}}{a_{\mathrm{FeO}} p_{\mathrm{CO}}} = 0.36$$

一般认为硅酸盐炉渣中的 FeO 活度接近于它的摩尔分数，故取 $a_{\mathrm{FeO}} = 0.4$，则 $p_{\mathrm{CO_2}}/p_{\mathrm{CO}}$ 与活度 a_{Fe} 关系见表 4-5。

表 4-5　还原气氛对炉渣中的铁还原的影响

$p_{\mathrm{CO_2}}/p_{\mathrm{CO}}$	10	4	1.44	1.0	0.29	0.144
a_{Fe}	0.0144	0.036	0.1	0.144	0.5	1.0

通常铁按上述活度值相应地溶入主金属中，并形成合金。但在铅冶炼中，铅铁是完全不互溶的，所以金属铅几乎不含铁。为使有足够的还原气氛以降低渣含铅，局部的、很少量的铁还原是很难避免的，但对熔炼过程无多大妨碍。但当还原气氛强时，则固体铁作为独立相析出，从而影响熔炼的顺利进行。

铅烧结块中的 $\mathrm{Fe_2O_3}$ 应还原为 FeO，但不能还原为 $\mathrm{Fe_3O_4}$，因为 $\mathrm{Fe_3O_4}$ 也会导致像金属铁一样的炉缸"积铁"，迫使炉子停产，也只有 FeO 才能形成性质很好的铁硅酸盐炉渣。因此对于熔渣中 PbO 的充分还原和 $\mathrm{Fe_3O_4}$ 还原成 FeO 来说，炼铅鼓风炉的气体组成应居于 $\mathrm{Fe_3O_4}$ 还原线和 FeO 还原线之间（见图 4-4），图中某些曲线斜率的符号相反，这是由于 ZnO 及 $\mathrm{Fe_3O_4}$ 的还原反应是吸热反应，而 PbO 及 FeO 的还原反应是放热反应。

4.2.3.2　铅烧结块中其他组分在还原熔炼中的行为

铅烧结块中除含主金属铅和主要杂质金属铁的化合物之外，还含有锌、铜、砷、锑、铋、镉等氧化物，它们在熔炼中的行为分别叙述如下。

A　铜的化合物

烧结块中的铜大部分以 Cu_2O、$Cu_2O \cdot SiO_2$ 和 Cu_2S 的形态存在。Cu_2S 在还原熔炼过程中不起化学变化而入铅锍；Cu_2O 则视烧结块的焙烧程度而有不同的化学变化。如果烧结块中残留有足量的硫，则 Cu_2O 将与其他金属硫化物发生反应，例如：

$$Cu_2O + FeS === Cu_2S + FeO \qquad\qquad (4\text{-}7)$$

这便是鼓风炉熔炼的硫化（造锍）过程。

当烧结块残硫很少时，Cu_2O 按如下反应：

$$Cu_2O + CO === 2Cu + CO_2 \qquad\qquad (4\text{-}8)$$

Cu_2O 被还原为金属铜而进入粗铅中。$Cu_2O \cdot SiO_2$ 在铅鼓风炉还原气氛下，不能完全被还原，未还原的 $Cu_2O \cdot SiO_2$ 进入炉渣。

B　锌的化合物

锌在烧结块中主要以 ZnO 及 $ZnO \cdot FeO$ 状态存在，只有小部分呈 ZnS 和 $ZnSO_4$ 的状态。$ZnSO_4$ 在铅鼓风炉还原熔炼过程中发生如下反应：

$$2ZnSO_4 === 2ZnO + 2SO_2 + O_2 \qquad\qquad (4\text{-}9)$$

ZnO 在熔炼时的有害影响不大，这是因为大部分 ZnO 能溶解在炉渣中。实践证明，炉渣溶解 ZnO 的能力随渣中 FeO 含量的增加和 SiO_2 与 CaO 含量的降低而增大。因此，当铅精矿中含有相当多的锌时，则需完全焙烧，在配料时，应选用高铁的渣型。

ZnS 为炉料中最有害的杂质化合物，在熔炼过程中不起变化而进入炉渣及铅锍。ZnS 熔点高，密度又较大（$4.7g/cm^3$），进入铅锍和炉渣后增加两者的黏度，减少两者的密度差，使渣与铅锍分离困难。

C　砷、锑、锡、镉及铋的化合物

铅烧结块中砷以砷酸盐状态存在。在还原熔炼的温度和气氛下，被还原为 As_2O_3 和砷，As_2O_3 挥发入烟尘，元素砷一部分溶解于粗铅中，一部分与铁、镍、钴等结合为砷化物并形成黄渣。

锑的化合物在还原熔炼中的行为与砷相似。

锡主要以 SnO_2 形态存在，SnO_2 在还原熔炼中按式（4-10）还原：

$$SnO_2 + 2CO === Sn + 2CO_2 \qquad\qquad (4\text{-}10)$$

还原后的 Sn 进入粗铅，一小部分进入烟尘、炉渣和铅锍。

镉主要以 CdO 形态存在，在 $600 \sim 700℃$ 下被还原为金属镉。由于镉的沸点低（776℃），易于挥发，故在熔炼中大部分镉进入烟尘。

铋以 Bi_2O_3 存在，在鼓风炉熔炼时被还原为金属铋而进入粗铅中。

D　金和银

铅是金、银的捕收剂，熔炼时大部分金、银进入粗铅，只有很少一部分进入铅锍和黄渣中。

E　脉石成分

炉料中的 SiO_2、CaO、MgO 和 Al_2O_3 等脉石成分，在熔炼中都不被还原，全部与 FeO 一道形成炉渣。

4.3 炼铅炉渣的组成和性质

4.3.1 SiO_2-FeO-CaO 三元系炉渣

在有色金属硫化精矿原料中，杂质金属含量较多的是铁。精矿中的硫化铁经氧化脱硫和高价氧化铁还原，形成相对稳定的低价铁氧化物——氧化亚铁（FeO）进入炉渣，成为炉渣的主要组成之一。FeO 是一种碱性氧化物，熔点 1370℃，它与酸性氧化物——二氧化硅（SiO_2，熔点 1713℃）结合形成稳定的铁硅酸盐，如铁橄榄石（$2FeO \cdot SiO_2$，熔点1205℃），因此，火法炼铅一般都添加石英石作熔剂，以补充铅精矿原料中 SiO_2 成分的不足。

在铁硅酸盐炉渣中，由于 FeO 含量高，炉渣密度大，对金属硫化物（如铅锍）的溶解能力大，造成随渣带走的金属损失大。因此，在工业实践中，一般不单独采用氧化亚铁硅酸盐作炉渣，而必须加入 CaO，以改善炉渣性能。

氧化钙（CaO）也是硫化精矿中的常见脉石成分，但其含量相对较少。CaO 熔点很高，为 2570℃，是比 FeO 碱性更强的碱性氧化物，在成分接近铁橄榄石（其组成为 70% FeO、30% SiO_2）的炉渣中加入一定量的 CaO，可降低炉渣的熔点、密度和炉渣对金属（锍）的溶解能力，可得到熔化温度在 1100～1150℃ 之间，适合于熔炼要求的炉渣。在 SiO_2-FeO-CaO 三元渣系中，熔点最低的炉渣成分位于 45% FeO、20% CaO 和 35% SiO_2 附近，温度为 1100℃ 左右。这个组成与铅鼓风炉还原熔炼的炉渣成分大致相同。

黏度是影响炉渣流动性及炉渣与金属（锍）分离程度，并关系到冶金过程能否顺利进行的重要性质。酸性炉渣含 SiO_2 高，结构复杂的硅氧复合离子（Si_xO_y）导致炉渣黏度上升。适当增加碱性氧化物有利于降低炉渣黏度。但碱性氧化物过高时可能生成各种高熔点化合物，使炉渣难熔，炉渣黏度升高。对于 SiO_2-FeO-CaO 系炉渣，黏度最小的组成为10%～30% CaO、20%～30% SiO_2 和 40%～60% FeO。这与上述最低熔点的炉渣成分范围大体一致。

由前面分析可知，能符合鼓风炉熔炼要求炉渣的基本渣型是铁钙硅酸盐的熔合体。

4.3.2 鼓风炉炼铅炉渣的特点

炼铅原料中的脉石氧化物以及在烧结-还原熔炼过程中炉料发生物理化学变化而生成的铁、锌氧化物是铅鼓风炉炉渣的主要组成。因此，炼铅炉渣的成分包括 SiO_2、CaO、FeO、ZnO、Al_2O_3、MgO 等，与其他有色金属熔炼的渣型一样，SiO_2、FeO 和 CaO 是铅炉渣的基本成分，但相对其他有色冶金炉渣而言，高 CaO、高 ZnO 含量又是铅炉渣的特点。

一些工厂的炼铅炉渣化学成分见表4-6。

表4-6 一些工厂的炼铅炉渣化学成分 （%）

编　号	Pb	Cu	ZnO	SiO_2	CaO	FeO	Al_2O_3	备　注
1	1.8	0.5	15.8	22	16.24	31.8	—	MgO 计入 CaO 中
2	1.96	0.27	13.7	21.76	18.05	30.80	—	MgO 计入 CaO 中
3	1.5	0.5	12～15	26	17	28.6	—	
4	2.3	—	23	21	14.7	25.6	5.7	MnO_2 4.3
5	3.5	0.25	18.7	20	9.0	28.8	—	—

炼铅原料一般都含百分之几的锌。锌对氧的亲和力大，难被碳还原（参见图4-4），故大部分呈 ZnO 状态入渣，但也有少量的 ZnO 在炉子下部被 CO、C 还原，还原反应产出的锌蒸气随炉气上升，被炉气中 CO_2、H_2O 和 O_2 氧化为 ZnO，也可被炉气中的 SO_2 硫化成为 ZnS，此时 ZnO 和 ZnS 若沉积于半融状态的碎料上或炉壁上，则引起上部炉结的生成；若 ZnO 沉积于炉料表面孔隙之间，会随炉料一起下降到炉子下部，又被还原为锌蒸气，并随炉气上升，如此反复循环。ZnS 是非常有害的难熔物质，在熔炼过程中进入炉渣会增大炉渣黏度，使炉渣含铅升高，严重情况下会造成炉结，迫使生产停炉。这也就是炼铅鼓风炉处理高锌铅精矿要求烧结块残硫低的原因，并且一般要求铅精矿含锌在5%以下。炉渣含锌一般控制在15%以内。

炼铅厂普遍采用高 CaO 渣型，其出发点是降低渣含铅，提高金属回收率。因为 CaO 是强碱性氧化物，可将硅酸铅中的 PbO 置换出来使其变得容易被碳还原；高 CaO 的炉渣可提高炉温，降低炉渣密度；CaO 可提高烧结块的软化温度，故高 CaO 渣型适宜于处理高品位铅烧结块，可防止其在炉内过早软化影响透气性和过早熔化影响硅酸铅的充分还原。此外，提高炉渣中 CaO，可使 Si-O 及 Fe-O-Zn 的结合能力减弱，增加锌和铁在熔渣中的活度，有利于炉渣的烟化处理；提高炉渣中 CaO 能破坏熔渣中硅氧复合离子 Si_xO_y，降低炉渣的黏度。基于上述观点，又派生出高 ZnO、高 CaO 渣型和高 SiO_2、高 CaO 渣型。株洲冶炼厂在烧结配料中配入10%的氧化锌浸出渣，混合料含锌达6%左右，因而实行高 ZnO、高 CaO 渣型熔炼，达到综合利用的目的。原沈阳冶炼厂在烧结配料中加入含 Au 高、含 SiO_2 也高的金铅块矿和金铅精矿，烧结块含 SiO_2 高达15%，实行高 SiO_2、高 CaO 渣型熔炼，达到副产黄金，提高经济效益的目的。表4-7为上述两厂所控制的渣成分及特性。

表4-7　高 ZnO、高 CaO 和高 SiO_2、高 CaO 渣型成分及特性

厂　　家	FeO/%	SiO_2/%	CaO/%	ZnO/%	Pb/%	熔点/℃	黏度（1200℃）/Pa·s
株洲冶炼厂	28～30	21～22	18～20	15～16	0.9～1.6		
原沈阳冶炼厂	26～28	28～30	18～20	≤10	1.5～2.0	1040～1090	0.3～0.5

总的说来，对炉渣成分的选择应满足：（1）尽可能选用自熔性渣型，减少熔剂消耗；（2）黏度小，在熔炼温度下黏度不大于 0.5～1.10Pa·s；（3）密度小，渣与铅的密度差应大于 $1t/m^3$；（4）适当的熔点，为1100～1150℃。

4.4　铅鼓风炉熔炼产物

铅鼓风炉还原熔炼得到的熔体产物主要是粗铅和炉渣，但因原料成分和熔炼条件不同，还可能产出铅锍和黄渣。

4.4.1　粗铅

烧结块中各种含铅化合物在鼓风炉内经过一系列的物理化学反应，得到金属铅，而烧结块中以金属铅形态存在的铅珠也被加热熔化，一并通过料层向下流入炉缸。当通过料层时，会同时溶解贵金属及其他金属（Cu、Bi 等）而形成粗铅。

粗铅的成分因原料成分和熔炼条件不同变化很大，一般含 Pb97%～98%，如果处理大量铅的二次原料，则含 Pb 降至92%～95%。这些粗铅都需要进行精炼之后，才能得到满

足用户要求的精铅。

4.4.2　铅锍

铅锍为 PbS、CuS、FeS、ZnS 等硫化物的共熔体。炼铅的鼓风炉有时要求在熔炼过程中副产锍，其目的是为了将烧结块中的铜富集其中，以利于从炼铅中间产物——铅锍中回收铜。

铅烧结块一般残硫为 1.5% ~ 3.0%，主要呈 PbS、$PbSO_4$ 形态，其次还有少量 Cu_2S、ZnS、$ZnSO_4$、FeS、CaS 及 $CaSO_4$ 等硫化物和硫酸盐。这些硫化物或硫酸盐被还原后产生的金属硫化物会互熔在一起，形成铅鼓风炉熔炼的铅锍。

炼铅鼓风炉所产铅锍成分见表4-8。

表 4-8　炼铅鼓风炉所产铅锍成分　　　　　　（%）

厂 别	Cu	Pb	Fe	S	Zn	As	Sb
1	12.5	17.18	28.54	17.7	12.76	—	—
2	15.0	9.1	37.9	23.6	5.4		
3	28.6	44.3	7.6	17.1	—		
4	18 ~ 24	12 ~ 18	24 ~ 30	15 ~ 18	7 ~ 8	0.5 ~ 2.5	0.5 ~ 0.8

由于原料成分和操作制度不同，鼓风炉炼铅所产铅锍成分波动范围很大，因而其熔点、密度等物理性质大不相同，一般熔点为 850 ~ 1050℃，密度为 4.1 ~ 5.5t/m^3。

4.4.3　黄渣

黄渣是鼓风炉炼铅在处理含 As、Sb 较高的原料时产出的金属砷化物与锑化物的共熔体。

存在于烧结块中的砷、锑氧化物及其盐类，在鼓风炉还原熔炼过程中被还原为 As、Sb，然后与铜和铁族元素形成许多砷化物和锑化物，如 MAs，M_3As_2，M_5As_2，M_3As，MSb_2，M_3Sb 等（其中 M 可能是 Cu、Fe、Ni、Co）。这些砷、锑化合物在高温下互相熔融，形成鼓风炉的黄渣。

当还原熔炼形成炉渣、铅锍、黄渣和粗铅四相时，其密度是按炉渣至粗铅递增的，在这种情况下，有价元素在各相中的分配就变得更为重要。但总的说来，金属元素进入黄渣中的难易顺序是 Ni、Co 最容易，而 Cu、Fe 次之。这不仅决定于它们与 As 和 Sb 的亲和力，而且还由于 Ni、Co 与 S、O 的亲和力不大，所以与铅锍和炉渣相比，则 M、Co 更容易进入黄渣；与此相反，Cu 与 O 的亲和力虽然较小，但与 S 的亲和力却很大，因此 Cu 就更容易进入锍相中；至于 Fe，由于它与 As、S、O 都有很大的亲和力，所以 Fe 分配于黄渣、锍和炉渣三相之中，而且当还原气氛强时，Fe 则更容易进入黄渣，这与锍的情况相同，Fe 也是黄渣的重要组分；但像 Pb 这样的金属，对 As、S、O 的亲和力都小，因此它可作为粗铅而构成独立相存在。

为了提高 Pb、Au 的直接回收率，鼓风炉熔炼一般不希望产黄渣，只有当 As、Sb 或 Ni、Co 含量高的情况才考虑造少量黄渣。

炼铅鼓风炉所产黄渣成分见表4-9。

表 4-9　炼铅鼓风炉所产黄渣成分　　　　　　　　　（％）

编号	As	Sb	Fe	Pb	Cu	S	Ni + Co	Au	Ag
1	17 ~ 18	1 ~ 2	25 ~ 35	6 ~ 15	20 ~ 34	1.3	0.5 ~ 1.0	0.012	0.2
2	23.4	6.5	17.8	11.2	24.3	3.5	11.3	0.001	0.077
3	35.0	0.6	43.3	4.6	7.8	4.4		0.0007	0.134

　　黄渣熔点较铅锍高，约为 1150 ~ 1200℃，甚至更高，其密度约为 7t/m³，在炉缸内分层时它存在于铅锍与粗铅之间。

4.5　炼铅鼓风炉

4.5.1　铅鼓风炉的类型

　　现代炼铅厂普遍采用上宽下窄的倾斜炉腹型鼓风炉（见图 4-6）。其优点为：（1）由于上宽下窄，炉子截面向上扩大，降低了炉气上升速度，延长了还原气体与炉料的接触时间，有利于气相与固相热交换及反应的进行；（2）由于炉气上升速度减慢，被炉气带走的烟尘相对减少；（3）炉腹向下倾斜，断面面积逐渐缩小，使热量集中在焦点区，有利于熔炼过程的进行和熔体产物的过热。

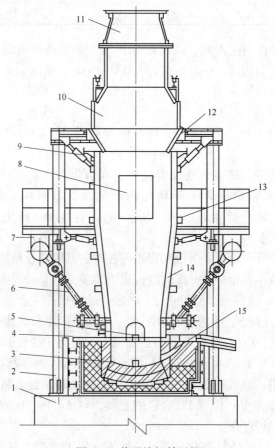

图 4-6　普通炼铅鼓风炉

1—炉基；2—支架；3—炉缸；4—水套压板；5—咽喉口；6—支风管及风口；7—环形风管；8—打炉结工作门；9—千斤顶；10—加料门；11—烟罩；12—下料板；13—上侧水套；14—下侧水套；15—虹吸道及虹吸口

国外炼铅厂有许多采用双排风口椅形水套炉的，称皮里港式鼓风炉（见图4-7），使燃料燃烧更趋于合理化。皮里港式鼓风炉的特点是：

（1）采用双排风口。下排风口的鼓风量可保证焦炭的强烈燃烧，使 CO_2/CO 比值接近于1；上排风口供给附加风量，使上升气流中对还原过程多余的 CO 燃烧为 CO_2。这样既保证了还原能力，又提高了燃料热量的利用率和风口区的温度，使炉子生产能力大大提高，单位面积熔炼量增加到 $80t/(m^2 \cdot d)$，比一般上大下小的普通鼓风炉提高50%～60%。

（2）采用椅形水套。上排风口区宽度比下排扩大一倍左右，两排风口相距约1m，上部气流速度大为降低，热交换充分，焦点区更为集中，同一水平炉温均衡，炉况稳定，炉结形成及其危害大为减轻。

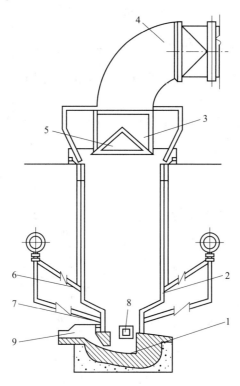

图4-7 皮里港式鼓风炉

1—炉缸；2—椅形水套炉身；3—炉顶；4—烟道；5—炉顶料钟；6—上排风口；
7—下排风口；8—放渣咽喉口；9—出铅虹吸口

4.5.2 普通鼓风炉的结构

铅鼓风炉由炉基、炉缸、炉身、炉顶和风管、水管系统及支架等组成。

炉基一般用硅酸盐混凝土浇筑，高出地面2～2.5m，要求能承受鼓风炉的全部重量，单位面积承受负荷的能力为 $50～60t/m^2$。

炉缸砌筑在炉基上，常用厚钢板制成炉缸外壳。目前铅鼓风炉分为有炉缸和无炉缸两种结构。当熔炼产物在炉内进行沉淀分离时，则设置炉缸；若熔炼产物在炉外进行沉淀分离时，则不设炉缸。炉缸用耐火材料砌筑，其结构如图4-8所示。

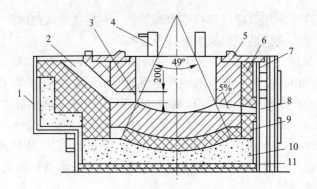

图 4-8　铅鼓风炉炉缸

1—炉缸外壳；2—虹吸道；3—虹吸口；4—U 形水箱；5—水套压板；6—镁砖砌体；
7—填料；8—安全口；9—黏土砖砌体；10—捣固料；11—石棉板

　　炉身是由多个水套拼装而成，水套之间用螺栓扣紧并固定于炉子的钢架上，水套内壁常用整块 14～16mm 的锅炉钢板压制成型并焊接而成，外壁用 10～12mm 普通钢板。水套的宽度视炉子风口区尺寸及风口间距而定，一般为 800～1000mm，高度一般为 1500～2000mm，为实现热能的综合利用，多数工厂采用汽化冷却方式生产低压蒸汽。炉身下部风口水套结构如图 4-9 所示。

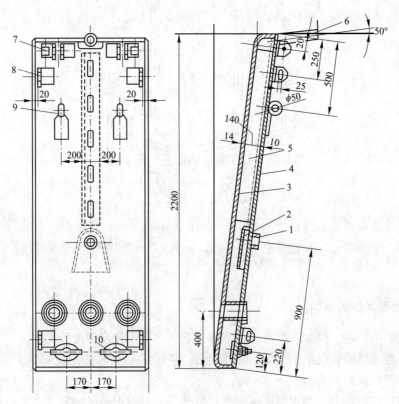

图 4-9　炉身下部风口水套

1—进水管；2—挡罩；3—内壁；4—外壁；5—加强筋（角钢）；6—出水管；
7—支撑螺栓座；8—连接件；9—吊环；10—排污口

铅鼓风炉炉腹角一般为 4°~8°，较大的炉腹角可以降低炉气上升的速度，改善炉内气流的分布；炉腹角较小时，炉结不易生成且便于清理。

炉料的加入和炉气的排出都是通过炉顶来进行的，由于采取的加料和排烟方式不同，炉顶的结构形式也不尽相同。一般分为开式和闭式炉顶，前者很少采用。

目前一般都采用闭式炉顶，炉顶设烟罩，烟罩中央设排气口，通过烟管与烟道相连，两侧则设加料口，通过布料小车使下料均匀，从而稳定炉况。

没有炉缸的炉子，熔体产物从咽喉口及咽喉溜槽流出。咽喉口设于炉子的前端，上面安有小水箱，保护咽喉口不致被高温熔体冲刷而扩大、上移。咽喉口前有咽喉窝，由 U 形水箱和耐火砖构成，内存熔渣而形成渣封，防止咽喉口喷风，渣封高度可通过咽喉溜槽来调节。

对于无炉缸的炉子，熔体产物是通过位于炉子前端一种所谓"阿萨柯（Asarco）"的排放装置排出。在生产过程中，排放器被金属铅充满，且上面覆盖一层很薄的渣子，熔铅重力对于平衡炉内压力的变化起着良好的作用。

咽喉口及咽喉溜槽结构示意图如图 4-10 所示。

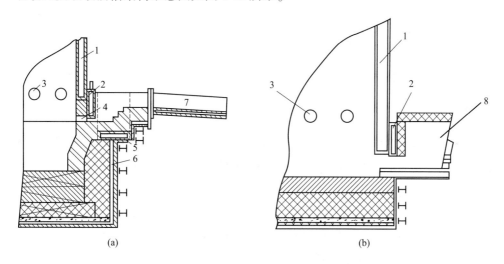

图 4-10 咽喉口及咽喉溜槽结构示意图

（a）有炉缸；（b）无炉缸

1—鼓风炉端下水套；2—山型水箱；3—风口；4—咽喉口；5—U 形水管；

6—炉缸外壳；7—铸铁溜槽；8—"阿萨柯"排放器

供风装置包括风口、环形风管、支风管及调节阀。

风口对称地设置在炉子两侧下水套上，每块下侧水套视其宽度设有 1~3 个风口，通常为圆形，离水套底边距离为 300~400mm，风口直径为 $\phi60~150mm$，相邻风口中心距一般为 200~400mm，风口一般水平安装，但有的工厂风口倾角 3°~5°。在连接风口与总风管的支管上，装有调节风量的闸门，视炉况调整入炉风量。

风口比为全部风口的面积总和与炉床面积之比值（%）。铅鼓风炉的风口比一般为

3.5% ~4%，可根据风口比来确定风口的大小和个数。

炉子的总高度是指从炉底基础面至加料平台的高度。料柱高度是指从风口中心至料面的距离。国内外铅鼓风炉主要结构参数见表 4-10。

表 4-10　国内外铅鼓风炉主要结构参数

结构参数		厂　别				
		I	II	III	IV	V
风口区	横断面积/m²	8.0	8.65	5.6	6.24	11.7
	宽度/m	1.4	1.35	1.25	1.3	1.83
	长度/m	6.01	6.41	4.45	4.8	6.4
炉子总高度/m		6.95	6	7	6.95	
料柱高度/m		3.5 ~4	3.3 ~3.8	3 ~3.5	3	5.9
风口设置	风口高度/m	0.45	0.29	0.4	0.45	0.58
	风口直径/mm	100	93	92	100	57
	风口个数	36	48	30	32	57
	风口比/%	3.53	3.77	3.55	4.05	
炉腹角		3°36′	7°30′	9°12′	0°	
炉缸深度/m		0.7	0	0.7	0.163	
炉底厚度/m		0.78	0.80	0.87	0.89	

4.5.3　电热前床

电热前床是利用电能转变为热能来加热炉渣的一种冶金设备。如前所述，有炉缸的鼓风炉的熔炼产物主要在炉内进行分离沉淀，但排出的熔渣还含有少量金属和铅锍颗粒，需进一步进行分离回收。无炉缸鼓风炉的熔体产物均在炉外进行分离。目前大型铅厂均采用电热前床作为鼓风炉重要的附设分离设备。同时，作为鼓风炉与烟化炉之间的熔渣储存器，由于烟化炉是间断周期性作业，因此要求前床的储存量必须满足烟化炉吹炼一次的最大装料量，并且保持熔渣温度在 1200℃ 左右。

电热前床的结构一般是两端头为半圆形的矩形容器，外壳为普通钢板制成，两侧以立柱拉紧固。壳内最底层用耐火材料捣制，上砌普通耐火砖，然后再用镁砖砌成倒拱形，墙为镁砖或铬镁砖或铬渣砖砌筑，前床顶为高铝砖或普通黏土砖砌成拱形，开有三个安放电极的孔，一端头有放渣孔及底铅、铅锍放出孔，另一端上部安放与鼓风炉连接的渣溜口。电极用卷扬机提升或降低，电极夹以紫铜母线与导电排相连。

为了保护放渣口砌体，在渣口外设有小水箱，为了鼓风炉开、停风方便，进渣口上设水套通风排尘罩。为了保护电极孔砌体和密封，电极孔外设内壁为圆柱形的护极水套，安放电极后放入密封块密封，防止空气氧化电极并防止烟气外冒。为了吊装电极和设备，在前床上面空间设有电动葫芦。

表 4-11 为电热前床的主要技术性能。图 4-11 所示为电热前床结构示意图。

表 4-11 电热前床的主要技术性能

项 目		床面积/m²			项 目		床面积/m²		
		10	13	16.75			10	13	16.75
前床内部尺寸/mm	长	5200	5600	6200	电极中心距/mm		1200	1200	1200
	宽	2000	2600	2700	电极直径/mm		400	400	500
	高	1750	1960	2390	变压器功率/kV·A		750	1250	750
电极数量/根		3	3	3					

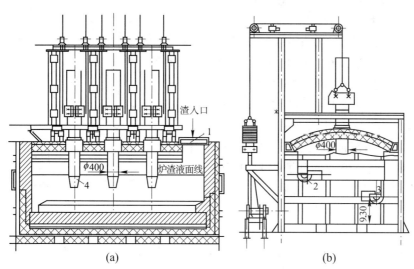

图 4-11 电热前床结构示意图
1—进渣口；2—放渣口；3—放铅口；4—电极

4.6 铅鼓风炉熔炼的正常操作与故障处理

铅鼓风炉的操作包括开炉、正常作业及过程技术控制、故障处理、停炉等方面。

4.6.1 开炉

对于新建的或检修后的鼓风炉，开炉前应对整个炉子（包括炉子的砌体、供水系统、供风系统）进行周密检查和试车，看是否符合要求；对开炉用的粗铅、木柴、木炭、焦炭、返渣、烧结块等要准备充足，所需工具准备齐全。

4.6.1.1 烤炉

烘烤炉缸一般与烘烤电热前床同步进行。烤炉的目的是将耐火砖砌体中的水分逐渐蒸发出来，先用木柴、木炭小火烘烤，条件许可用电阻丝加热最为理想。烤炉缸时切不可升温太急，以防砖缝开裂和砖块破裂，导致生产时由于砖缝渗铅而损坏炉缸，严重时甚至使炉缸浮起来而被迫停炉。木柴烘烤期间要勤清灰，保持砌体与火焰直接接触，使炉缸烘烤达到赤热程度。烘烤时间视具体情况而定，一般 5~7 天，经修补的炉缸只需要 3~5 天。

电热前床烘烤一般用电阻丝加热，分成几组送电，控制组数的开启使砌体逐步升温，时间约为 7~8 天。当炉温达到 400~500℃ 后，改用电弧烘烤。电弧烘炉有热渣起弧和冷渣起弧两种方法。热渣起弧是待铅鼓风炉开炉产出的熔渣流入前床后再通电起弧，随着熔渣的流入而逐步升温。该方法简单实用，节省燃料和时间，但如果起弧不顺利，则会危及鼓风炉的生产。冷渣起弧则可避免上述问题，因为有时间来处理存在的各种问题，故为工厂普遍采用。其方法是：首先在炉底铺一层厚 150~200mm 的干水淬渣，上面放钢筋（废旧的圆钢、角钢、槽钢等），其间距为 150~200mm，长度大于第一根电极至第三根电极的距离，使三根电极都能压在钢筋上形成直流通路。在第一层水淬渣上面再铺 2~4 层水淬渣和钢筋，然后放下电极使之压在钢筋上，再在电极周围铺 0.1~0.15m 的焦炭层，上面再铺木炭、木柴作引火之用，然后点燃木柴，待炉内温度升至 500~600℃，电极发红，即可通电起弧。起弧后根据具体情况调节二次电压档次逐步升温。送电起弧一般在鼓风炉计划开炉前 1~2 天进行，电热前床烘炉升温曲线如图 4-12 所示。

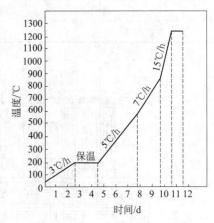

图 4-12　电热前床烘炉升温曲线

4.6.1.2　开炉

开炉前彻底清出炉缸中的积灰，堵好安全口，虹吸道插入钢钎，用耐火泥与焦粉加入少量水混匀后扎好，虹吸口继续用木炭烘烤。

开炉的顺序为：炉缸铺设木柴—点火—投木柴—加底焦、底铅（开始送风）—进渣料—进轻本料—进本料转入正常生产。

具体操作方法为：点火后砌好山型水箱、咽喉窝、安放小水箱，于咽喉眼中插入钢钎并用黄泥扎实，打开风口大盖自然送风。点燃木柴，使其充分燃烧。投焦炭前，关上风口大盖，开鼓风机少量送风，每批焦炭都带入底铅，当底铅投入量占总量的 80% 左右时，投入渣料，提高炉温。当进完渣料后，要注意从风口检查炉内液面情况，当发现有上渣迹象时，咽喉即放渣，然后逐步提高风量，恢复料柱，调整渣溜槽高度和铅坝高度，正常排出熔渣、粗铅。

4.6.2　正常作业

鼓风炉的正常作业包括：进料（燃料和炉料）；熔炼产物的排放（即咽喉、虹吸的操作）；风量、风压的控制及风口的作业；水冷系统的照应；电热前床的操作。

4.6.2.1　进料

将焦炭、烧结块、返渣等料仓内的物料通过配料、计量，靠电动机械矿车或皮带等运输设备，把物料分别从炉顶两侧或中部加入炉内。一般进料顺序为：焦炭—返渣—烧结块。国内某些铅鼓风炉装料的有关技术参数见表 4-12。

表 4-12 国内某些铅鼓风炉装料的有关技术参数

技术参数	株洲冶炼厂	水口山三厂	郴州冶炼厂	鸡街冶炼厂	豫光金铅公司
炉子风口面积/m^2	8.56	5.6	2.5	6.24	5.6
装料方式	两侧	两侧	中央	两侧	两侧
装料设备	电动加料车	电动加料车	卷扬箕斗	手推矿车	电动加料车
每批料投入次数/次	4	4	2	4	4
每批料量/t	1.0~1.5	1.0~1.5	0.5~0.7	0.8~1.0	2.4~3.6
烧结块率/%	95~100	95~100	95~100	团矿80	95~100
返渣率/%	0~5	0~5	0~10	20	0~5

侧面加料要求大块物料分布于炉子中央,而小块物料分布于两端。加料后在正常情况下,物料料面成锅底形(中央区较低)。为了使鼓入的空气在炉内分布良好以及炉气上升均匀,关键在于稳定料面,控制加入物料的速度,做到布料均匀、防止炉顶上火等。

装料操作关键在于控制料柱高度,确切地说是控制进料前后的料位差值最小,即稳定料面。生产实践中,有两种作业制度,即高料柱(3.6~6m)和低料柱(2.5~3m)。低料柱作业的特点是炉子生产能力较高,焦炭消耗少,炉顶温度高(约600℃),被炉气带走的铅尘量大,渣含铅高,故铅回收率低,这是此作业一大缺点。高料柱作业时,炉顶温度低(100~150℃),因而被炉气带走的铅尘少,炉渣含铅低,故回收率高,但炉子生产能力较低,焦炭消耗大。目前,这两种作业制度都有厂家采用。铅鼓风炉高、低料柱熔炼的技术指标见表4-13。

表 4-13 铅鼓风炉高、低料柱熔炼的技术指标

技术指标	高 料 柱	低 料 柱
生产能力/$t \cdot (m^2 \cdot d)^{-1}$	45~60	60~75
焦炭消耗(占炉料)/%	11~13	7.5~10
炉渣含铅/%	约1	2~2.5
熔炼脱硫率/%	30~50	60~70
炉顶温度/℃	100~150	约600
吨料的空气消耗/m^3	900	1440
烟尘率(占炉料)/%	0.5~1.0	3~5

4.6.2.2 熔炼产物的排放

粗铅从虹吸道连续排出铸锭,或用铅包送至下道工序精炼;炉渣从咽喉口连续排至电热前床进行沉淀分离、保温;铅锍根据其量多少,不定期由渣溜槽侧面与咽喉口在同一水平面的放锍口排出。改变虹吸出口和渣溜槽高度,可调节炉缸中铅液面的水平与渣层的厚度。实际操作中,两溜槽高度应调整到适宜位置上。若铅溜槽低,炉缸储铅量减少,温度降低,则部分溶解在铅中的杂质析出,造成虹吸道堵塞,同时部分锍将进入炉缸与铅一起排出,这不仅影响粗铅的质量,同样使虹吸道堵塞;若铅溜槽高,则咽喉口被铅液填充,阻止炉渣排出。渣溜槽高时,则本床中渣层厚,会将炉缸中的铅压出,风口区出现上渣迹象,容易造成风口上渣,甚至灌死风口,影响风口送风;渣溜槽低时,则咽喉口喷风,操作无法进行。

4.6.2.3　风量、风压的控制及风口的作业

铅鼓风炉的送风量应该稳定,任何风量波动均能给炉子作业带来负面影响。实际上,往往由于炉料、焦炭质量及操作上的原因,加入炉内焦炭相应减少或因料柱阻力升高,而使送风量减少,造成风焦比的严重失调。对鼓风炉风量的控制更确切地说是对风焦比的控制。

风口操作的基本任务是要经常捅打风口,扩大风口送风面积,使风能达到炉子的中心;第二要减少风口大盖的漏风,及时更换密封圈,拧紧大盖螺栓,通过观察风口内部,判断炉况是否正常。通常风口表面有类似蜂窝状亮点,钢钎易于捅至炉中心,钢钎不带黏渣,表明炉况正常;如果风口发黑、发暗,表明炉况不正常,应及时处理;发现风口有上渣迹象,则可能是咽喉或虹吸道堵塞,应立即进行处理。

4.6.2.4　水冷系统的照应

不论是汽化冷却还是水冷却,都要求水套内水温稳定并且不得断水,如果水套采用水冷则应控制出口温度达 70 ~ 80℃,水温太低则热损失增大,炉结易形成。如果实行汽化冷却,则要经常检查汽包水位、蒸汽压力,关键是要稳定汽包压力 0.2 ~ 0.25MPa,汽包严禁缺水,缺水时间长了水套有被烧坏的危险。无论是水冷还是汽化冷却,都应用软水,以防止水套结垢,影响冷却效果进而影响水套的寿命,同时应定期对汽包、水套排污。

在开炉、开风、停风、打炉结过程中,要注意水位、压力的波动情况,及时调节与上水。

4.6.2.5　电热前床的操作

随着鼓风炉熔渣不断进入前床,电极插入熔渣的深度也随着变化。当电压一定时,电流随着电极插入熔渣的深度而增加。前床热的来源主要是靠强大的电流通过熔渣时产生的焦耳热(热量 $Q = 0.24RI^2t$,R 为电阻,I 为电流,t 为通电时间)。

正常操作时,通过升降电极插入熔渣的深度来调节电流,从而达到调整炉温的目的。只有当调整电极插入深度还不能满足所需温度时,才改变电压档次。通常电极插入深度为熔渣层厚的 0.4 ~ 0.5 倍。控制电压大约为 40V,电流为 4000A。当烟化炉需要熔渣时,打开放渣口即可,放完渣后,用黄泥堵住再插入钎子。前床内分离出来的金属铅及铅锍可从铅锍口定期排放出来。

在生产过程中,因电极烧损,在下放电极或接长电极时,应停电进行。放渣前应停电 15 ~ 20min,放完渣后再恢复送电。如停电时间较长,需将床内熔体放光,同时将电极提起,待来电鼓风炉开起来有熔渣流入前床后,再进行热渣起弧。正常操作时,需检查水套是否有水,严禁水入前床,防止烧坏水套。

4.6.3 常见故障及其处理

4.6.3.1 炉顶故障及其处理方法

炉顶冒火产生的原因：（1）风焦比不当，焦炭过剩，大量 CO 在炉顶燃烧；（2）焦炭中含挥发物过多；（3）焦点上移；（4）料柱太低，大量 CO 来不及同炉料作用，便逸到炉面上燃烧；（5）炉结形成，引起悬料。

炉顶冒火消除的措施：（1）调节好风量、风压；（2）改善焦炭质量；（3）提高料柱；（4）消除炉结和悬料。

料面跑空风产生的原因：（1）炉结严重，造成炉子横截面积缩小，炉气集中通过；（2）炉料粉状物多，透气性差，风压高，将粉料吹出形成空洞。

料面跑空风消除的措施：（1）暂停风，消除炉结；（2）改进烧结配料和操作，提高烧结块强度；（3）适当降低风压。

降料速度慢产生的原因：（1）风口送风不好；（2）还原能力过强，风口区温度低；（3）炉料粉状物多或强度太低，造成透气性差；（4）炉料或炉渣熔点高。

降料速度慢消除的措施：（1）处理好风口，扩大送风面积；（2）调整好风焦比；（3）加入返渣改善炉料透气性；（4）烧结改料调整炉渣成分。

4.6.3.2 风口故障及其处理方法

风口常见故障有：发黑、发红、发暗、发空、发硬。其产生的原因：（1）焦率太低，造成风口发黑、发暗；（2）焦率太高，焦点上移，风口区变冷而引起发黑；（3）风口上方长炉结，造成风口区出现空洞；（4）焦炭分布不均匀，炉中心焦炭不足，造成中心发硬；（5）水冷水套水温太低，造成风口区冷凝或发红。

风口故障消除的措施：（1）调整焦率，使风焦比适当；（2）改进布料方法，使焦炭在炉内均匀分布；（3）集中压一次底焦，提高风口区温度；（4）及时清除炉结；（5）调整水套冷却水量，以提高出水温度。

风口上渣是鼓风炉熔炼过程中最常见的故障之一，产生原因是：（1）咽喉堵塞，未及时处理；（2）虹吸堵塞，使炉内液面升高，咽喉或虹吸堵塞，处理时间长；（3）炉缸内长"横隔膜"；（4）突然停风，造成风压猛降，炉缸内熔体回升；（5）由于炉内悬料崩塌，炉缸熔体回升；（6）停风前未将黏渣排净，或准备工作未做好；（7）开风时，炉况未能及时转入正常或由于渣坝太高。

风口上渣的处理方法：（1）加强对虹吸、咽喉的检查，发现堵塞，迅速处理，保证畅通；（2）用氧气烧穿炉内"横隔膜"；（3）突然停风，应迅速打开几个风口大盖，使熔渣排出，以免将风口全部堵死；（4）稳定风压，防止因炉内阻力过大，使风机跳闸；（5）计划停风，必须先将炉内黏渣排尽，开风前从咽喉眼往炉内用氧气烧透；（6）发现风口上渣，必须降低渣面，此时不许降风压或者打开风口大盖处理，更不准停风。待风口上渣现象消失，才能将冷凝物排除，保证风口畅通；（7）如果风口全部堵死，可设法间隔打通几个风口，死风口不送风，活风口送风，使邻近风口冷凝物熔化后，再行处理打通送风。

4.6.3.3　咽喉故障及其处理方法

咽喉故障一般是凝结，致使咽喉口缩小，渣流不畅通；也可能是高熔点杂物或焦炭堵塞。

咽喉故障产生原因：（1）渣成分变化，不符合造渣要求，渣含锌、氧化钙过高，熔渣易发黏乃至凝结；（2）炉料含锌过高，烧结块含硫高，生成大量的硫化锌进入渣中，使炉渣发黏；（3）铅锍、黄渣等未及时排出；（4）风焦比失调，造成渣温降低，炉渣发黏；（5）虹吸铅坝太低或渣坝太高，致使炉缸内高熔点熔体无法排出，停留过久，温度下降，造成咽喉堵塞；（6）焦炭或高熔点杂物堵塞咽喉口。

咽喉故障处理方法：（1）调整烧结配料，临时加入调整渣型的块状熔剂或萤石等；（2）排出铅锍、黄渣及黏渣；（3）调整风焦比，提高炉温；（4）垫高虹吸铅坝，降低咽喉渣坝高度，减少熔渣在炉内、井内的停留时间；（5）降低烧结块含硫；（6）用氧气烧化凝结物以扩大咽喉口，排出焦炭或难熔物。

4.6.3.4　虹吸故障及其处理方法

虹吸常见的故障是虹吸道缩小、不畅通或堵塞。

虹吸故障产生原因：（1）烧结块含铜高，浮渣多；（2）炉内形成横隔膜，铅液不能进入炉缸；（3）虹吸道出铅锍；（4）烧结块品位低或铅坝太低，炉缸存铅少，温度低，铅液中的铜凝析堵塞虹吸；（5）停风后再开风时，铅井未烧灵活。

虹吸故障处理方法：（1）用钢钎捅或氧气烧；（2）调整好铅溜槽、渣溜槽高度，防止铅锍进入虹吸道；（3）用氧气从虹吸口或咽喉口将横隔膜烧通，并加入部分渣料或萤石洗炉；（4）开风前，必须将铅井烧灵活。

4.6.3.5　炉结的生成及其处理

炉结是铅鼓风炉生产最大的故障，往往因炉结而导致生产作业极度混乱。因此，必须有计划、有准备地临时停炉进行处理。现在普遍采用爆破、机械及人工锤打相结合的方法来处理。

炉结生成的原因非常复杂，不同部位炉结的物相组成也不同。按炉结生成部位不同分为炉身炉结和炉缸炉结两类，炉身炉结可分为上、中、下三部分。现将炼铅鼓风炉各部位炉结的典型成分列入表4-14。

表 4-14　炼铅鼓风炉各部位炉结的典型成分　　　　　　　　　（%）

部　位	Pb	Cu	Zn	Fe	SiO_2	CaO + MgO	Al_2O_3	S
上部炉结	49.70	2.90	9.34	13.18	11.60	4.00	5.38	5.22
中部炉结	31.70	4.88	10.20	13.05	12.65	2.65	6.72	10.60
下部炉结	21.70	2.98	18.30	15.40	15.90	4.00	4.90	7.95
炉缸炉结	55.00	5.50	22.50	7.45	4.00	0.90	3.00	15.95

影响炉结生成的主要因素是：炉料成分及性质，含硫量、块度；熔炼过程采取的料柱高度；焦率高低；风量、风压；水套水温；布料是否均匀等。应先分析炉况，查明产生炉

结的主要原因，采取有效措施，尽快消除炉结，以保证炉子恢复正常生产。

现将各部炉结的生成原因以及预防处理方法介绍如下：

上部炉结：由表4-14可知，上部炉结的化学成分基本与烧结块相似，这表明是粉状料因炉顶温度波动熔融而成。上部炉结形成后的特征是炉顶上火，炉内各部位降料速度不均匀；上部炉结严重时，可形成悬崖状或桥状，使物料搭棚难以下移；甚至造成局部穿孔，产生跑空风等现象。

上部炉结产生原因：（1）粉状料太多，造成炉内阻力不均，粉料集中处一旦被高温气流吹成喷火口时，引起上火跑空风，使靠炉壁的粉料迅速受热熔化，黏附于低温炉壁上，并且加炉料时，粉料在炉边落得多，很容易形成粉状炉结；（2）烧结块中的金属铅在上部熔化，将粉料黏裹；（3）高温区上移，炉顶温度过高，部分炉料过早在上部熔化；（4）铅、锌等金属及其化合物的蒸气升至上部后，被冷凝而积结在炉壁上。

上部炉结防止及处理方法：（1）减少炉料中的粉料，入炉物料必须符合要求；（2）控制好风焦比，防止焦点上移，减少炉顶上火和跑空风；（3）提高烧结块质量，降低残硫，生产坚硬多孔的烧结块，以改善炉内透气性；（4）改善配料比，调整渣成分，使炉料熔点适当；（5）降低料面，用机械或爆破清除炉结；（6）用返渣洗炉，有条件时在配料中加入适量的氯化铅渣。

中部炉结：其主要成分为硫化锌，该炉结坚硬，难以清除。国内某厂对中部炉结（在风口上部1.8m处形成的凸肩）所作的试样分析见表4-15。

表4-15 鼓风炉中部炉结的组成 （%）

炉结部位	金属铅	硫化铅	硅酸铅	氧化铅	Pb$_总$	ZnS + ZnO	Zn$_总$	Fe$_总$	CaO	S	其他
内部	27.87	8.28	0.30	0.40	36.85	0.90	19.10	6.30	1.05	15.18	11.00
外表	12.10	18.98	2.00	0.85	33.93	3.10	5.93	12.60	5.00	6.15	21.00

中部炉结产生原因：（1）烧结块残硫高，铅锌的硫化物在风口上部呈半熔融状态，黏结于水套壁上；（2）高锌炉料进入还原带后，较多的锌化物被还原，呈锌蒸气上升至炉子中部，再度氧化成氧化锌和被硫化成硫化锌粘于炉壁形成炉结，或在高温区部分硫化锌直接挥发上升至中部后而凝结成炉结；（3）风焦比失调，使炉子中部温度降低，以硫化锌为主体的半熔融物凝结而形成炉结；（4）无准备的长时间停风，使半熔融物在风口上方冷却凝结；（5）水套水温控制太低，使水套壁上的渣壳覆盖层逐渐加厚。

风口上部炉结生成的特征：（1）风口黑暗，钎子捅时发硬、发黏；（2）水套中的水热交换差，进出口水温差小；（3）长炉壁上方降料缓慢。

风口上部炉结防止及处理方法：（1）烧结块含锌不可过高，降低残硫，以防铅、锌硫化物大量存在；（2）适当提高焦率，增加焦炭层厚度以提高炉温；（3）当烧结块残硫高，则应降低料柱，以提高炉子的脱硫能力；（4）加入返渣，洗炉；（5）稳定汽包气压或提高水套水温；（6）停止因炉结造成的暗风口送风（或送小风），使炉结熔化直至风口变亮，逐渐送风至正常操作。

下部炉结即本床炉结：由表4-14可知，下部炉结含Zn、S很高，这表明是ZnS引起的结块。其产生原因：（1）烧结块残硫高，大量ZnS在风口下部凝结；（2）炉内还原能力过强，渣中钙太高，易使金属铁析出；（3）虹吸堵塞后，处理不及时，促使熔解在铅中的高熔点金属析出，浮于铅液面，形成炉结。

本床炉结生成的特征：（1）铅温下降，颜色由红变暗，流量减少，咽喉有铅液流出。（2）降低风压检查，虹吸井铅面无明显波动。（3）用钎子捅虹吸时，不感到虹吸道和炉缸底部有阻碍物；反之，如果感到有阻碍物，即使用氧气烧通，也无铅液流出，则表明本床已长横隔膜。

本床炉结处理方法：（1）加入低锌返渣及低铜铅炉料，提高炉缸温度，促使炉结熔化；（2）改变风焦比，控制好还原气氛；（3）加入黄铁矿，使其熔化；（4）临时停风，用氧气烧穿横隔膜，使其熔化。

炉缸炉结：由表4-14可以看出，炉缸炉结含 Cu、Zn、S 均高，这主要是炉缸温度逐渐降低形成的炉底炉结。特别是当停风次数多而时间又长时，将助长其生成。炉缸炉结，首先是在咽喉正对着一端炉缸以及虹吸道相对的那一边炉缸处形成炉结，因炉内热量分布及渣、铅、铅锍等流动情况等原因，使这些地方温度偏低并形成死角，所以，高熔点的硫化物等易先在该处形成炉结，并逐渐向炉缸中心及底部发展。

炉缸炉结生成原因：（1）炉料含硫化锌高，形成锌锍，黏附于缸壁上；（2）炉料含铜高，在炉缸内析出；（3）焦率过高，还原能力极强时，可能有大量的铁被还原，形成炉缸积铁，或生成大量黄渣，排除不及时，炉缸温度降低而冷凝形成炉结；（4）炉缸铅液少，热交换差，高熔点化合物凝结；（5）风压太低，风速太小，送不到炉子中心，则中心部分未熔化的炉料落入炉缸形成底结；（6）停风时间过长，次数过多，炉缸温度急剧下降。

炉缸炉结生成的特征：（1）虹吸道不畅通；（2）咽喉故障多，渣含铅高；（3）长时间放不出铅锍。

炉缸炉结预防及处理方法：（1）从虹吸及咽喉用氧气烧穿横隔膜，或打开山型处理；（2）采用加入无铜、铁炉料或改变渣型等措施加以消除积铁或积铜造成的炉缸炉结；（3）控制好风焦比，提高炉温并提高入炉风压，及时排除黏渣等物。

4.6.4　停炉

4.6.4.1　临时性停炉

临时性停炉主要是为了清除炉结。在炉料供应不上和附属设备出现故障时需要停炉，一般不超过12h，首先停止进料，降料面，在降料过程中，将虹吸井垫高，渣溜槽逐步降低，待料面降至风口区以上1m左右时，打开放锍口，排净炉内的渣子、锍、黄渣等黏物，停止送风，打开部分风口大盖，关闭支风管阀门，用黄泥堵塞风口，压底焦（按每平方米床面积加焦200～300kg），拆除咽喉窝，取下小水箱，虹吸井用木炭保温。再开风时，先用氧气烧开咽喉口内的凝渣，使咽喉与虹吸连通，安装小水箱，砌咽喉窝，扒出风口黄泥，关好风口大盖，开鼓风机送风，用一些渣料洗炉，再进料提高料面，转入正常作业。

若突然停电引起临时性停炉，则需马上打开几个风口大盖放渣，打开放锍口，放出炉内熔渣，从咽喉口插入钢钎，处理风口，扒出风口中的凝渣。

4.6.4.2 计划性停炉大修

首先将储仓中的物料处理完，然后降料面，进几次渣料洗炉，待料面降至风口区后停风，放净炉内熔渣，再放底铅，拆水套，清除炉内和炉缸中的残余炉料，进行检修。

4.7 铅鼓风炉的供风与焦炭燃烧

4.7.1 焦炭燃烧反应的合理控制

焦炭是铅鼓风炉熔炼的重要物料，它的燃烧影响着鼓风炉的技术经济指标。为了获得良好的熔炼指标，应该保证其在风口区合理燃烧。在铅鼓风炉内，焦炭燃烧的化学反应式如下：

$$C + O_2 \xrightarrow{\hspace{1.5em}} CO_2 + 408kJ \tag{4-11}$$

$$CO_2 + C \xrightarrow{\hspace{1.5em}} 2CO - 162kJ \tag{4-12}$$

如果 CO_2 完全转变为 CO 时，则碳燃烧总反应式可以表示如下：

$$2C + O_2 \xrightarrow{\hspace{1.5em}} 2CO + 246kJ \tag{4-13}$$

由上可以看出，焦炭燃烧的产物是 CO_2 和 CO。燃烧反应的发热量是指碳完全燃烧生成 CO_2 时的发热量。因此按反应（4-13）燃烧 1mol 碳放出的热量为 123kJ，比按反应（4-11）计算的发热量少 285kJ，即不完全燃烧（反应（4-13））的发热量的利用率约为 30%。

不难看出，提高 CO_2/CO 的比值，焦炭燃烧发热量利用率将提高。因此，为了提高焦炭的热利用率，在保证炉内所需还原气氛的条件下，焦炭在风口区应尽可能实现完全燃烧，使高温区集中在风口区。

实践中，由于各种因素的影响，焦炭在风口区以上部位甚至炉顶发生燃烧反应，导致高温区上移或拉长，炉顶温度升高，造成焦炭的损失和炉顶设备的烧损。因此，控制焦炭的合理燃烧至关重要。

4.7.2 焦炭燃烧与炉内还原气氛的控制

4.7.2.1 影响焦炭燃烧的因素

影响焦炭燃烧的因素主要是焦炭的质量、鼓风压力和鼓风量。

A 焦炭的质量

评价焦炭的质量可从灰分、块度、孔隙率、强度等参数考查。灰分少、块度小、孔隙率大的焦炭，其反应能力大。因为灰分少，单位体积内碳的含量高，反应表面加大，使反应能力增大；块度小同样也增加单位质量的外表面积，有利于焦炭与氧的接触，使反应能力增大；孔隙率大使氧气易于渗透到焦炭内部，使燃料燃烧激烈。但孔隙率过大，着火点低，强度小，不但容易被压碎，而且会导致高温区拉长。所以，要选择反应能力适当的焦炭。几家炼铅厂鼓风炉用焦炭的性质见表4-16。

表 4-16　几家炼铅厂鼓风炉用焦炭的性质

厂别	块度/mm	焦炭工业分析/%				灰分化学成分/%				
		固定碳	挥发分	灰分	水分	FeO	SiO_2	Al_2O_3	CaO	其他
1	50~100	75	10.15	14.85	3.00	2.69	32.92	—	0.91	63.48
2	40~100	82.36	3.70	13.94	3.00	16.70	48.34	12.07	7.97	15.12
3	30~100	84.07	2.31	13.62	0.87	10.25	50.80	33.08	0.96	4.91

B　鼓风压力和鼓风量

当空气从风口鼓入炉内，通过焦炭层向炉子中心移动时，氧气不断与碳作用，使气流中的氧含量不断下降。因此，当气流离风口一定距离后，氧的浓度降至最低，碳的燃烧主要按反应（4-12）进行，由于吸热反应（4-12）的发生使炉子风口区水平面温差增大，炉子中心熔炼情况恶化。若风量、风压过大，高温区上移，易造成热顶。为防止这些情况的发生，确定适当的鼓风压力及风量具有很大意义。

风焦比是指同一时间鼓风炉内的空气量与加入焦炭量之比，它是铅鼓风炉熔炼的重要技术控制条件。正确的风焦比，应使风口区燃烧生成的 $CO:CO_2 = 1:1$ 左右，这样既能保证有适当的还原能力，又能满足热利用率高（65% 以上），使焦点区集中在沿炉高 0.5~0.8m 的有限范围内，让焦炭集中在风口区强烈燃烧，并使高温带沿炉宽扩展到炉中央，其产生的高温满足炉料的熔化和产物的过热。

铅鼓风炉熔炼的焦率一般控制为 10%~14%。炉子的鼓风量可按焦炭中碳量的 50%~55% 燃烧成 CO，其余 45%~50% 燃烧成 CO_2 的比例来计算，但由于管道和通风口时的漏风损失，所以实际鼓风量应比理论计算量富余 10%~30%。生产中采用高料柱作业时，鼓风强度为 25~35m^3/（$m^2 \cdot min$）；低料柱作业时，鼓风强度为 40~60m^3/（$m^2 \cdot min$）。

4.7.2.2　炉内还原气氛的控制

影响鼓风炉炉内还原能力的因素有：焦炭消耗、料柱高度、熔炼速度、炉内温度以及风焦比等。

A　焦炭消耗

焦炭消耗增加，风口区还原带厚度增大，在燃烧带产生的 CO_2 通过赤热的焦炭层被充分还原，生成的 CO 数量就多，炉内还原能力增强。

B　料柱高度

料柱增高，燃烧层厚度增大，CO_2 与 C 接触的时间延长，炉子还原能力相应提高。

C　熔炼速度

熔炼速度快，则炉料在炉内停留时间短，还原能力弱，铅氧化物来不及被还原而进入炉渣，故在正常熔炼时，应控制炉料的熔化速度等于或略小于还原速度。

D　炉内温度

炉内温度越高，金属氧化物还原进行得越完全，反应速度越快；反之亦然。特别是焦炭燃烧区的温度，不但影响炉内还原能力，也影响炉料的熔化、熔炼产物的过热和熔融产物分离等过程。

E　风焦比

当焦率不变，鼓入炉内风量不足，在燃烧带生成的 CO 增加，还原能力增强；而鼓入炉内风量过大时，燃烧带生成的 CO_2 多而 CO 少，还原能力减弱，渣含铅高，金属回收率降低。在同等条件下，风压越大，则鼓入炉内风量越多。故选定适当的风压，能加速气体还原剂向炉内扩散速度和气相产物 CO_2 向外排除的速度，有利于还原反应的进行。

铅鼓风炉正常还原能力的标志是：

（1）熔解量稳定，炉渣和粗铅温度高，流动性正常。

（2）炉顶温度低，料面无 CO 燃烧的蓝色火焰。

（3）有少量的黄渣产生。

（4）风口表面呈类似蜂窝状的亮光点。

（5）咽喉窝不上涨，咽喉眼位置正常（经物相分析上涨物中含 Fe_3O_4 较多，原因是还原能力低）。

（6）渣含铅低。

生产中调整还原能力的主要方法有：

（1）还原能力过强时。当焦炭量未变，风量减少，相对而言，等于增加了焦炭，遇此情况，可增加风压提高入炉风量；如果是风口情况不好，送风不良，可及时处理风口，同时可用降低料柱的方法使风顺利入炉，从而降低还原能力。当焦率过高，还原能力过强，可采取降低焦率的办法予以调整。若想调整得快，可以采取降低料柱，使焦炭较快地在上部燃烧消耗部分而达到降低还原能力的目的。

（2）还原能力过低时。采取提高焦率或减少风量及提高料柱的方法加以调整，视具体炉况决定。

4.7.2.3　焦炭燃烧强度与鼓风炉生产率的关系

焦炭燃烧强度是指鼓风炉风口区每平方米面积上每小时装入的焦炭量。焦炭燃烧强度过大、过小都不利于提高鼓风炉的生产率。只有依据最佳的风焦比，来选定合适的焦炭燃烧强度，才能保证最大的鼓风炉生产率。

实践中，焦炭燃烧强度的剧烈变动制约着鼓风炉生产率的提高。在一定范围内，焦炭燃烧强度增大时，鼓风炉生产率相应得到提高，但是焦炭燃烧强度过大，由于焦炭层增厚，高温区上移，炉顶温度增高，炉结形成快，作业困难，反而使鼓风炉生产率下降；反之，焦炭燃烧强度过小，由于炉内缺焦，风口区中心温度降低，致使沿风口区水平断面上的高温分布不均匀，炉料在此区域内熔炼速度不均匀，鼓风炉生产率也下降，严重时导致炉渣流动性差，作业极度困难。因此，目前各铅冶炼厂都根据其实际情况选定合适的焦炭燃烧强度。

4.7.2.4　热风熔炼与富氧熔炼

A　热风熔炼

采用热风熔炼时，由于热风带入炉内的物理显热增加，使反应物质的活性增强，因而使燃料的燃烧速度和完全程度提高。随着对天然气的开发使用和余热利用的发展，为实行热风熔炼创造了条件。铅鼓风炉热风熔炼生产指标与热风温度的关系如图 4-13 所示。

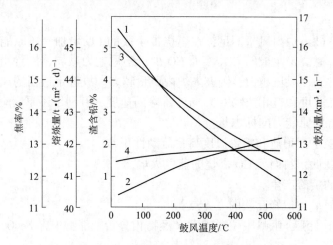

图 4-13　铅鼓风炉热风熔炼生产指标与热风温度的关系
1—鼓风量；2—熔炼量；3—焦率；4—渣含铅

日本佐贺关炼铅厂于 1965 年 10 月将原试验用的简易热风炉改为 60m³/min 的立式热风炉，直到现在。原沈阳冶炼厂利用烟化炉的余热，经喷流式换热器将铅鼓风炉的风温提高到 180 ~ 200℃，也取得较好的效果（见表 4-17）。

表 4-17　铅鼓风炉热风熔炼生产指标实例

项　　目	佐贺关铅厂			沈阳冶炼厂	
	冷风操作	热风操作（Ⅰ）	热风操作（Ⅱ）	冷风操作	热风操作
鼓风温度/℃	25 ~ 30	200 ~ 250	200 ~ 250	25 ~ 30	180 ~ 200
粗铅产量/t·月$^{-1}$	489	622	1511	5000	5500
焦炭用量/t·月$^{-1}$	312	210	365	1596	1350
吨铅焦炭单耗/kg·t^{-1}	638	337.6	241	310	245
重油用量/kL·月$^{-1}$		9.9	19.6		
炉渣含铅/%	1.33	0.89	1.47	2.20	1.8

经对比可知：佐贺关铅厂热风熔炼的效果比沈阳冶炼厂要好得多，其原因是沈阳冶炼厂烟化炉属周期性作业，风温波动大，另外风温也低（经常在 180℃ 左右）。实践表明，热风温度达 200℃ 以上时，效果才会显著。

B　富氧熔炼

据统计，在炼铅生产中，每生产 1t 铅，平均需消耗空气（标准状态）1.10 × 10⁴m³，其中铅鼓风炉约占 25%。在熔炼过程中起作用的仅是其中的氧，随着氧的加入，同时还带入按体积计约 4 倍于氧的氮，这样既增加了能源消耗，还大大增加烟气的排放量。因此，在炼铅生产中采用富氧空气来强化和改善工艺过程，很早以前就引起人们的重视。

采用富氧空气熔炼，由于入炉空气中氧的浓度增高，燃料燃烧速度加快，炉温升高，高温区集中，加快了炉料的熔化速度和熔体产物的过热程度，因而可提高炉子的生产能力；另外烟气量减少，烟气处理系统负荷减轻，烟尘损失也随之降低，金属回收率提高。

铅鼓风炉富氧熔炼生产指标与鼓风中氧含量的关系如图4-14所示。

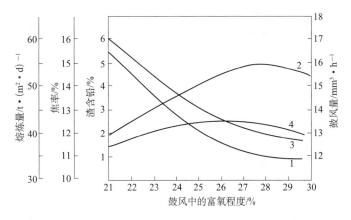

图4-14　铅鼓风炉富氧熔炼生产指标与鼓风中氧含量的关系
1—鼓风量；2—熔炼量；3—焦率；4—渣含铅

哈萨克斯坦国的乌 – 卡炼铅厂曾进行了富氧鼓风熔炼炼铅的工业试验，其结果见表4-18。

表4-18　乌-卡炼铅厂富氧鼓风炉熔炼炼铅试验结果

熔炼的技术指标		鼓风含氧量/%			
		21	24 ~ 25	27 ~ 29	30 ~ 33
鼓风量/$m^3 \cdot (m^2 \cdot min)^{-1}$		53.6	59.6	31.8	27.1
熔炼量（以空气熔炼为100计）/%	按炉料计	100	117	111	116
	按烧结块计	100	105	116	130
	按产吨铅计	100	105	127	153
焦炭消耗/%	按炉料计	15.4	14.0	11.5	11.5
	按烧结块计	17.4	17.9	12.5	11.7
	按产吨铅计（以空气熔炼为100计）	100	100	66	57
物料温度/℃	炉渣	1160	1150	1110	1090
	烟气	317	279	315	304
烟气中的 CO_2：CO		0.77	0.83	—	1.19
烧结块含铅/%		40 ~ 42	41 ~ 43	44 ~ 48	47 ~ 50
炉渣成分/%	Pb	1.96	2.07	2.15	2.30
	ZnO	18.2	17.2	18.6	17.6
	FeO	38.1	37.2	32.6	31.7
	SiO_2	19.0	19.6	21.2	22.9

　　乌-卡炼铅厂富氧熔炼的实践表明，使用28% ~ 30% O_2的富氧空气，焦炭消耗降低14% ~ 35%，熔剂消耗降低41% ~ 62%，烧结块中的铅含量从37%提高到42% ~ 47%，炉渣产量减少37% ~ 38%，鼓风炉单位生产率提高6% ~ 10%。

　　我国水口山矿务局三厂对富氧熔炼进行了工业试验，其结果见表4-19。

表4-19　水口山矿务局三厂富氧鼓风与空气鼓风炼铅比较

项　　目	富氧熔炼	空气熔炼	项　　目	富氧熔炼	空气熔炼
工业氧用量/$m^3 \cdot h^{-1}$	269	0	吨铅耗焦/$kg \cdot t^{-1}$	249	273
鼓风含氧量/%	23.6	21	烧结块含铅/%	41.67	41.71
鼓风强度/$m^3 \cdot (m^2 \cdot min)^{-1}$	49.45	53.08	粗铅含铅/%	97.88	98.00
粗铅产量/$t \cdot d^{-1}$	104.84	97.4	铅直收率/%	89.49	85.80
鼓风炉处理量/$t \cdot d^{-1}$	306.39	289.79	渣含铅/%	2.93	3.26
床能率/$t \cdot (m^2 \cdot d)^{-1}$	99.48	94.09	烟尘率/%	3.34	3.58
焦率/%	8.51	9.17			

　　国内外某些炼铅厂富氧鼓风熔炼主要指标见表4-20。

表4-20　国内外某些炼铅厂富氧鼓风熔炼主要指标

工　厂	铅产量规模/$kt \cdot a^{-1}$	鼓风含氧量/%	提高床能率/%	降低焦率/%	渣含铅/%
奇姆肯特铅厂（哈）	160	26	74 ~ 100	50	1.8 ~ 1.9
乌-卡炼铅厂（哈）	100	28 ~ 30	25	30	1.8 ~ 2.3
水口山三厂（中）		27	15 ~ 20	10 ~ 15	
特雷尔铅厂（加）	190	24	25	10	4.0
皮里港铅厂（澳）	250	25	50	10 ~ 15	2.4 ~ 2.6
豫光金铅公司（中）	50	22 ~ 26	30 ~ 40	10 ~ 15	2.0

　　乌-卡炼铅厂同时采用富氧与热风进行工业试验取得了较好的指标，当热风375℃含氧23.5%时，床能力提高37%，焦率降低38%，而渣含铅升高0.12%，达1.7%。目前热风富氧已成为该厂鼓风炉作业的基本工艺。

　　从上述热风与富氧熔炼的结果来看，这两项措施都可强化熔炼过程，降低能耗。但必须指出，采用热风时，最好是利用本厂余热来预热空气，并要考虑风机的富余能力；而采用富氧时，必须考虑氧气来源与炉内反应过程对氧的利用率。

4.8　鼓风炉炼铅的主要技术条件及其控制

4.8.1　鼓风炉炼铅的主要技术条件

4.8.1.1　进料量

　　鼓风炉的每批进料量随炉子大小差异较大，大型炉可达1 ~ 3.5t，小型炉仅为100 ~ 500kg，进料时间间隔一般为10 ~ 20min，要求加料前后料面波动不大于0.5m。

4.8.1.2 料柱高度

铅鼓风炉生产有高料柱（3.6～6.0m）与低料柱（2.5～3m）两种操作方法，一般多用前者。

当有下列特殊情况时，可考虑采用低料柱操作法：

(1) 烧结块含铅品位较高（50%以上），残硫较高；

(2) 烧结块强度低；

(3) 为取得较高的床能率指标，一般为80～90t/(m² · d)；

(4) 小型鼓风炉熔炼。

表4-21为国内炼铅厂鼓风炉料柱高度及其他指标，表4-22为铅鼓风炉熔炼高、低料柱操作的指标比较。

表4-21　国内炼铅厂鼓风炉料柱高度与其他相关指标

厂　名	炉料	风口区断面积/m²	炉子有效高度/m	料柱高度/m	床能率/t · (m² · d)⁻¹	鼓风强度/m³ · (m² · min)⁻¹	风压/kPa	料面温度/℃	烟尘率/%
株洲冶炼厂	铅烧结块	8.56	6.0	3.5～4.0	50.5	44.5～47.2	13.3～14	150～300	2～4
水口山三厂	铅烧结块	5.6	5.4	3～3.5	60～70	35～45	12～17	250～450	<3
鸡街冶炼厂	铅团矿	6.24	5.0	3.0	50	26	11～16	200～300	7～8
豫光金铅公司	铅烧结块	5.6	6.0	3.5～4.5	70	45～50	11～22	250～400	8

表4-22　铅鼓风炉熔炼高低料柱操作的生产指标比较

项　目	高料柱作业	低料柱作业	项　目	高料柱作业	低料柱作业
料柱高度/m	3.6～5.5	2.5～3.5	鼓风强度/m³ · (m² · min)⁻¹	25～35	40～60
床能率/t · (m² · d)⁻¹	50～55	60～70	鼓风压力/kPa	11～20	6.7～11
渣含铅/%	1～2	2～3.5	炉料空气消耗量/m³ · t⁻¹	500～900	1440
焦率/%	10～13	7.5～10	烟气中含尘量/g · m⁻³	3～6	8～24
熔炼过程脱硫率/%	30～50	60～70	烟尘率/%	0.5～2.0	3～5
料面烟气温度/℃	100～300	300～600	铅直收率/%	93～96	85～90

4.8.1.3 鼓风风量与风压

生产中，当采用高料柱作业时，鼓风强度为25～35m³/(m² · min)；低料柱操作时，鼓风强度为40～60m³/(m² · min)。鼓风炉的鼓风压力主要取决于炉内料柱的阻力，并随炉况而波动，当高料柱作业时，一般为11～20kPa；低料柱作业时，一般为6.7～11kPa。当鼓风炉风口区宽度较大或选用的风口较小时，应取较高的鼓风压力，反之则取较低的鼓风压力。

4.8.1.4 液铅、熔渣放出温度和炉顶压力

铅液放出温度为800～1000℃，炉渣温度为1100～1200℃。为了防止炉顶冒烟和大量漏风，应控制微负压操作，炉顶压力一般为-10～-50Pa。

4.8.1.5　焦率

高料柱作业时,焦率一般控制为 10% ~ 13%;低料柱作业时,焦率控制为 7.5% ~ 10% 。

4.8.1.6　鼓风炉水套供水

水套冷却方式有水冷却和汽化冷却两种。当鼓风炉水套用水冷却时,对供水有如下要求:

(1) 水套出口水温度一般为 60 ~ 80℃ ,水的硬度较大时采用下限,反之则采用上限;

(2) 当水套进出口水温差为 40 ~ 60℃时,单位水套面积耗水量为 16L/(m² · min),也可按吨炉料耗水 2 ~ 4m³ 估算。

表 4-23 为铅鼓风炉水套供水实例。

表 4-23　铅鼓风炉水套供水实例

厂　名	炉子规格 /m²	水套内壁 总面积/m²	冷却方式和压力	耗水量 /t · h⁻¹	产汽量 /t · h⁻¹	单位面积 水套耗水量 /L · (m² · h)⁻¹
株洲冶炼厂	8.65	68.09	汽化冷却, $p = 0.4$MPa	3	3	44
水口山三厂	5.6	70	汽化冷却, $p = 0.2 \sim 0.35$MPa	2	2	28.6
江西冶炼厂	1.2	16.1	上水套水冷,下水套汽化冷却, $p = 0.2 \sim 0.35$MPa	6 ~ 7	0.5	372 ~ 430

4.8.1.7　有炉缸鼓风炉铅液面、渣面的控制

当鼓风压力为 13.3 ~ 17.3kPa 时,虹吸铅井的铅液面一般比炉缸内铅液面高 100 ~ 250mm。铅井内铅液面的高低用放铅溜槽的泥堰来控制,炉缸铅液面过高,则咽喉排渣和排锍时会夹带出部分铅液;若太低,锍又不能及时排出而滞留在炉缸内,极易形成炉缸炉结。

当鼓风压力为 11 ~ 17.3kPa 时,咽喉口底面低于虹吸井铅液面 50 ~ 100mm;咽喉口渣坝高度一般为 350 ~ 450mm。

4.8.2　鼓风炉炼铅的主要技术经济指标

国内几个炼铅厂鼓风炉熔炼的主要技术经济指标列于表 4-24。

表 4-24　国内几个炼铅厂鼓风炉熔炼的主要技术经济指标

项　目	豫光金铅公司	株洲冶炼厂	水口山三厂
风口区断面面积/m²	5.6	8.65	5.6
炉料含铅量/%	43	45 ~ 49	38 ~ 42
料柱高度/m	3.5 ~ 4.5	3 ~ 3.7	3 ~ 3.5
鼓风强度/m³ · (m² · min)⁻¹	40 ~ 45	44	25 ~ 35

续表 4-24

项 目		豫光金铅公司	株洲冶炼厂	水口山三厂
炉渣成分/%	FeO	25 ~ 38	30 ~ 33.2	32 ~ 36
	SiO_2	21 ~ 30	17 ~ 19	20 ~ 24
	CaO + MgO	16 ~ 20	19 ~ 21	17.5 ~ 19.5
	Pb	≤2	3 ~ 5	2.5
	Zn	≤12	10 ~ 15	10 ~ 15
床能率/t · (m² · d)⁻¹		70	43 ~ 53	60 ~ 70
焦率/%		12	11 ~ 13	9.6 ~ 10
铅直收率/%		95	90 ~ 95	86 ~ 90
铅回收率/%		95	95.5 ~ 97.5	95.5 ~ 97.5
锍产出率/%		0 ~ 5		0.1 ~ 0.4
渣率/%		55 ~ 65	43 ~ 50	
烟尘率/%		8	2 ~ 3	<3
作业时率/%		98	75 ~ 85	>98
金回收率/%		97	99	98
银回收率/%		95	99	96
粗铅成分/%	Pb	97	95.7 ~ 97.0	96 ~ 98
	Cu	≤0.5	0.7 ~ 2.5	0.5 ~ 1.5

思考题和习题

4-1 铅鼓风炉熔炼的炉料组成如何，请说明各组分的作用。

4-2 简述鼓风炉内沿高度变化的物理化学反应情况。

4-3 请根据 C-O 系反应 ΔG-T 关系图，说明 CO 还原和碳还原的热力学。

4-4 简述铅烧结块中其他组分在还原熔炼中的行为。

4-5 试述鼓风炉炼铅选用高 CaO 渣型的原因。

4-6 何谓铅冰铜和黄渣，在什么情况下鼓风炉炼铅会产出铅冰铜和黄渣？

4-7 简述鼓风炉的开炉过程及注意事项。

4-8 鼓风炉作业时炉顶故障有哪些，如何处理？

4-9 鼓风炉作业时风口故障有哪些，如何处理？

4-10 鼓风炉的炉结是如何生成的，应如何处理？

5 还原熔炼锡精矿

5.1 概 述

不论锡精矿是否经过炼前处理，要想从中获得金属锡，还必须经过还原熔炼。其目的在于在一定的熔炼条件下，尽量使原料中锡的氧化物（SnO_2）和铅的氧化物（PbO）还原成金属加以回收，使精矿中铁的高价氧化物三氧化二铁（Fe_2O_3）还原成低价氧化亚铁（FeO），与精矿中的脉石成分（如 Al_2O_3、CaO、MgO、SiO_2 等）、固体燃料中的灰分、配入的熔剂生成以氧化亚铁（FeO）、二氧化硅（SiO_2）为主体的炉渣，和金属锡、铅分离。

还原熔炼是在高温下进行的，为了使锡与渣较好分离，提高锡的直收率，还原熔炼时产出的炉渣应具有黏度小、密度小、流动性好、熔点适当等特点。因此，应根据精矿的脉石成分、使用燃料和还原剂的质量优劣等，配入适量的熔剂，搞好配料工作，选好渣型。不然，若炉渣熔点过高，黏度和酸度过大，就会影响锡的还原和渣锡分离，并使过程难以进行。工业上通常使用的熔剂有石英或石灰石（或石灰）。

为了使氧化锡还原成金属锡，必须在精矿中配入一定量的还原剂，工业上通常使用的炭质还原剂有无烟煤、烟煤、褐煤和木炭。要求还原剂含固定碳较高为好。

还原熔炼产出甲粗锡、乙粗锡、硬头和炉渣。甲粗锡和乙粗锡除主要含锡外，还有铁、砷、铅、锑等杂质，必须进行精炼方能产出不同等级的精锡。硬头含锡品位较甲粗锡、乙粗锡低，含砷、铁较高，必须经煅烧等处理，回收其中的锡；炉渣含锡 7% ~8%，称为富渣，现在一般采用烟化法处理回收渣中的锡。

还原熔炼的设备有澳斯麦特炉、反射炉、电炉、鼓风炉和转炉。从世界范围来说，反射炉是主要的炼锡设备，其次是电炉，而鼓风炉和转炉只有个别工厂使用。若采用反射炉或电炉进行还原熔炼，固态的精矿或焙砂与固态还原煤经混合后加入炉内，受热进行还原反应时，是在两固相的接触处发生，这种接触面有限，而固相之间的扩散几乎不能进行，所以金属氧化物与固相还原煤之间的化学反应不是主要的。在强化熔池熔炼的澳斯麦特炉中，是固态还原煤与液态炉渣间进行化学反应，固液两相之间的反应当然比固-固两相间进行的反应强烈得多，这也就说明了在澳斯麦特炉内 MeO 的还原要比反射炉与电炉中进行得更快些。

在澳斯麦特炉中更为重要的反应是气-液-固三相反应，即为搅拌的气相、翻腾的液相和还原煤固相之间的反应。在高温翻腾的熔池中，煤中的固定碳与气相中的氧充分接触，发生煤的燃烧反应，产生气体 CO_2 与 CO，CO 即为液态炉渣中 MeO 的还原剂，这样气-液两相的还原反应速度要比固-液两相间的反应快得多。所以，在澳斯麦特炉中 CO 气体还原剂仍然起主要作用。在电炉与反射炉内进行的还原熔炼，碳燃烧产生的 CO 更是 MeO 还原的主要还原剂。

综上所述，在还原熔炼过程中，MeO 的还原反应可用以下反应式来表示：

$$MeO + CO = Me + CO_2 \qquad (5-1)$$

$$CO_2 + C \Longrightarrow 2CO \tag{5-2}$$

因此，本章讨论的基本原理主要内容包括碳的燃烧反应、金属氧化物的还原与炼锡炉渣的选择。

5.2 还原熔炼的基本原理

5.2.1 碳的燃烧反应

在锡精矿的还原熔炼过程中，大都采用固体炭质还原剂，如煤、焦炭等。在熔炼高温下，当这种还原剂与空气中的氧接触时，就会发生碳的燃烧反应，根据反应过程，其反应可分为：

碳的完全燃烧反应：

$$C + O_2 \Longrightarrow CO_2 + 393129J \tag{5-3}$$

碳的不完全燃烧反应：

$$2C + O_2 \Longrightarrow 2CO + 220860J \tag{5-4}$$

碳的气化反应，又称布多尔反应：

$$C + CO_2 \Longrightarrow 2CO - 172269J \tag{5-5}$$

煤气燃烧反应：

$$2CO + O_2 \Longrightarrow 2CO_2 + 565400J \tag{5-6}$$

这四个反应除反应（5-5）外，其余三个反应均为放热反应，但是其热值的大小是不一样的。如果按反应（5-3）进行碳的完全燃烧反应，1mol 的碳可以放出 393129J 的热；如果按反应（5-4）进行，即 1mol 的碳不完全燃烧时放出热量只有 110430J 的热，不到反应（5-3）放热的 1/3，所以从碳的燃烧热能利用来说，应该使碳完全燃烧变为 CO_2。这样一来燃烧炉内只能维持强氧化气氛，即供给充足的氧气才能达到。但是对于还原熔炼来说，除了要求碳燃烧放出一定热量维持炉内的高温外，还必须保证有一定的还原气氛，即有一定量的 CO 来还原 SnO_2。

温度升高有利于吸热反应从左向右进行，即有利于反应（5-5）而不利于反应（5-4）向右进行。所以在高温还原熔炼的条件下，必须有足够多的碳存在，以使碳的气化反应（5-5）从左向右进行，以保证还原熔炼炉内有一定的 CO 存在，促使 SnO_2 更完全地被还原。

综上所述，在锡精矿高温还原熔炼的条件下，碳的燃烧反应应该是反应（5-3）与反应（5-5）同时进行，才能维持炉内的高温（1000～1200℃）和还原气氛（CO,%）。对于不同的熔炼方法，反应（5-3）与反应（5-5）可以同时在炉内进行，也可以分开进行。如反射炉喷粉煤燃烧时，反应（5-3）主要是在炉空间进行，反应（5-5）主要是在料堆内进行；电炉熔炼是以电能供热，煤的加入是在料堆内进行碳的气化反应（5-5）供应还原剂 CO。如果采用鼓风炉或澳斯麦特炉炼锡，则碳燃烧反应（5-3）与反应（5-5）必须同时在炉内风口区或熔池中进行。

5.2.2 金属氧化物（MeO）的还原

5.2.2.1 氧化锡的还原

精矿、焙砂原料中的锡主要以 SnO_2 的形态存在，还原熔炼时发生的主要反应为：

$$SnO_{2(s)} + 2CO_{(g)} \Longrightarrow Sn_{(l)} + 2CO_{2(g)} \qquad \Delta G = 5484.97 - 4.98T \qquad (5\text{-}7)$$

$$C_{(s)} + CO_{2(g)} \Longrightarrow 2CO_{(g)} \qquad\qquad \Delta G = 170.707 - 174.47T \qquad (5\text{-}8)$$

反应（5-7）为固态 SnO_2 被气态 CO 还原产生 $Sn_{(l)}$ 和气态 $CO_{2(g)}$，而大部分 $CO_{2(g)}$ 被固定碳还原（5-8），产生气态的 $CO_{(g)}$ 又成为反应（5-7）的气态还原剂去还原固态的 $SnO_{2(s)}$。如此循环往复，直至这两反应中的一固相消失为止。所以，只要在炉料中加入过量的还原剂，理论上可以保证 SnO_2 完全还原。

当两反应各自达到平衡时，其平衡气相中 CO 与 CO_2 的平衡浓度会维持一定的比值。在还原熔炼的条件下（恒压下），这个比值主要受温度变化的影响。若将平衡气相中的 CO 和 CO_2 的平衡浓度之和作为 100，则可绘出反应的 CO（%）与温度变化的关系。

反应（5-7）与反应（5-8）的这种变化关系如图 5-1 所示。

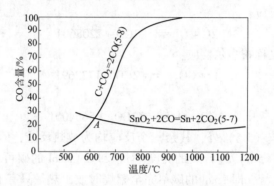

图 5-1　用 CO 还原 SnO_2 时气相组成与温度的关系

图 5-1 中的两条平衡曲线相交于 A 点，A 点对应的温度约为 630℃，这意味着炉内的温度达到 630℃，若气相中 CO 的含量（%）达到 A 点相应的水平（约为 21%），两反应便同时达到平衡。即用固体碳作 SnO_2 的还原剂时，只要炉内维持 A 点的温度条件，SnO_2 就可以开始还原得到金属锡，这个温度（约 630℃）就是 SnO_2 开始还原的温度，即炉内的温度必须高于 630℃，才能使 SnO_2 被煤等固体还原剂所还原。

当炉内温度从 630℃ 继续升高时，反应（5-8）平衡气相中的 CO 含量（%）会进一步升高，远高于反应（5-7）平衡气相中 CO 含量（%），即温度升高有利于反应（5-7）从左向右进行，反应（5-7）产生的 CO_2 会被炉料中的还原剂煤所还原变为 CO，以保证反应继续向右进行。

在生产实践中，所用锡精矿和还原煤不是纯 SnO_2 和纯固定碳，其化学成分复杂，物理状态各异，另外受加热和排气系统等条件的限制，实际的 SnO_2 被还原温度要比 630℃ 高许多，往往在 1000℃ 以上，并且要加入比理论量高 10%~20% 的还原剂，以保证炉料中的 SnO_2 能更迅速、更充分地被还原。

5.2.2.2　锡精矿中其他金属氧化物的行为

可以根据金属氧化物对氧亲和力的大小，来判断或控制其在还原熔炼过程中的变化。图 5-2 所示为氧化物的吉布斯标准自由能变化与温度的关系图，从图中可以看出，低于

SnO_2 线的金属氧化物是第一类对氧的亲和力比锡大的杂质，有 SiO_2、Al_2O_3、CaO、MgO 以及很少量的 WO_3、TiO_2、Nb_2O_5、Ta_2O_5、MnO 等，它们的 ΔG 比 SnO_2 线的 ΔG 负得多，即稳定得多，它们被 CO 还原时，要求平衡气相组成中的 CO 含量（%）高于 SnO_2 被还原时 CO 的含量，即其平衡曲线在图 5-1 中的位置远高于 SnO_2 还原平衡曲线（5-7）的上方，只要控制比锡还原条件还低的温度和一定的 CO 含量（%），它们是不会被还原，仍以 MeO 形态进入渣中。

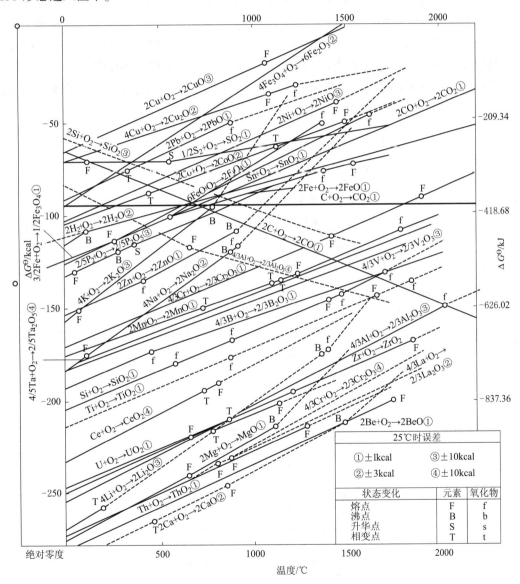

图 5-2　氧化物的 $\Delta G^{\ominus}$ 与温度 T 的关系

图 5-2 中高于 SnO_2 线的金属氧化物，包括铜、铅、镍、钴等金属对氧亲和力比锡小的杂质金属的氧化物，其 ΔG 较 SnO_2 负得少些，比 SnO_2 更不稳定些，是第二类杂质，它们在锡氧化物被还原的条件下，会比 SnO_2 优先被还原进入粗锡中，给粗锡的精炼带来许

多麻烦，应在炼前准备阶段中尽量将其分离。

第三类杂质是铁的氧化物。在图 5-2 中，与 SnO_2 线临近，其 ΔG 值相近。生产实践表明，炉料中的铁氧化物部分被还原为金属铁溶入粗锡中，Fe_2O_3 被还原为 FeO 再与其他脉石（SiO_2 等）造渣而入炉渣中。铁的氧化物还原的这种特性，给锡精矿的还原熔炼过程造成较大的困难。要使炉渣中 SnO 很充分地还原，得到含锡低的炉渣，势必要求更高的温度与更强的还原气氛，这就给渣中的 FeO 还原创造了条件，使其被更多地还原而进入粗锡中，使粗锡中的铁含量高达 1% 以上；当锡中的铁含量达到饱和程度，还会结晶析出 Sn-Fe 化合物，形成熔炼过程中的另一产品——硬头。硬头的处理过程麻烦，并造成锡的损失。所以锡原料在还原熔炼过程中控制粗锡中的 Fe 含量，是控制还原终点的关键。在还原熔炼过程中，氧化锌的行为与氧化铁的行为类似，但由于金属锌在高温下易挥发，因此在实际生产中，锌主要分配在炉渣和烟尘中。

5.2.2.3　还原熔炼过程中锡与铁的分离

SnO_2 的还原分两个阶段进行：

$$SnO_2 + 2CO \rightleftharpoons Sn + 2CO_2 \tag{5-9}$$

$$SnO_2 + CO \rightleftharpoons SnO + CO_2 \tag{5-10}$$

$$SnO + CO \rightleftharpoons Sn + CO_2 \tag{5-11}$$

反应（5-10）很容易进行，即酸性较大的 SnO_2 很容易被还原为碱性较大的 SnO。锡还原熔炼一般造硅酸盐炉渣，碱性较大的 SnO 便会与 SiO_2 等酸性渣成分结合而入渣中，渣中的 SnO 比游离 SnO 的活度小，活度越小越难被还原。

原料中铁的氧化物主要以 Fe_2O_3 形态存在，在高温还原气氛下按下列顺序被还原：

$$Fe_2O_3 \longrightarrow Fe_3O_4 \longrightarrow FeO \longrightarrow Fe$$

其还原反应为：

$$3Fe_2O_3 + CO \rightleftharpoons 2Fe_3O_4 + CO_2 \tag{5-12}$$

$$\lg K_p = \lg \frac{\% CO_2}{\% CO} = \frac{1722}{T} + 2.81$$

$$Fe_3O_4 + CO \rightleftharpoons 3FeO + CO_2 \tag{5-13}$$

$$\lg K_p = \lg \frac{\% CO_2}{\% CO} = \frac{-1645}{T} + 1.935$$

$$FeO + CO \rightleftharpoons Fe + CO_2 \tag{5-14}$$

$$\lg K_p = \lg \frac{\% CO_2}{\% CO} = \frac{688}{T} - 0.90$$

高价铁氧化物 Fe_2O_3 的酸性较大，只有还原变为碱性较大的 FeO 后，才能与 SiO_2 很好地化合造渣融入渣中。所以总是希望 Fe_2O_3 完全还原为 FeO 而进入渣中，而渣中的 FeO 不被还原为 Fe 进入粗锡中。

将上述反应（5-9）、反应（5-12）、反应（5-13）、反应（5-14）各自独立还原时，其平衡气相中 CO 含量（%）与温度的关系变化曲线如图 5-3 所示。

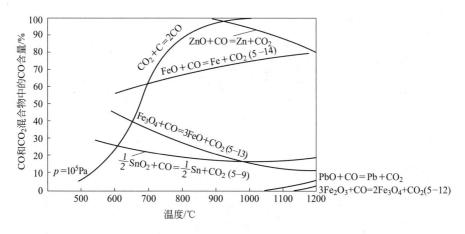

图 5-3　铁、锡（铅、锌）氧化物还原的平衡曲线

图 5-3 表明，在还原熔炼过程中，当锡铁氧化物的还原反应独自完成、互不相溶并且不与精矿中的其他组分发生反应时（即其活度为 1），在一定温度下，控制炉气中 CO 含量（%），就可使 SnO_2 还原为 Sn，Fe_2O_3 只还原为 FeO。在生产实践中，往往是 SnO 和 FeO 都要溶入渣中，使其活度变小，还原变得更为困难，要求炉气中的 CO 含量（%）更高些，图 5-3 中的还原平衡曲线将向上移动。当（SnO）和（FeO）还原得到金属 Sn 和 Fe，它们又能互溶在一起形成合金时，合金中的 [Sn] 与 [Fe] 的活度小于 1，其活度越小渣中的 SnO 和 FeO 也越容易被还原，于是图 5-3 中的还原平衡曲线将向下移动。这种平衡曲线上下移动关系如图 5-4 所示。这种活度的变化对平衡曲线移动的影响，可用下列反应式表示：

$$(SnO) + CO \Longrightarrow [Sn] + CO_2 \tag{5-15}$$
$$\Delta G = -11510 - 4.21T$$
$$(FeO) + CO \Longrightarrow [Fe] + CO_2 \tag{5-16}$$
$$\Delta G = -34770 + 32.25T$$

$a_{(SnO)}$、$a_{(FeO)}$、$a_{[Sn]}$、$a_{[Fe]}$ 表示相应组分的活度，$a_{(SnO)}$ 越小及 $a_{[Sn]}$ 越大，渣中 SnO 越难还原；$a_{(FeO)}$ 越大及 $a_{[Fe]}$ 越小，渣中 FeO 越容易还原。若合金相与渣相平衡时，锡和铁在两相间的分配可由式（5-17）决定：

$$(SnO) + [Fe] \Longrightarrow [Sn] + (FeO) \tag{5-17}$$
$$\Delta G = 23260 - 36.46T$$

当加入的锡精矿开始进行还原熔炼时，$a_{(SnO)}$ 很大，返回熔炼的硬头，由于 $a_{[Fe]}$ 大，便可作为精矿中 SnO_2 的还原剂。随着反应向右进行，$a_{(SnO)}$ 与 $a_{[Fe]}$ 越来越小，相反 $a_{(FeO)}$ 及 $a_{[Sn]}$ 越来越大，反应向右进行的趋势越来越小，而向左进行的趋势则越来越大，最终达到两方趋势相等的平衡状态，从而决定了 Sn、Fe 在这两相中的分配关系。所以在锡精矿还原熔炼过程中，要较好地分离铁与锡是比较困难的。

在生产实践中常用经验型的分配系数 K 来判断锡、铁的还原程度，用以控制粗锡的质量。分配系数 K 表示如下：

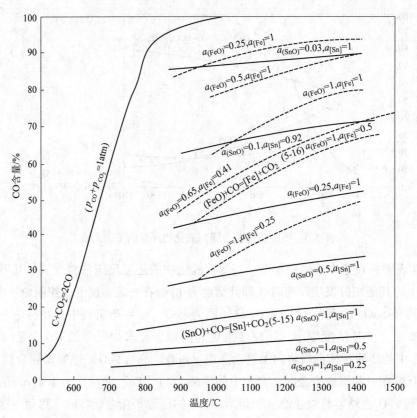

图 5-4　不同温度时反应（5-15）和反应（5-16）
的平衡气相组成与组元活度的关系

$$K = \frac{w_{[\mathrm{Sn}]} w_{(\mathrm{Fe})}}{w_{[\mathrm{Fe}]} w_{(\mathrm{Sn})}} \tag{5-18}$$

式中，$w_{[\mathrm{Sn}]}$，$w_{[\mathrm{Fe}]}$ 和 $w_{(\mathrm{Sn})}$、$w_{(\mathrm{Fe})}$ 分别表示金属相和渣相中 Sn、Fe 的质量分数。实践证实，当 $K = 300$ 时，能得到含铁最低的高质量锡；当 $K = 50$ 时便会得到含 Fe 约 20% 的硬头。澳斯麦特公司在其工业设计中推荐的 K 值，精矿熔炼阶段为 300，渣还原阶段为 125。

我国锡冶金工作者经过长期研究与生产总结，采取锡精矿还原熔炼生产富锡炉渣，然后将富锡炉渣进行烟化处理，优先硫化挥发锡，铁不挥发留在渣中，是目前解决 Sn、Fe 分离较为完善的方法。采用澳斯麦特炉熔炼、反射炉熔炼可有效地控制铁的还原，也可以采用高铁质炉渣，但总铁含量不应大于 50%。

5.2.2.4　影响金属氧化物还原反应速率的因素

锡氧化物被气体还原剂 CO 还原的过程发生在气固两相界面上，属于"局部化学反应"类型的多相反应。在这种体系中，所形成的固体产物包围着尚未反应的固体反应物，形成固体产物层，如图 5-5 所示。随着反应的进行，未反应的核不断地缩小。

从图 5-5 中可以看出，CO 还原固体氧化锡的过程可以看成是由几个同时发生的或相继发生的步骤组成：

（1）沿气体流动方向输送气体反应物 CO。

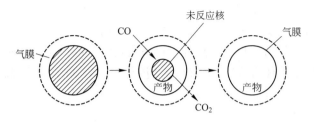

图 5-5 氧化物被 CO 还原的过程

（2）气体反应物 CO 由流体本体向锡精矿的固体颗粒表面扩散（外扩散）及气体反应物 CO 通过固体孔隙和裂缝深入到固体内部的扩散（内扩散）。

（3）气体反应物 CO 在固体产物与未反应核之间的反应界面上发生物理吸附和化学吸附。

（4）被吸附的 CO 在界面上与 SnO_2（SnO）发生还原反应并生成吸附态的产物 CO_2。

（5）气体反应产物 CO_2 在反应界面上解吸。

（6）解吸后的气体反应物 CO_2 在反应界面上解吸。

（7）气体反应物 CO_2 沿气流流动方向离开反应空间。

上述各个步骤都具有一定的阻力，并且各步的阻力是不同的，所以每一步骤进行的速率一般是不相同的。锡氧化物还原的总过程可以看成是由上述步骤所组成的，而过程的总阻力等于串联步骤的阻力之和，在由多个步骤组成的串联反应过程中，当某一个步骤的阻力远远大于其余步骤的阻力时，即整个反应主要由这个最大阻力步骤所控制。由于氧化锡的还原熔炼是在高温下进行的，因此反应速率通常是由扩散过程，特别是由内扩散过程控制的。

根据热力学原理，若要氧化锡的还原反应进行，体系中 CO 的实际浓度必须大于平衡时的 CO 浓度。由于氧化锡的还原过程处于扩散区，过程的表观速率取决于传质速率，因此 CO 实际浓度与其平衡浓度之差成为过程的推动力。而化学反应的速率正比于其推动力与阻力之比，因此影响氧化锡还原速率及彻底程度的因素有：

（1）气流的性质。SnO_2 的还原反应主要靠气体还原剂 CO，故气相中的 CO 浓度越高，反应速率越大。为了保证气流中有足够的 CO 浓度，从碳的气化反应可知，炉料中必须有足够的还原剂及较高的温度，这样便可保证 SnO_2 被 CO 还原产生的 CO_2 被碳还原为 CO，使 SnO_2 不断地被 CO 所还原。气流速度加大，固体粒子表面的气膜减薄，更有利于气相中的 CO 渗入到料层中，并较快地扩散到固体颗粒内部，使固体炉料颗粒内部的 SnO_2 更完全、更迅速地被还原。对于反射炉和电炉熔炼而言，这种作用是不明显的；对于澳斯麦特炉强化熔池熔炼，气流速度在熔池中的搅拌就显得非常重要了。

（2）炉料的性质。炉料的物理状态包括颗粒大小与含水量。精矿颗粒的粒度越小，比表面积越大，越有利于与气体还原剂接触。一般处理的锡精矿的粒度主要受选矿条件制约，冶炼厂不再磨矿处理。对于反射炉熔炼而言，由于炉料形成料堆，气相中的 CO 很难在其中扩散，同时料堆内部传热也是以传导为主，因此在反射炉内料堆中的还原反应速度很慢，故其生产率较低。在电炉内，料堆下部还受到熔体流动的冲刷，其还原反应速度比反射炉要好一些，但反应并不显著。对于反射炉与电炉熔炼而言，由于 MeO 的还原反应都是在料堆内部进行，故要求还原剂与精矿应在入炉前进行充分混合，最好经制粒后加入炉内，以改善料堆内部的透气性和导热性。在澳斯麦特炉内由于熔体被气流强烈搅动，加入熔池内的炉料很快被熔体吞没，在熔体内部进行气-液-固三相反应，所以 MeO 还原反应非常迅速，故其生产率较高。炉料经制粒后加入炉内目的主要是为了减少粉料入炉、降低烟尘率以及改善劳动条件。

（3）温度。如前所述，锡精矿的还原过程是由一系列步骤组成的，温度对这些步骤的影响各不同，所以温度对于还原速率的影响呈现复杂的关系。但总的来说，升温有几个作用：

1）锡还原反应本身是一个吸热反应，温度高对加速反应有利。

2）温度高可增加解吸速度，加速 CO 在精矿表面的扩散过程。

3）从图 5-1 可知，$CO + C = 2CO$ 为吸热反应，其 CO 平衡浓度随温度升高而增加，故温度越高，CO 浓度（%）越大，而反应 $SnO_2 + 2CO = Sn + 2CO_2$ 随温度递增所需的 CO 并不大，故 SnO_2 的还原反应容易进行。

4）随温度递增可以降低炉渣的黏度，加速扩散过程。但提高炉温也有不利的一面：铁可能被更多地还原出来，炉子寿命缩短，锡挥发损失增加，所以炉温的提高是有限制的。客观地说，由于锡精矿还原熔炼过程的温度都在 1000℃ 以上，反应速率主要受扩散速率限制，因此提高反应温度有利于加速扩散，从而提高还原反应速率。

（4）还原剂种类及其加入量。还原剂的种类对还原速率有很大影响，含挥发分少的碳粉只在 850℃ 时才开始对氧化锡有明显的还原作用，而含挥发分较多的还原剂可以在较低的温度下或较短的时间内充分还原氧化锡。但在较高的温度下，各种碳质还原剂的作用相差不大，许多研究者发现碳的种类对反应速率的影响很大：用活性炭作还原剂时，SnO_2 大约在 800℃ 开始还原；而使用石墨作还原剂时，SnO_2 大约在 925℃ 才开始还原。还原剂配入的多少直接影响着还原气氛的强弱和还原反应速度的快慢，以及还原反应进行的程度。如果固体还原剂只是按理论量加入，则在还原过程后期，固体还原剂将不足以维持布多尔反应平衡的需要，而在料层内部将只是反应（5-9）的平衡 CO/CO_2 气氛，不可能使 SnO_2 完全还原。此外，就还原熔炼后期已造渣的锡的还原来说，主要靠 SnO 或 $SnSiO_3$ 在熔渣中的扩散与固体碳直接作用。所以要使 SnO_2 完全还原，并且将炉渣中的氧化锡还原，过量的还原剂是必要的，但还原剂并不是可以无限制地增加，而是受到铁还原的制约。还原剂的加入量一般按下列两个主要反应来计算：

$$2SnO_2 + 3C \xrightarrow{\quad\quad} 2Sn + 2CO + CO_2 \tag{5-19}$$

$$Fe_2O_3 + C \xrightarrow{\quad\quad} 2FeO + CO \tag{5-20}$$

这样的计算结果忽略了原料中其他 MeO 的还原以及碳燃烧过程中的飞扬损失等，所以实际配入的还原剂量应比理论计量高 10% ~ 20%。

5.2.3　炼锡炉渣

5.2.3.1　概　述

炉渣是炼锡的重要产品，为了提高炉子的生产率与锡的回收率，获得较好的技术经济指标，必须正确选择炉渣的组成，以便熔炼过程顺利进行。对于炼锡而言，重要的任务是分离锡与铁，尽量使铁造渣，一般选择 FeO-SiO$_2$-CaO 渣系。

在锡还原熔炼过程中，为了分离锡与铁，选择的条件（温度及 CO（%））是相同的，即反应（5-15）与反应（5-16）几乎在同一条件下达到平衡，即：

$$\frac{p_{CO}}{p_{CO_2}} = K_{Sn}\frac{a_{[Sn]}}{a_{(SnO)}} = K_{Fe}\frac{a_{[Fe]}}{a_{(FeO)}} \tag{5-21}$$

当还原气氛维持不变，即 $\frac{p_{CO}}{p_{CO_2}}$ 一定，温度一定时，$\frac{K_{Sn}}{K_{Fe}}$ 也一定，于是可以得到：

$$a_{(SnO)} = \frac{a_{[Sn]}}{a_{[Fe]}} \times a_{(FeO)} \tag{5-22}$$

式（5-22）表明，如果铁硅酸盐炉渣中 $a_{(FeO)}$ 越小，便可以得到含锡越低的炉渣，即渣中的锡还原越完全。炉渣中的 $a_{(FeO)}$ 与 $a_{(SnO)}$ 主要与炉渣中的 FeO、SiO$_2$、CaO 的含量有关，因为它们的总量约占炉渣量的 80% ~ 85%。

渣中的 SnO 被还原后产生的液态金属锡滴悬浮在液态炉渣中，因此必须创造小锡滴聚合并从渣中沉降的条件，否则锡、铁不能很好地分离，渣含锡一定很高。小锡滴聚合与沉降的条件与炉渣的熔点、黏度、密度和表面张力等性质有关。

还原熔炼的温度是由炉渣的黏度与熔化温度来确定的。那么，熔炼过程的燃料与耐火材料消耗等许多技术经济指标也与炉渣的性质有关。

渣带走的锡量是锡在熔炼过程中的主要损失。锡在渣中损失的原因有：

（1）渣中的 SnO 没有完全被还原造成的化学损失，约占渣中锡量的 50%。

（2）还原后的小锡滴没有聚合沉降，悬浮在渣中的机械损失，在富渣中约占锡量的 40%。

（3）锡在渣中的溶解，这种损失较少。

所有这些锡在渣中损失的原因与炉渣中的主要化学组成 FeO、SiO$_2$、CaO 的含量有关，因为这些组成含量的变化决定了炉渣的性质。

5.2.3.2 炼锡炉渣的组成及特质

在讨论炉渣的组成和结构时，较成熟的理论是分子与离子共存理论。按照共存理论的观点，熔渣是由简单离子（Na$^+$、Ca^{2+}、Mg^{2+}、Mn^{2+}、Fe^{2+}、O^{2-}、S^{2-}、F$^-$ 等）和 SiO$_2$、硅酸盐、铝酸盐等分子组成。国内外一些炼锡厂的炉渣组成见表 5 - 1，从表中可以看出，炼锡炉渣可以分为三大类型：（1）高铁质炉渣，这种炉渣以 FeO 和 SiO$_2$ 二元组成为主；（2）低铁质炉，这种炉渣以 FeO、SiO$_2$ 和 CaO 三元组成为主；（3）高钙硅质炉渣，这种炉渣以 CaO、SiO$_2$ 和 Al$_2$O$_3$ 三元组成为主。

表 5-1 国内外一些炼锡厂炼锡炉渣的化学成分实例

成　分	SiO$_2$	FeO	CaO	Al$_2$O$_3$	Sn	硅酸度	熔炼设备
国内 1 号	19 ~ 24	38 ~ 45	1 ~ 2	7 ~ 12	6 ~ 10	1.1 ~ 1.3	反射炉
国内 2 号	24 ~ 31	31 ~ 35	9 ~ 10	1.4 ~ 1.6	7 ~ 10	1.2 ~ 1.6	反射炉

成　分	SiO$_2$	FeO	CaO	Al$_2$O$_3$	Sn	硅酸度	熔炼设备
国内 3 号	26 ~ 32	3 ~ 5	32 ~ 36	10 ~ 20	3 ~ 7	1.0 ~ 1.2	电炉
国内 4 号	17 ~ 26	9 ~ 21	15	7 ~ 12	3 ~ 5	1.3 ~ 2.0	电炉
美　国	41.12	13.20	2	10.2	23.6		反射炉
前苏联	22 ~ 30	17 ~ 22	14 ~ 15	12 ~ 14	4 ~ 12	1.25 ~ 1.60	反射炉
印度尼西亚	18 ~ 24	14 ~ 21	5 ~ 9		0.8 ~ 12		转炉
玻利维亚	30	30	14	11	9 ~ 12	1.45	反射炉
马来西亚	21.53	16.9	12.72	6.81	15.07	1.55	反射炉
英　国	25	32	13	10	4.4	1.34	鼓风炉

高铁质炉渣适用于冶炼含铁量大于 15% 的锡精矿；低铁质炉渣适用于冶炼含 5% ~ 10% 的高硅质锡精矿或富渣再熔炼；高钙硅质炉渣的导电性小、熔点高，适用于电炉处理含铁量低于 5% 的锡精矿及烟尘。

下面以 FeO - SiO$_2$ - CaO 三元系作为锡炉渣的实用代表渣系来讨论炉渣的性质。

A　炉渣熔点

常见造渣氧化物的熔点都很高，其熔点如下：

MeO	SiO$_2$	Al$_2$O$_3$	FeO	CaO	MgO
$t_{熔}$/℃	1723	2060	1371	2575	2800

如果将这些 MeO 按适当比例配合，就可以得到熔点较低的炉渣。以 FeO-SiO$_2$ 二元系（见图 5-6）为例，就可以得到熔点为 1205℃ 的 2FeO·SiO$_2$ 化合物，熔点为 1178℃ 与 1177℃ 的两个共晶物。如果造出这种含 SiO$_2$ 在 24% ~ 38% 之间的 FeO-SiO$_2$ 二元系炉渣，其理论熔化温度约为 1200℃ 左右，符合炼锡炉渣的上限温度，但这种炉渣含铁高，密度大，由于 $a_{(FeO)}$ 大，便会有大量的（FeO）被还原进入粗锡，产出硬头，这些都会给熔炼及精炼过程造成许多麻烦。所以只有当熔炼高铁（15% ~ 20%）精矿时，才考虑选用此种渣型，以减少溶剂的消耗。其他 SiO-CaO、FeO-CaO 二元系的熔点都很高，在有色冶金中都不能采用。一般是采用 FeO-SiO$_2$-CaO 三元系炉渣。

FeO-SiO$_2$-CaO 三元系炉渣状态图（见图 5-7(a)）表明，在靠近 SiO$_2$-FeO 线一方的 2FeO·SiO$_2$（F$_2$S）化合物点，配入适当的 CaO，使其成分向中央扩散，形成一个低熔点炉渣组成的区域（低于 1300℃），这个区域是炼锡炉渣及其他有色冶金炉渣的组成范围（见图 5-7(b)）。若要求炉渣熔点低于 1150℃，则炉渣组成范围为：SiO$_2$ 32% ~ 46%，FeO 35% ~ 55%，CaO 5% ~ 20%。

在锡还原熔炼过程中，不可避免地有 SnO 甚至有许多 SnO 进入炉渣中，可使 FeO-SiO$_2$-CaO 三元系炉渣的液相区（1200℃ 以下区域）有所扩大，当产出 SnO 含量高的炉渣时，范围扩大更明显。所以当炉渣中 SnO 含量高时，对炉渣成分的要求不如含 SnO 低时那么严格。炉渣中含有少量的 Al$_2$O$_3$、MgO、TiO$_2$ 和 ZnO 时，熔点稍有降低，若其含量高时会使炉渣的熔点升高。

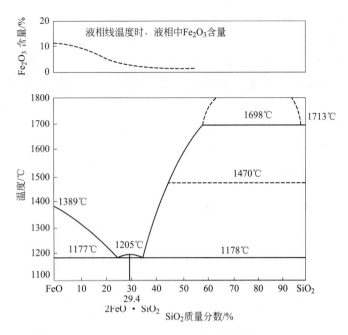

图 5-6 FeO-SiO₂ 二元系状态图

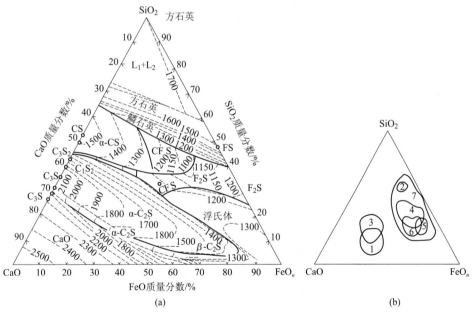

图 5-7 FeO-SiO₂-CaO 三元系状态图（a）及各种炉渣的组成范围（b）

$CS—CaO \cdot SiO_2$；$C_3C_2—3CaO \cdot 2SiO_2$；$C_2S—2CaO \cdot SiO_2$；$C_3S—3CaO \cdot SiO_2$

1—碱性炼钢平炉；2—酸性炼钢平炉；3—碱性氧气转炉；4—铜反射炉；

5—铜鼓风炉；6—铅鼓风炉；7—炼锡炉渣

B 炉渣黏度

炉渣的黏度影响金属锡与炉渣的分离。实验测出的 FeO-SiO₂-CaO 三元系炉渣的组成-

黏度图如图 5-8 所示，该图表明，在 $2FeO \cdot SiO_2$ 化合物点附近，适当加入少量的（小于20%）CaO，炉渣的黏度是最低的。当 SiO_2 含量增加时，炉渣的黏度明显增大。如图 5-9所示，SiO_2 的摩尔分数为 35% ~ 37% 时（相应的质量分数为 31% ~ 33%），恰为黏度下降区，也是形成 $2FeO \cdot SiO_2$ 的区域，SiO_2 摩尔分数超过 40%，黏度明显上升。根据炉渣结构理论分析，炉渣黏度大小主要与炉渣中 $Si_xO_y^{z-}$ 有关。炉渣含 SiO_2 越高，$Si_xO_y^{z-}$ 越复杂，形成多个联结的网状结构，致使炉渣流动性变坏，黏度大大升高。加入一些碱性氧化物（FeO、CaO 等），便可以破坏 $Si_xO_y^{z-}$ 的多链网状结构，形成简单的金属阳离子和 SiO_4^{4-}、O^{2-} 离子，从而使炉渣黏度降低。

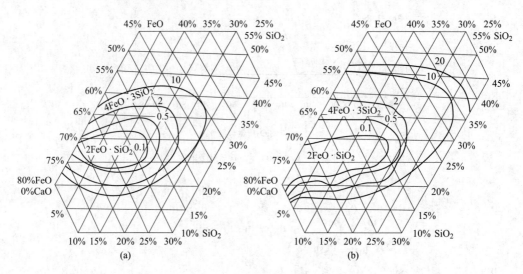

图 5-8　FeO-SiO_2-CaO 三元系中的等黏度线（黏度单位为 $Pa \cdot s \times 10^{-1}$）

(a) 1250℃；(b) 1300℃

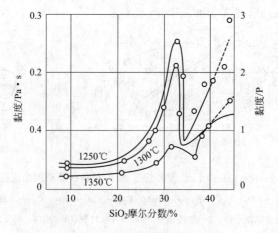

图 5-9　FeO-SiO_2 系熔体的黏度

C　炉渣中 SnO 及 FeO 的活度

前已述及，炉渣中 $a_{(FeO)}$ 与 $a_{(SnO)}$ 对锡、铁分离有很大影响。图 5-10 表示 1600℃ 下

FeO_n-SiO_2-CaO 三元系渣中 $a_{(FeO)}$ 随渣成分的变化。该图中的 AB 线表示在 SiO_2-FeO 二元系渣中，加入适量的 CaO 可使渣中 $a_{(FeO)}$ 增加。这是由于 CaO 的碱性更强，可以置换出 $2FeO \cdot SiO_2$ 中的 FeO 而形成 $2CaO \cdot SiO_2$。

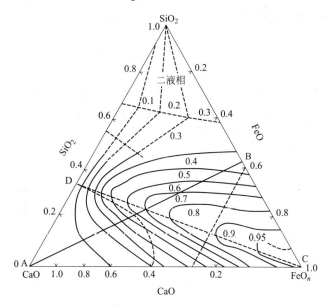

图 5-10 FeO_n-SiO_2-CaO 三元系中 FeO 的等活度线（1600℃）

SnO 是以 $SnO \cdot SiO_2$ 的形态溶于硅酸盐炉渣中。与 SnO-SiO_2 二元系一样，往 SnO-SiO_2 二元系渣中加入 CaO，可以置换出 SnO，从而提高 $a_{(SnO)}$，并且随着 CaO 含量的增加，其活度增大，见图 5-11 中的 AB 线。

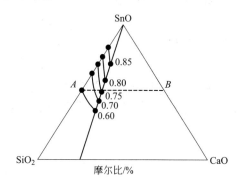

图 5-11 SnO-CaO-SiO_2 三元系中 SnO 的等活度线（1100℃）

例如，在 AB 线上，SnO 的浓度不变，但沿着 AB 方向减少 SiO_2 和增加 CaO 的含量时，$a_{(SnO)}$ 从 A 点时的 0.6 增至 0.7 ~ 0.75，最后接近 0.8（即 AB 线与图中等活度线各交点的值），故 γ 也随之增大。所以在锡精矿还原熔炼时，造高钙渣更有利于渣中的 SnO 还原。这就是富锡炉渣加钙（CaO）再熔炼的主要依据。

D　炉渣密度

炉渣与金属熔体的密度差对炉渣与金属熔体的澄清分层有着决定性的作用。炉渣密度越小，其与金属熔体的差值越大，一般其值不应低于 $1.5 \sim 2g/cm^3$，才有利于两者的澄清分层。

炉渣的密度可按其组成的密度，用加权法进行近似计算，其主要组成的密度如下：

氧化物	FeO	CaO	Al_2O_3	MgO	SiO_2
密度/g·cm^{-3}	5	3.32	2.80	3.4	2.51

当 FeO-SiO_2-CaO 三元系炉渣的组成含量变化时，其相应密度见表5-2。

表 5-2　　FeO-SiO_2-CaO 三元系炉渣组成与密度关系

组成/%	SiO_2	20	25	30	35	40
	FeO	65	60	55	50	45
	CaO	15	15	15	15	15
密度/g·cm^{-3}		4.10	3.95	3.80	3.60	3.50

FeO 含量越高的炉渣，密度越大，不利于炉渣与金属熔体的澄清分层。含 SiO_2 高的酸性炉渣则相反。

E　炉渣的表面张力

FeO-SiO_2-CaO 系熔渣的界面直接关系到炉渣-金属的分离、炉渣-金属两相间的反应以及传质速率和耐火材料的腐蚀等。熔渣的界面性质主要取决于炉渣的表面张力和锡的表面张力。界面张力的大小往往由两液体的表面张力的差给出，这称为安托诺夫法则，即渣-金属间的界面张力可用 γ_{ms}（N·m^{-1}）$= \mid \gamma_m - \gamma_s \mid$ 计算式来估算，计算值与实测值往往不一致，因为 γ_{ms} 测定困难，精度也低，各种渣-金属的界面张力大致按下列顺序依次减小：$CaF_2 > CaO - SiO_2$-Al_2O_3 系（酸性）$> CaO$-Al_2O_3 系（碱性）$>$ FeO-SiO_2-CaO 系。金属中的氧量和硫量对界面张力影响很大，一般随氧量、硫量的增加而减小，硫对界面张力的影响不如氧大。金属锡珠能否合并长大并从渣中沉降分离出来，很大程度上取决于炉渣和金属锡之间的界面张力，界面张力愈大，则能减少炉渣对金属锡的润湿能力，有利于锡珠合并长大，能降低渣含锡；反之，则不利于锡珠的合并长大和降低渣含锡。

锡的表面张力随温度的升高而降低。

温度/℃	200	400	500	600	700	800
γ_{Sn}/N·mm^{-1}	685	580	565	550	535	520

图 5-12 为 FeO-SiO_2-CaO 系炉渣在 1350℃ 时的等表面张力曲线图。该图表明，这种炉渣的表面张力随 CaO 的增加而增大，随 SiO_2 的增加而减少，随 FeO 的增加而缓慢增加。

F　炉渣的硅酸度

大多数炼锡厂采用 FeO-SiO_2-CaO 系炉渣，基本上是氧化亚铁与氧化钙的硅酸盐，按

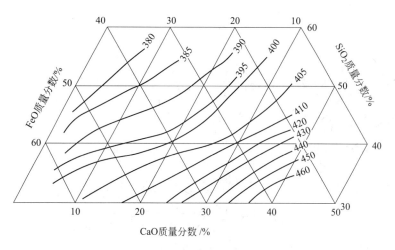

图 5-12 FeO-SiO₂-CaO 系在 1350℃时的等表面张力曲线图

这种炉渣的分子结构分类，可将其分为碱性氧化物（如 FeO、CaO）和酸性氧化物（如 SiO₂）。在生产实践中，将酸性氧化物中的含氧量与碱性氧化物中的含氧量之比值，称为炉渣的硅酸度（K），可以用下式表示：

$$K = \frac{酸性氧化物中氧的质量分数之和}{碱性氧化物中氧的质量分数之和}$$

一个简便的计算公式是：

$$K = \frac{(1/30)SiO_2\%}{(1/56)CaO\% + (1/72)FeO\%}$$

计算公式中，分子项 SiO₂ 的相对分子质量为 60，对 1 个 O 而言为 30，故其系数取 1/30；分母项 CaO 的相对分子质量为 56，对 1 个 O 而言为 56，故系数取 1/56，FeO 的相对分子质量为 72，对 1 个 O 而言为 72，故其系数取 1/72。

例如，某炉渣成分为：SiO₂ 26%，FeO 50%，CaO 2%。其硅酸度为：

$$K = \frac{(1/30) \times 26}{(1/56) \times 2 + (1/72) \times 50} = \frac{0.87}{0.036 + 0.69} = 1.19 \approx 1.2$$

$K = 1$ 称做一硅酸度炉渣，相当于 $2MeO \cdot SiO_2$ 组成的硅酸盐炉渣；$K = 2$ 称做二硅酸度炉渣，相当于 $MeO \cdot SiO_2$ 组成的炉渣。炼锡厂所产炉渣的 K 值波动在 1～1.5 之间。

当电炉熔炼处理低铁（小于 15%）锡精矿时，可以采取高温和强还原气氛进行熔炼，也可采用 SiO₂-CaO-Al₂O₃ 三元系渣型，因为这种渣含 FeO 少，不必担心渣中 FeO 被还原，从而可以得到含锡较低的炉渣，这种炉渣的熔点较高，只适合于电炉熔炼处理低铁、高钙、高铝的锡精矿。CaO-Al₂O₃-SiO₂ 三元系相图如图 5-13 所示。

G 导电性

炉渣的导电性对电炉熔炼具有较重要的意义，因为电炉的热量是靠电极与熔渣接触处产生电弧及电流通过炉料和炉渣发热来进行还原熔炼的。影响炉渣导电性因素主要是炉渣

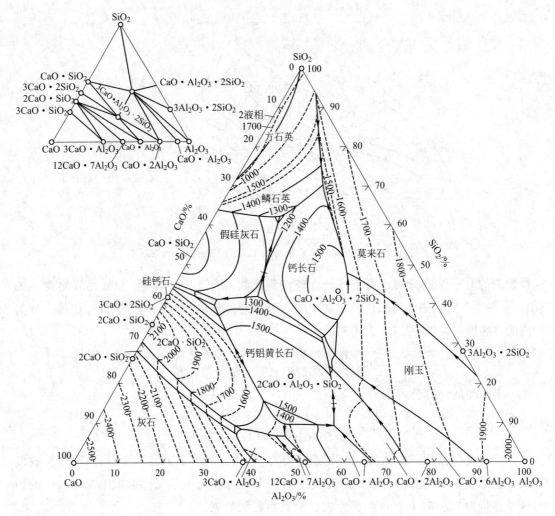

图 5-13　CaO-Al$_2$O$_3$-SiO$_2$ 三元系相图

的黏度，所以凡影响炉渣黏度的因素都要影响到炉渣的导电性。

熔渣的电导率是电阻率的倒数，其单位为 $(\Omega \cdot cm)^{-1}$。组成炉渣的氧化物由于结构不同，电导率相差很大。SiO$_2$、B$_2$O$_3$ 和 GeO$_2$ 等是共价键成分很大的氧化物，在熔渣中形成聚合阴离子，大尺寸的聚合阴离子在电场作用下难以实现电迁移，电导率很小，在熔点处其电导率 $\kappa < 10^{-5}$ $(\Omega \cdot cm)^{-1}$。碱性氧化物中离子键占优势，在熔融态时离解成简单的阴离子和阳离子，易于实现电迁移，熔点处电导率 $\kappa \approx 1$ $(\Omega \cdot cm)^{-1}$。一些变价金属氧化物如 CoO、NiO、Cu$_2$O、MnO、V$_2$O$_3$ 和 TiO$_2$ 等，由于金属阳离子价数的改变（如Fe^{2+}══Fe^{3+} + e）将形成相当数量的自由电子或电子空穴，使氧化物表现出很大的电子导电性，其电导率高达 150 ~ 200 $(\Omega \cdot cm)^{-1}$。图 5-14 所示为1400℃时 FeO-SiO$_2$ 系熔渣的电导率与 SiO$_2$ 含量的关系。图 5-15 所示为 1200℃ 下 FeO-SiO$_2$-CaO 系（含SiO$_2$ 28%，$p_{O_2} = 10^{-4} \sim 10^{-7}$Pa 时）熔渣的电导率与 Fe^{2+} 含量的关系。Al$_2$O$_3$ 对熔渣电导率的影响与 SiO$_2$ 的影响相同，而 ZnO 的影响与 FeO 的影响相同。此外，组分相近的炉渣，电导率极相近。

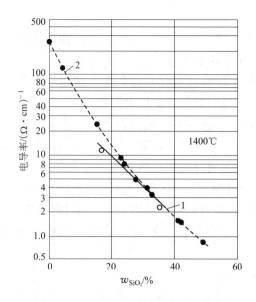

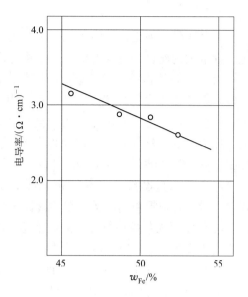

图 5-14　FeO – SiO₂ 系熔渣的电导率与
SiO₂ 含量的关系（1400℃）

1—Mori. K 等数据；2—J. Chipman 等数据

图 5-15　FeO-SiO₂-CaO 系熔渣的电导率与
Fe²⁺ 含量的关系（1200℃）

5.2.4　渣型选择与配料原则

5.2.4.1　渣型选择

选择合理的渣型，对熔炼过程的顺利进行以及获得较满意的技术经济指标有很大的意义。在选择炼锡炉渣渣型时考虑的原则有：

（1）首先应掌握入炉物料的准确成分，选择的渣型应能最大限度地溶解精矿中的脉石成分及有害杂质，又很少溶解或夹带金属锡。

（2）所选渣型的性质应满足熔炼过程的要求。对炼锡炉渣一般要求：熔点要低但要适应熔炼方法的要求，一般控制在 1100～1200℃ 之间；炉渣黏度要小，以不超过 0.2Pa·s 为宜（在 1200℃ 及 1300℃ 下，碱度大于 1.5 时，工业炉渣黏度都低于 0.2Pa·s）；密度应小于 4.0g/cm³，保证与粗锡的密度差值在 2 以上；金属-炉渣的界面张力要大，以利于金属液滴汇合与澄清分离。

（3）根据精矿中的铁与脉石成分配入适当的熔剂，以满足对炉渣性质的要求。选择的熔剂应具有很高的造渣效率。如选用的石灰石应该含 CaO 高，含 SiO₂ 很少。配入哪种熔剂视精矿成分而定，如含铁很高的精矿，应选择高铁渣型，只配入少量的石灰石或石英砂，这样不仅可以减少熔剂的消耗，还能减少渣量，从而提高锡的回收率。要特别注意，选择渣型时，必须同时注意渣含锡量与渣量，否则渣含锡低而渣量大，同样会造成锡的大量损失。

5.2.4.2　配料计算

原则上，选择了合理渣型后，就可以开始配料计算，求出需要配入的熔剂量，具体计算方法有综合法与硅酸度法两种，分述如下。

A　综合法

综合法是一种比较准确的配料方法，但计算比较复杂，一般适用于入炉物料成分稳定、批量大的配料，或者需要准确计算时采用。其计算步骤如下：

(1) 将各种物料（包括精矿、返料、还原剂及燃料的灰分）分种类、数量和造渣成分按元素（或化合物）填入配料计算表内。其中，燃料的灰分是指粉煤燃烧供热时，落入炉内的粉煤灰，这部分粉煤灰约占全部粉煤灰分的 40% 左右。而其他供热方式如重油燃烧、煤气（或天然气）燃烧以及碎煤层式燃烧等，其灰分可以忽略不计。还原剂灰分量可以根据理论计算的还原剂量和固体碳（还原剂）所含灰分算出。

(2) 按锡直收率为 87% 和粗锡含锡 80%（或者根据生产实际指标的平均值）计算出粗锡产量。再根据粗锡产量按粗锡含铁 4% 计算出粗锡含铁量，分别填入配料计算表内。

(3) 将表内各种物料带入的铁量总和减去粗锡中的铁量，以剩下的铁量为基础，根据选定的渣型含铁量计算出应产炉渣量。

(4) 按照选定的渣型中 SiO_2 的含量计算出炉渣中应含 SiO_2 量。

(5) 将炉渣中 SiO_2 量减去由精矿、返料和灰分等物料带入的 SiO_2 量。将所得的差填入配料计算表内石英项中 SiO_2 含量栏内。

(6) 根据石英的成分计算出石英的熔剂能力（即未与氧化钙及氧化铁结合的游离 SiO_2），并计算出石英的用量，填入配料计算表内。

(7) 同样用计算石英用量的方法，计算出石灰石的用量，填入配料计算表内。

(8) 将配料计算表中各造渣元素质量之和（不包括粗锡中的造渣元素）列入炉渣项的相应造渣元素栏内，并计算出相应的质量分数。

(9) 将表中所列渣型与选定的渣型进行对比，并适当调整。

配料计算表实例见表 5-3。

表 5-3　配料计算表实例

名　称		质量/kg	Sn/%		FeO/%		SiO$_2$/%		CaO/%	
投入	锡精矿	100	42	42	22	22	0.8	0.8	0.5	0.5
	烟尘	50	35	17.5	2	1	6	3	0.2	0.1
	还原剂煤	22								
	燃料灰分				10	0.55	40	2.2	2	0.11
	石英	7			7	0.49	90	6.3	3	0.21
	合计	179		59.5		24.04		12.3		0.92
产出	粗锡	60.98	80	48.79		1.20				
	炉渣	56.5	11.52	6.51	40	22.6	20.49	11.58	1.6	0.9
	烟尘	12	35	4.2	2	0.24	6	0.72	0.12	0.024
	合计	129.48		59.5		24.04		12.30		0.92

表 5-3 实例的计算程序如下：

(1) 把入炉含锡物料的种类、数量、元素或化合物的含量及质量填入表 5-3 内。

(2) 根据使精矿中铁的氧化物尽量造渣和渣含锡尽可能低的原则，既要从理论出发，又要考虑实际经验来选择合理渣型填入表 5-3 内。

（3）还原煤用量的计算。假设物料中的锡和铅全部还原成金属，并假设 5% 的铁被还原进入粗锡，其余的铁被还原成氧化亚铁进入炉渣中。也就是说还原剂煤的用量按下列反应式计算：

$$2SnO_2 + 3C = 2Sn + 2CO + CO_2$$
$$Fe_2O_3 + C = 2FeO + CO$$
$$3PbO + 2C = 3Pb + CO + CO_2$$
$$Fe_2O_3 + 2C = 2Fe + CO + CO_2$$

计算出来的碳量再乘以 1.1 ~ 1.2 的过剩系数，然后根据还原剂煤的含碳量将计算所得的碳量换算成实际的还原剂煤量。因为还原煤的灰分在熔炼过程中参与造渣，所以要计算出灰分中各种造渣成分的数量，计算时假设煤含灰分 25%，而灰分含 SiO_2 40%、FeO 60%、CaO 2%，将计算出来的 SiO_2、FeO 和 CaO 量分别填入表 5-3 中。

（4）粗锡量及成分的计算按直收率为 82% 计算。算出粗锡含锡量为 48.79kg，粗锡品位为 80%，计算出粗锡为 60.98kg 并填入表内，按入炉物料铁的 5% 被还原成金属铁进入粗锡，计算出粗锡含铁量（换算成氧化亚铁）为 1.2kg，粗锡含 FeO 的质量分数为 1.97%，填入表内，若粗锡含铁超过 3%，则按超出部分计算出硬头量。

（5）烟尘率及烟尘成分的计算。烟尘率是指产出的烟尘量占入炉含锡物料的百分比。反射炉的烟尘率一般为 5% ~ 11%，电炉烟尘率一般为 2% ~ 3%，现取反射炉烟尘率为 8%。计算的烟尘量为：（100 + 50）× 8% = 12（kg），又取烟尘含锡品位为 35%，含 SiO_2 6%，含 FeO 2%，含 CaO 0.2%，则分别计算得 Sn、SiO_2、FeO 和 CaO 的量为 4.2kg、0.72kg、0.24kg 和 0.024kg 并填入表 5-3。

（6）渣量及成分的计算。入炉物料所带入的 FeO 总量 24.04kg，减去进入粗锡、硬头和烟尘的 FeO 的量，余下的 22.6kg 便是进入炉渣的 FeO 的量；又设炉渣含 FeO 40%，求得炉渣量为 56.5kg。入炉物料带入的总锡量 59.5kg 减去粗锡、硬头和烟尘所带走的锡量，余下的 6.51kg 锡便进入渣中，则渣含锡品位为：6.51 ÷ 56.5 × 100% = 11.52%。

（7）外加石英量的计算。先假设炉渣含 SiO_2 21%（电炉可选高一些），算出渣含 SiO_2 量填入表中，然后将渣中的 SiO_2 量加上产出烟尘所含 SiO_2 量再减去入炉精矿、烟尘和还原煤灰分所含的 SiO_2 量，便是需要外加石英砂量 7kg。

（8）渣型的最后确定。当外加石英量确定后，取石英含 FeO 为 7%，含 CaO 为 3%，分别计算得石英带入 FeO 0.49kg，带入 CaO 0.21kg，最后根据石英所带入的这些成分的量对渣型进行调整，即得表中的渣型：Sn 11.52%，SiO_2 20.49%，FeO 40%，CaO 1.6%。

硅酸度为：

$$K = \frac{20.49/30}{1.6/56 + 40/72} = 1.17$$

B 硅酸度法

硅酸度法配料是一种比较简单的、经验型的配料方法。它的特点是快速方便，适合于复杂多变的物料的配料。实践证明用此法计算的结果能满足工业生产的要求，是一种实用的配料方法。实际生产中的计算步骤如下：

（1）将常用的各种类型精矿及返料分别进行自熔性计算，以确定该物料的酸碱性。其计算方法如下。

根据硅酸度计算公式：

$$K = \frac{(1/30)SiO_2\%}{(1/56)CaO\% + (1/72)FeO\%}$$

式中，$SiO_2\%$，$FeO\%$，$CaO\%$ 分别表示物料中 SiO_2、FeO 及 CaO 的质量分数；$(1/30) \times SiO_2\%$，$(1/72) \times FeO\%$，$(1/56) \times CaO\%$ 分别表示渣中含有的 SiO_2、FeO 及 CaO 中氧原子的摩尔分数。

或者用各种氧化物含氧百分数表示：

$$K = \frac{53SiO_2\%}{29CaO\% + 22FeO\%}$$

将物料中的 FeO、CaO 的实际含量代入硅酸度公式，求出当 $K = 1$ 时的 SiO_2 的量，然后将所求得的 SiO_2 含量减去物料中实际 SiO_2 含量。若差值为正，说明物料为碱性；反之为酸性。

（2）将酸性物料与碱性物料进行搭配，使混合物料的 K 值尽量接近于 1，然后用石英或石灰石调节硅酸度，直到混合料的 $K = 0.9 \sim 1$ 为止。

按以上方法配料，由于没考虑实际熔炼过程中还原剂及燃煤灰分的影响，因此实际炉渣的硅酸度往往比配料时要高，一般 $K = 1.2$ 左右。

上述两种配料方法，不论采用哪一种，都必须在熔炼实践中去检验。通过对炉前各种现象的观察，及时调整配料比。在熔炼一段时间后（一般为一个月），取炉渣综合样进行化验，以验证配料的准确性。

5.3　锡精矿的反射炉熔炼

锡精矿反射炉熔炼工艺将锡精矿、熔剂和还原剂 3 种物料，经准确的配料与混合均匀后加入炉内，通过燃料燃烧产生的高温（1400℃）烟气，掠过炉子空间，以辐射传热为主加热炉内静态的炉料，在高温与还原剂的作用下进行还原熔炼，产出粗锡与炉渣，经澄清分离后，分别从放锡口和放渣口放出。粗锡流入锡锅自然冷却，于 800 ~ 900℃下捞出硬头，300 ~ 400℃时捞出乙锡，最后得到含铁、砷较低的甲锡。甲锡与乙锡均送去精炼。产出的炉渣含锡很高，往往在 10% 以上，可在反射炉再熔炼，或送烟化炉硫化挥发以回收锡。

锡精矿反射炉熔炼始于 18 世纪初，距今已有近 300 年历史，在锡的冶炼史上起过重要作用，其产锡量曾经占世界总产锡量的 85%，在冶炼技术上也做了许多改进，但其生产效率低、热效率低、燃料消耗大、劳动强度大等一些缺点是难以克服的，有被强化熔炼方法取代的趋势。由于反射炉熔炼对原料、燃料的适应性强，操作技术条件易于控制，操作简便，加上较适合小规模锡冶炼厂的生产要求，目前许多炼锡厂仍沿用反射炉生产。

现在锡精矿熔炼的反射炉类型繁多，可按生产情况划分为以下几种：

（1）按燃料种类划分，有燃煤、燃油和燃气 3 种。

（2）按烟气余热利用划分，有蓄热式反射炉和一般热风反射炉，前者须用重油或天然气作燃料，后者多用煤作燃料。

（3）按操作工艺划分，有间断熔炼和连续熔炼。

锡精矿反射炉还原熔炼过程以前均采用两段熔炼法，即先在较弱的还原气氛下控制较低的温度进行弱还原熔炼，便可产出较纯的粗锡和含锡较高的富渣；放出较纯的粗锡后，再将富渣在更高的温度和更强的还原气氛下进行强还原熔炼，产出硬头和较贫的炉渣，硬头则返回弱还原熔炼阶段。近年来由于原矿品位不断下降，为了提高资源利用率，许多选矿厂都产出低品位（Sn 40% ~50%）锡精矿，其中铁含量较高，往往在10%以上。将这种低品位精矿加入到反射炉进行两段熔炼，会产出更多的硬头产品，在两段熔炼过程中循环，势必造成更多的锡损失及生产费用的提高。为了克服这一缺点，国内外许多采用反射炉熔炼的炼锡厂，大都采用了先进的富渣硫化挥发法来分离锡与铁，取代了原反射炉的强还原熔炼阶段。所以现代的反射炉熔炼不再采用两段熔炼法，而是用硫化挥发法产出 SnO_2 烟尘（含铁很少）取代硬头（Sn-Fe合金）返回再熔炼，由于 SnO_2 含铁很少，还原产出的硬头不多，富渣产量就减少了，这就为反射炉还原熔炼处理高铁、低品位锡精矿创造了有利条件。

5.3.1 反射炉熔炼的入炉料

加入反射炉的炉料包括有含锡原料、熔剂、锡生产过程的中间物料和还原剂。含锡原料有不需炼前处理的生精矿、经过焙烧后的焙砂矿和经浸出后的浸出渣矿以及富渣和锡中矿经硫化挥发后产出的烟尘等。

含锡原料的锡品位越高越好，至少不低于35%。加入反射炉的各种含锡物料的化学成分列于表5-4。

表5-4 加入反射炉的各种含锡物料的化学成分 （%）

原料名称		Sn	Pb	Cu	As	Sb	Bi	Fe	SiO₂
锡精矿	1	40 ~50	5 ~15	0.04 ~0.38	0.4 ~3.0	0.01 ~0.2	0.01 ~0.16	16.3 ~25	0.04 ~4.20
	2	58.5 ~60.39	0.17 ~0.3	0.12	0.1 ~0.48	0.007	—	8.0 ~11.2	0.8 ~1.0
	3	73 ~74	0.001	0.001	0.003	0.001	0.001	0.86 ~1.18	1.0
	4	75.25	0.024	0.006	0.02	0.004	—	0.67 (FeO)	—
焙砂		56.13	0.10	0.03	0.21	0.07	0.07	18.62(FeO)	4.73
浸出渣矿		70.23	0.09				0.031		
硫化挥发烟尘		37.41	13.91	0.021	2.945	0.10	0.50		4.4

表5-4表明，加入反射炉熔炼的含锡原料，含锡品位变化很大，主要受矿产地的影响。由于反射炉生产工艺的灵活性，可以适应这种原料成分的波动。除了含锡原料外，反射炉还可以搭配处理本身所产的烟尘与富渣，粗锡精炼所产的熔析渣、碳渣、铝渣等中间物料。搭配的数量与各厂的具体条件有关，如精矿的质量以及生产工艺、操作制度等。

为了适应各种原料成分的变化，应选择合理的渣型，需要加入一定数量的熔剂。常用的熔剂有石英与石灰石，很少加入铁矿石和萤石。对石英与石灰石熔剂的质量要求是含主成分高，含其他造渣成分低，这样才具有较高的熔剂效率，其具体要求列于表5-5。

表 5-5　反射熔炼对石英与石灰石熔剂质量的具体要求

熔　　剂	SiO_2/%	CaO/%	粒度/mm	水分/%
石　　英	>90	—	<3	<3
石灰石	—	>50	<5	<3

锡精矿还原熔炼配入的还原剂多为无烟煤，也可用焦粉或木炭。无烟煤还原剂的固定碳含量越高，灰分越少，其还原效率便越高，产渣量也会减少，有利于提高锡的冶炼回收率。还原煤含硫高，会造成锡的硫化挥发进入烟尘，降低了锡的熔炼直收率，所以应该选用含硫低的还原煤。某些工厂使用的还原煤成分列于表 5-6。还原剂的粒度应小于 5mm。

表 5-6　炼锡厂采用还原煤成分　　　　　　　　　　（%）

工厂	固定碳	挥发分	灰分	水分	硫	灰分成分		
						SiO_2	FeO	CaO
1	约61	8.87	28.4	5.64	—	47.57	14.37	1.72
2	58~81	3.78~7.10	11~31	2.5~4.3	0.6~0.8	4.5~15	0.4~1.2	0.4~2.4
3	71	5.83	20.47	2.72	0.57	—	—	—

熔剂与还原剂的加入量应根据渣型进行配料计算求得，还原剂则根据反应式计算并考虑适当过剩量（10%~20%）。配好的炉料在入炉之前应进行充分混合，使各组分混合均匀，保证还原与造渣反应迅速进行以提高生产率。

5.3.2　反射炉的构造

锡精矿还原熔炼所用的反射炉的结构如图 5-16 所示。

锡反射炉的结构由炉底、炉膛、炉墙和炉顶组成，通过烟道与烟气系统相连，用立柱、拉杆和拱脚梁等钢结构加固。

反射炉炉底是由炉壳钢板、黏土砖层、填料层、镁铝砖层及烧结层砌筑构成。炉壳钢板四周侧高约 1.2m，用 12~16mm 厚的锅炉钢板焊制而成，以防高温液锡渗漏。有些国家的反射炉没有钢板炉壳，有意让锡渗漏至炉下，也可集中回收炉底锡。整个炉底是支撑在用混凝土和块石浇制的炉基上。炉底是架空的，形成自然通风冷却以保护炉底。

燃烧粉煤的反射炉长约 9~12m，长宽比为 2~41，炉膛内高 1.2~1.5m。现用的反射炉炉床面积为 5~50m²。

5.3.3　反射炉熔炼的供热

在反射炉内燃料燃烧产出高温（约 1400℃）烟气流，主要以辐射传热的方式把热传给炉料，强化炉料的熔炼反应和熔化速度。从高温烟气流传给炉料的热量主要取决于燃烧烟气的温度和炉料的受热面积。

反射炉熔炼对燃料的适应性较强，可以选用气体、液体和固体燃料。熔炼过程所需总热量的 85%~90% 是由燃料燃烧供给，其余是来自过剩还原剂的燃烧及化学反应的放热和入炉料、燃料与空气等带入的显热。

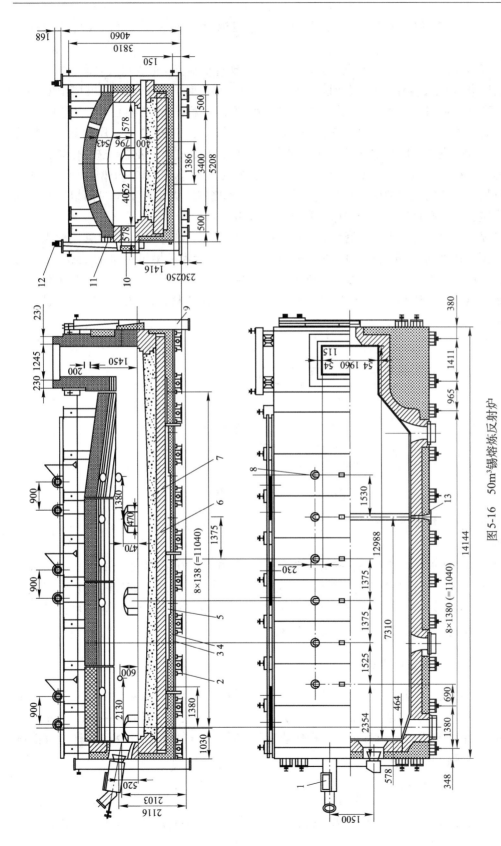

图 5-16　50m³锡熔炼反射炉

1—粉煤燃烧器；2—炉底工字钢；3—炉底钢板；4—黏土砖层；5—填料层；6—镁铝砖层；7—烧结层；8—加料口；9—立柱；10—操作门；11—拱脚梁；12—炉门提升机构；13—放锡口

国外炼锡厂的反射炉多使用重油供热，由于重油供应较紧张，国内仅柳州冶炼厂用过。

使用气体燃料供热，燃烧过程容易控制，易于实现自动调节，但天然气来源有限，国内外使用的厂家不多，待我国天然气建设普及后，可以在锡反射炉熔炼上使用。目前国内各大炼锡厂都采用固体燃料。固体燃料的燃烧方式分层状燃烧法、粉煤喷流燃烧法和旋风燃烧法。

层状燃烧法是一种简单的块煤燃烧法，即在反射炉端头设有燃烧室，用螺旋加煤机连续将煤送到燃烧室内，助燃空气经炉算下方鼓入，通过煤层而使煤燃烧。这种燃烧方式简单，过程比较稳定，但鼓风强度不能太大，故燃烧强度低，只适于中、小型反射炉。我国采用这种燃烧方法的最大炉床面积反射炉是 $24m^2$。燃烧室的大小由单位时间熔炼所需的煤量来决定，实际燃烧室面积与炉床面积之比一般为 6 ~ 14。

粉煤喷流燃烧法是将干燥后磨细到 20 ~ 70μm 的粉煤喷入炉内燃烧。双管式粉煤喷嘴的结构如图 5-17 所示。输送粉煤的空气称作一次风，其量为助燃风总量的 15% ~ 20%，其余为二次风，二次风可以利用余热预热到 150 ~ 600℃，有利于节约燃料与提高炉温，加上粉煤燃烧反应速度快和煤完全燃烧程度高，所以粉煤作燃料比煤块层状燃烧的温度高100 ~ 200℃。

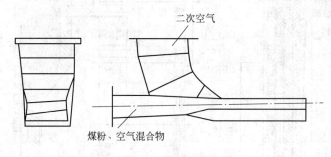

图 5-17 双管式煤粉喷嘴

旋涡燃烧法是粉煤燃烧的一种新方法，其最大优点是燃烧强度大，但仍有不完善之处有待解决。

反射炉是靠辐射传热给炉料，热效率很低，只有 20% ~ 30%，从炉尾排出的烟气温度高达 1200℃，烟气带走的热量达炉内总供热量的 50% 以上，故利用烟气的余热对降低反射炉熔炼的燃料消耗率有着很重要的意义。烟气余热利用的方式可用于预热空气或干燥某些物料，大都通过余热锅炉生产蒸汽用于发电。

5.3.4 反射炉熔炼的生产作业

反射炉熔炼生产作业分间断式和连续式两种。间断式作业的反射炉熔炼包括进料、熔炼、放锡和放渣、开炉和停炉、正常维修等过程。每一生产周期一般需 6 ~ 10h，个别情况长达 24h。所以在整个生产过程中，各种作业应互相配合，严格操作，保证生产过程能顺利进行。对各种作业的要求分述如下。

5.3.4.1 开炉和进料

新建或大修后的反射炉开炉过程均包括炉底烧结过程，炉底烧结升温制度应根据炉子大小、砖砌体的材质、施工方法和施工季节的不同而制定。

镁铁整体烧结炉底可按下列升温方式进行烘炉烧结:

(1) 20~400℃,木柴烘烤,每小时升温15℃,烘烤25h,保温8h。

(2) 400~900℃,最好用重油或煤气烘烤,每小时升温15℃,烘烤33h,保温10h。

(3) 900~1400℃,用重油或粉煤烘烤,每小时升温20℃,烘烤25h,保温16h。

(4) 1400~1600℃,用粉煤烘烤,每小时升温25℃,烘烤8h,保温4h。

(5) 1600~1250℃,每小时降温30℃,共12h。

(6) 1250~1500℃,每小时升温25℃,共11h。

来宾冶炼厂50m³反射炉大修升温烘炉曲线实例如图5-18所示。升温烘炉曲线由炉子构造及材料决定。

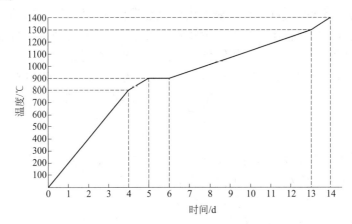

图5-18 来宾冶炼厂50m³反射炉升温烘炉曲线

烘炉过程中应经常注意调节拉杆的松紧,特别是温度升到900℃左右时,更应检查拉杆的松紧。

炉底烘烤完毕后,首先洗炉。洗炉料一般为烟化炉贫渣(有的配入3%~5%的石灰石),其数量约为正常炉料的2/3即可。洗炉的目的主要是将烘炉时落入炉内的煤灰洗净。中修后的炉子点火烘炉时间一般为7~10天(大修的炉子一般为14~18天)。

进料作业包括称料、混料、运输、进料等过程。按照规定的配料比将物料准确地称量入混料机混合。混合均匀后的炉料用皮带运输机或其他机械送至炉顶料仓以备加料。物料的称量力求准确,特别是熔剂的称量误差不应大于1%。炉料的水分一般控制在9%以下。当上一炉放渣完毕或新炉底烧结完毕后即开始进料,进料时将料仓闸板打开,将炉料捅入炉内,与此同时将炉尾烟道闸板放下,减少炉内负压以免炉料随烟气被抽入烟道,进料完毕后再将闸板提起。

5.3.4.2 熔炼过程

进料完毕后,炉料即进入了熔炼阶段。由于炉料含有水分以及炉料的吸热,因此进料后炉温将下降到800~900℃,经过1~2h后,炉料水分被蒸干,炉温开始上升。当炉温上升到1150~1250℃时,炉料开始进行还原和造渣过程。当熔炼进行到4~5h时,炉内已有液态炉料出现，此时可开始翻渣作业。作业的过程是用钢耙顺料堆脚进行搅动，以加快炉料的熔化过程。当熔炼进行到 7h 左右时，炉料基本熔化完毕，此时炉温上升到 1300 ~ 1350℃，标志着造渣过程已完成，炉渣开始进行过热阶段。这时应对炉内进行一次搅动，将沉入炉底的炉料全部搅起。再过 30min 后即可开口放锡、放渣。

通常以富渣含锡和粗锡含铁的多少作为判断熔炼终点的基础。

5.3.4.3 放锡和放渣

反射炉内的粗锡可一次放出，也可多次放出。多次放出的优点是：前期放出的锡含铁及其他杂质较少，并可降低金属锡的挥发损失。目前两种操作方法都在使用。

开口放锡时先用钢钎将锡口下方打开一个小孔，将熔融粗锡通过溜槽放入锡锅。粗锡放出时呈暗红色。当锡口附近的锡流表面出现颜色发白的熔体时，说明炉内锡液已放完，开始淌渣了。此时应立即将锡口堵死，做好放渣准备，然后打开渣口，将液渣通过炉前溜槽放入前床，经沉清分离后得到的粗锡仍放入锡锅，而渣则进渣罐。

粗锡在锡锅内降温到 800℃ 左右时，将锅内硬头捞去，继续降温到 350 ~ 400℃，捞去锅面乙锡并送往熔析炉。锅中剩下的为甲锡，送精炼车间进行精炼。

5.3.4.4 停炉和维修

反射炉正常停炉应在放完最后一炉渣后，炉子空烧 1h 左右，将炉内残存的炉料及炉结放完，然后逐渐停火降温，通常炉内温度降到 900℃ 左右时，关闭所有炉门及烟道闸板，同时停止供热，让炉子缓慢冷却。停炉过程要及时拧紧拉杆，以防炉顶变形。

反射炉的维修分小修、中修和大修三种。小修的内容包括：热补炉底、检修、料斗等。小修每月进行一次，检修时间 1 ~ 2 天。检修期间不停火，只对炉子进行保温。

热补炉底是指镁、铁烧结炉底被烧蚀，局部形成凹塘时，在不停炉的情况下进行修补。其操作程序为：将炉内的锡、渣放完，然后用钢耙将凹塘内残存的锡和渣扒空。将配好的镁铁料（按捣筑炉底的配方）用铁铲送至凹塘内，并扒平、拍打致密。操作完毕后，将炉温升至 1500℃，并保温 1h 后，即可重新进料。

中修主要是局部检修炉顶、检修渣线砖等必须停炉作业的检修项目。停炉时间一般为 7 ~ 15 天。检修周期为 3 个月至一年，视炉况而定。大修是指从炉基以上部分（包括炉壳钢板、炉底、炉墙、炉顶、烟道等）全部拆除的一种检修方式。一般是在炉底损坏严重、不能再使用的情况下进行大修。大修周期一般为 2 ~ 3 年。检修时间约需 2 ~ 3 月。经大修后的炉子需重新烧结炉底。

5.3.4.5 反射炉连续熔炼作业

在间断操作的反射炉熔炼周期中，非有效作业（如进料、升温、放锡、放渣）时间要占去整个周期的 25% ~ 30%，炉子的生产率大大降低。将间断作业改为连续作业以后，在加料、放锡、放渣过程中，同时进行熔炼的还原和造渣过程，基本上消除了非有效作业时间，从而大大提高了生产率。连续作业的反射炉构造与原间断作业的反射炉没有多大差别，如图 5-19 所示。炉长 9.15m 沿长度将方向炉子分为熔炼区和沉淀区，炉料由专门的加料装置连续均匀地或分多批次加入熔炼区，并沿两侧墙形成料坡，在此连续不断地进行熔炼反应，产出的液态产物沿具有一定斜度的炉底流向较深的沉淀区分层，分好层的粗锡与炉渣由虹吸放锡口和渣口放出。这样就保持了炉内温度稳定、料面与熔体面稳定、受热面也稳定，从而可以提高生产率、降低燃料消耗、稳定提高粗锡质量。

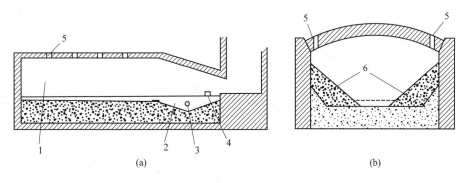

图 5-19   连续熔炼反射炉结构示意图
1—熔炼区；2—沉淀区；3—虹吸放锡口；4—放渣口；5—加料口；6—料坡

5.3.5   反射炉熔炼的产物

反射炉熔炼的产物有粗锡（有时也有硬头）、炉渣和烟尘。

5.3.5.1   粗锡

粗锡是反射炉熔炼的主要产物，其产量取决于精矿品位和直收率的高低，粗锡的品位主要与精矿成分有关，此外也与精矿是否经过炼前处理有关。高品位的精矿，经过炼前处理脱除杂质，熔炼后所产出的粗锡纯度可达到99%以上。反射炉熔炼时，铅、铋、铜、砷等元素的化合物被还原成金属进入粗锡，少部分铁也被还原成金属进入粗锡。所以精矿品位高、有害杂质少，所产的粗锡品位就高、直收率也高；反之，粗锡的品位就低。

在我国，炼锡厂常根据含铁量不同将还原熔炼的粗金属分成硬头、乙锡和甲锡。

如果精矿含铁高或还原剂过多时，粗锡在冷却到 $800 \sim 900 ℃$ 前就会产出一种含铁很高（约40%）的块状晶体，这种块状晶体称为硬头，它所含的铁大部分为 α-Fe，小部分为 ζ 相（Fe1.3Sn）。由于砷和铁的亲和力大，所以砷被还原后常与铁结合而进入硬头。正是这个原因，硬头常含有大量的砷。如果熔炼所得到的粗锡冷却很快或含铁不高（小于3%）时，经冷却所得到含铁的晶体就是乙锡。乙锡含铁一般在1%以上，有时则高达10%左右。甲锡是将粗锡冷却至接近熔点（ $350 \sim 400℃$ ）结晶析出铁与砷以后所得到的含铁少于1%的粗锡。乙锡产出的数量少于甲锡。由于乙锡含铁、砷较高，须经熔析或离心过滤除铁、砷后再按甲锡精炼工艺精炼。

国内工厂甲锡、乙锡和硬头的成分别列于表5-7、表5-8和表5-9中。

炼锡厂常将甲锡和乙锡的产量比称为甲乙锡比。甲乙锡的比值与熔炼的精矿和其他物料的质量以及生产操作条件有关。入炉物料含铁高，乙锡的比例就大。我国反射炉熔炼甲乙锡比一般为 $2 \sim 3$。甲锡和乙锡送去精炼得到精锡。

表 5-7　国内工厂甲锡成分　　　　　　　　　　（%）

厂别	Sn	Pb	Cu	As	Sb	Bi	Fe
1	78 ~ 85	15 ~ 23	0.2 ~ 0.4	0.4 ~ 0.8	0.04 ~ 0.06	0.1 ~ 0.3	0.03 ~ 0.05
2	92 ~ 98	0.26 ~ 0.57	0.5 ~ 2.34	0.49 ~ 1.32	0.05 ~ 0.35	0.10 ~ 0.35	0.55 ~ 1.65
3	97 ~ 98	0.15 ~ 0.25	0.05 ~ 0.26	0.2 ~ 0.5	0.005 ~ 0.02	0.2 ~ 0.5	0.2 ~ 0.4
4	92 ~ 96	1.5 ~ 2.5	0.5 ~ 1.5	0.6 ~ 2.0	0.5 ~ 1.4	0.15 ~ 0.20	0.02 ~ 0.15
5	92 ~ 96	0.4 ~ 1.0	0.2 ~ 0.8	1 ~ 2	1 ~ 5	0.02 ~ 0.2	0.5 ~ 1.5

表 5-8　国内工厂乙锡成分　　　　　　　　　　（%）

厂别	Sn	Pb	Cu	As	Sb	Bi	Fe
1	65 ~ 75	12 ~ 15	0.3 ~ 0.5	3.5 ~ 5.0	0.05 ~ 0.07	0.12 ~ 0.27	7 ~ 8
2	65 ~ 78	1.5 ~ 2.0	1.0 ~ 1.8	4 ~ 7	1 ~ 2	0.20 ~ 0.25	8 ~ 12
3	70 ~ 80	0.4 ~ 0.6	0.2 ~ 1	4 ~ 8	3 ~ 7	0.01 ~ 0.06	10 ~ 15

表 5-9　国内工厂硬头成分实例　　　　　　　　　　（%）

Sn	Pb	Cu	As	Sb	S	Zn	Fe
35 ~ 38	0.6 ~ 0.8	0.15 ~ 0.2	10 ~ 12	0.01 ~ 0.03	1 ~ 5	0.4 ~ 0.8	35 ~ 38

这种硬头可返回到反射炉处理。

5.3.5.2　炉渣

反射炉熔炼产出的炉渣含锡在 7% ~ 13% 之间波动。由于反射炉熔炼炉渣含锡高，所以常称之为"富渣"。富渣中的锡占入炉物料锡量的 8.5% ~ 10.5%，需进一步处理加以回收。

国内工厂锡精矿反射炉熔炼炉渣成分列于表 5-10，这种富渣送去硫化挥发回收锡。

表 5-10　国内工厂锡精矿反射炉熔炼炉渣成分　　　　　　　　　　（%）

厂别	Sn	FeO	SiO₂	CaO
1	7 ~ 13	45 ~ 50	19 ~ 23	3 ~ 5
2	4.5 ~ 10.3	34.87 ~ 40.77	22.1 ~ 28.3	6.5 ~ 13.2
3	13.78 ~ 20.88	5.7 ~ 7.3	22 ~ 31	13.6 ~ 16.63
4	8 ~ 15	27 ~ 34	18 ~ 24	8 ~ 12
5	8 ~ 12	35 ~ 38	14 ~ 22	3.5 ~ 6

5.3.5.3　烟尘

反射炉产出的烟尘一般按收尘设备命名，如淋洗尘、电收尘烟尘和布袋烟尘等。工厂把反射炉上升烟道出口至冷却设备或收尘设备之间的烟道中沉积下来含锡在 8% ~ 45% 之间的烟尘称为烟道尘。烟道尘的处理方法视锡品位高低而定，一般含锡大于 18% 的烟道尘与淋洗尘、电收尘烟尘或布袋尘一起返回反射炉熔炼，而含锡小于 18% 的烟道尘送烟化炉烟化或送其他炼渣设备处理。我国某些炼锡厂的烟尘成分列于表5-11。

表5-11 我国某些炼锡厂烟尘成分 （%）

厂别	烟尘名称	Sn	Pb	As	Zn	FeO	SiO$_2$	CaO
1	淋洗尘	18 ~ 32	10 ~ 12	1 ~ 3	10 ~ 12	2 ~ 4	11 ~ 12	1 ~ 2
	电收尘烟尘	38 ~ 46	15 ~ 17	1 ~ 3	13 ~ 20	1 ~ 2	2 ~ 3.5	0.1 ~ 0.3
2	布袋烟尘	45 ~ 50	0.9 ~ 1.5	1.5 ~ 2.5	0.35 ~ 0.7	1.5 ~ 2.5	0.15 ~ 0.3	
3	布袋烟尘	48.37	0.12	0.41		3.53	3.82	0.45
4	布袋烟尘	40 ~ 48	0.5 ~ 0.8	2 ~ 4	2 ~ 4	2 ~ 5	8 ~ 12	2 ~ 5
5	布袋烟尘	45 ~ 57.2	0.85	0.7 ~ 1.64		2.05 ~ 6.79		

5.3.6 反射炉熔炼的技术经济指标

反射炉熔炼的主要技术经济指标有：炉床能力、锡的直接回收率、燃料消耗率、产渣率及渣含锡等。

5.3.6.1 炉床能力

炉床能力（t/(m^2·d)）是指昼夜每平方米炉床面积处理的炉料量，其计算方法如下：

$$炉床能力 = \frac{总处理量}{炉床面积 \times 作业昼夜数}$$

式中总处理量是指含熔剂进料量。

影响反射炉炉床能力的因素很多，如原料性质、燃料的种类及质量、抽风条件、燃烧方式、配料的准确性以及操作的熟练程度等。

云锡冶炼分公司以发热量为23023kJ/kg的烟煤作燃料，热风温度为150 ~ 200℃，燃烧方式为层式燃烧的反射炉，在处理锡精矿时炉床能力可达1.2t/(m^2·d)。若用粉煤喷流燃烧法供热，床能力可达1.5t/(m^2·d)。国外燃烧重油的反射炉炉床能力最高可达1.6 ~ 1.8t/(m^2·d)。

5.3.6.2 锡的直收率

锡的直收率与还原强度、精矿的杂质含量、精矿含锡品位等有着直接关系。锡直接回收率可按下式计算：

$$锡的直收率（\%）= \frac{产出粗锡含锡量(t)}{入炉物料含锡量(t)} \times 100\%$$

云锡冶炼分公司近年来锡直收率与精矿含锡品位及精矿含Fe、As量的关系如下：

入炉料铁锡比（Fe/Sn）/%	锡直收率/%
38.47	77.69
39.32	76.31
41.28	76.10

入炉物料砷、锡比与反射炉锡直收率的关系如下：

入炉料砷锡比（As/Sn）/%	锡直收率/%
4.7	77.69
5.8	76.73
6.03	76.10

入炉锡精矿含锡品位与锡直收率的关系如下：

锡精矿品位/%	锡直收率/%
59.46	88.30
52.61	85.23
42.89 ~ 43.86	76.31 ~ 81.30

以上数据说明：反射炉直收率随精矿含锡品位增高而增高，随 Fe、As 含量的增高而降低。原因在于随着杂质含量的增加，富渣产率、硬头产率以及烟尘率明显上升，因此导致锡的直收率下降。

5.3.6.3　燃料消耗率

锡反射炉燃料消耗率按下式计算：

$$反射炉燃料消耗率（\%）= \frac{消耗燃煤量(t)}{总处理量(t)} \times 100\%$$

燃料消耗与燃料的性质、燃料的种类及质量有关。锡反射炉燃料消耗约占炉料量的30% ~ 60% 左右，燃烧重油的炉子油耗约占炉料的23% 左右。当使用热风时，可以较大幅度地节约燃料。

5.3.6.4　产渣率及渣含锡

产渣率及渣含锡是锡还原熔炼应控制的一项重要指标。其计算公式如下：

$$锡反射炉富渣率（\%）= \frac{富渣产出量(t)}{总处理量(t)} \times 100\%$$

$$锡反射炉富渣含锡率（\%）= \frac{富渣含锡量(t)}{富渣量(t)} \times 100\%$$

产渣率与精矿的含锡品位有直接关系。精矿品位越高，产渣率越低。根据云锡冶炼分公司的经验，当精矿品位高于50% 时，产渣率为24% ~ 31%；当精矿品位为40% ~ 43% 时，产渣率升至39% ~ 41%。

渣含锡反映了熔炼的还原强度，还原强度越大，渣含锡越低。渣含锡的高低同时受到粗锡质量的限制。当熔炼相同质量的精矿时，渣含锡越低，粗锡中含铁就越多，导致精炼过程产渣增加，锡的总损失增大。一般反射炉富渣含锡应控制在8% ~ 15% 为宜。精矿品位高时可适当控制低一些。

来宾冶炼厂近年来反射炉熔炼的一些技术经济指标如下：

入炉物料平均含锡/%	28 ~ 34	42.2 ~ 45
锡直收率/%	57 ~ 60	74 ~ 78
产渣率/%	50.2 ~ 52	31 ~ 37
渣含锡/%	8.7 ~ 12.4	14.3 ~ 16
烟尘率/%	9.7 ~ 11.92	10.2 ~ 12.1
燃煤率/%	41.8 ~ 48	28 ~ 34.8
床能力/t·(m²·d)⁻¹	1.4 ~ 1.6	1.8 ~ 2.2

5.4 锡精矿的电炉熔炼

电炉炼锡始于1934年，目前世界上电炉炼锡产量约占世界总产锡量的10%，我国有广州冶炼厂、郴州冶炼厂以及云锡股份公司冶炼分公司等工厂采用。

5.4.1 生产工艺流程

5.4.1.1 电炉熔炼的工艺流程

炼锡电炉属于矿热电炉（即电弧电阻炉），电炉炼锡工艺对原料适应性强，除高铁物料外，熔炼其他物料均能达到较好的效果，特别适于处理高熔点的含锡物料，电炉熔炼的一般工艺流程如图5-20所示。

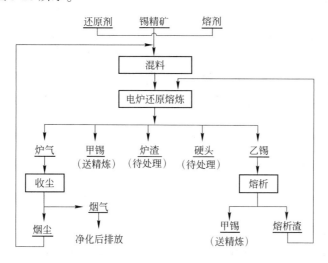

图 5-20 电炉熔炼一般工艺流程图

熔炼锡精矿的电炉属于矿热电炉的一种——电弧电阻炉。电流是通过直接插入熔渣（有时是固体炉料）的电极供入熔池，依靠电极与熔渣接触处产生电弧及电流通过炉料和熔渣发热进行还原熔炼。炼锡电炉具有如下特点：

（1）在有效电阻（电弧、电阻）的作用下，熔池中电能直接转变为热能，因而容易获得高而集中的炉温。高温集于电极区、炉温可达1450~1600℃，因而适合于熔炼高熔点的炉料。特别是对熔炼含钨、钽、铌等高熔点金属多的锡精矿更具优越性。同时较高的炉温为渣型选择提供了更宽的范围。

（2）炼锡电炉基本上是密封的，炉内可保持较高浓度的一氧化碳气氛，还原性气氛强，因此电炉一般只适合于处理低铁锡精矿。较好的密封，减少了空气漏入炉内，烟气量少，熔炼相同量炉料所产生的烟气仅为反射炉的 1/16 ~ 1/18。烟气量少，还原性气氛强，相应地减少了锡的挥发损失，一般电炉熔炼锡挥发损失约为 1.3%，而反射炉则达 5%。同时烟气量少，带走热量也少，因此可采用较小的烟道降温系统及收尘设备。

（3）锡精矿电炉熔炼具有炉床能力高（3 ~ 6t/（m² · d））、锡直收率高（熔炼富锡焙砂时可达 90%）、热效率高、渣含锡低（3% 左右）等特点。

5.4.1.2　入炉物料

A　原料

电炉熔炼对原料的适应性强，除锡精矿外，还可以处理各种锡渣、烟尘，为了保持操作稳定和较好的技术经济指标，原料需要配料和均化，为防止熔炼中炉料爆喷和减少电耗，炉料含水量一般不超过 3%；对于粉状物料，尤其是各类含锡烟尘，入炉前最好先制粒（团）干燥，球团粒度以 10 ~ 20mm 为宜，如果粉料直接入炉，则烟尘率高，粉料透气性差，容易产生爆喷塌料现象，入炉锡精矿的一般成分（%）为：

Sn	Fe	Pb	Bi	S	As	WO_3	H_2O
50 ~ 65	3 ~ 5	0.3 ~ 1	0.1 ~ 3	0.1 ~ 0.5	0.1 ~ 0.5	< 2	< 3

由于高品位锡精矿逐年减少，有时入炉精矿品位只能达到 40% ~ 50%，特别是铁含量增到 10% ~ 16%，这样会严重影响电炉作业指标，造成渣率增大，硬头增多，直收率下降。为保证电炉指标，对入炉精矿锡品位及铁含量应有严格要求。广州冶炼厂对锡精矿成分（%）的要求是：Sn > 60，Fe < 5，Pb < 0.5，Bi < 0.1，S < 0.5，As < 0.5，WO_3 < 2，H_2O < 2。

B　熔剂

根据原料的不同及渣型的选择，配入的熔剂种类及量也有差异，生产上通常用石灰石、石英等，对熔剂一般要求石灰石含 CaO 大于 50%、石英石含 SiO_2 大于 90%，粒度不超过 6mm，含水分应在 3% 以下。

熔剂的加入量应以选择的渣型作依据。

电炉易达到较高的熔炼温度和保持较强的还原气氛，从而可以处理难熔物料，产出高熔点的炉渣，故渣型选择的范围较宽。电炉熔炼低铁物料时，其渣成分（%）一般为：SiO_2 25 ~ 40，CaO 12 ~ 36，FeO 5 ~ 25，Al_2O_3 7 ~ 20。精矿含铁低时，配入的熔剂主要是石灰石，精矿含铁高时，可适当配入石英作熔剂。

C　还原剂

电炉熔炼所用还原剂有无烟煤、焦炭、木炭等。焦炭及木炭作还原剂时，活性及反应能力强，很少或没有挥发物产生，效果较好，但其价格相对较贵，工业上一般不采用，生产多用无烟煤作还原剂。无烟煤含有少量挥发物，容易黏附在收尘器内壁上，对收尘有影响，但还是能适应生产。对无烟煤的一般要求是固定碳大于60%，H_2O小于3%，灰分大于25%，粒度以5~15mm为宜。

还原剂的加入量应保证炉料中的SnO_2完全还原，可按下列反应式计算：

$$2SnO_2 + 3C = 2Sn + 2CO + CO_2$$

但不得过量，以防止炉料中的铁被大量还原，从而产生大量硬头，降低锡的冶炼直收率。还原剂的用量一般为精矿的15%~18%。精矿含铁高时适当减少还原剂用量。

5.4.2 电炉熔炼的产物

锡精矿电炉还原熔炼一般产出粗锡、炉渣和烟尘，粗锡送精炼过程产出精锡，炉渣经贫化回收锡后废弃，烟尘返回熔炼过程或单独处理。

5.4.2.1 粗锡

视原料成分的不同，产出的粗锡成分差异也很大，电炉熔炼产出的粗锡成分见表5-12。

表 5-12　电炉熔炼产出粗锡成分　　　　　　　　　　　　　　　　（%）

工厂	类别	Sn	Pb	Bi	Fe	Cu	Sb	As
1	甲锡	98~99.12	0.33~1.2	0.17~0.39	0.03~0.12	0.07~1.18	0.01~0.02	0.15~0.25
	乙锡	88~92	0.8~2.3	0.18~0.70	3.52~8.72	0.06~0.60	0.02~0.10	0.70~3.0
2	甲锡	64.06~92.07	3.11~28.10	0.22~0.88	0.22~1.66	0.16~0.94	0.1~2.71	0.17~1.44
	乙锡	43.04~75.50	3.68~28.30	0.23~1.0	5.06~11.19	2.19~4.53	0.16~5.83	

由粗锡成分可知，锡中的主要杂质是铅、铋、铁、铜、砷、锑等，经铸锭送去精炼。由于螺旋结晶与真空蒸馏精炼技术的开发，锡、铅分离已变得容易，故可将难选的复杂锡矿，选得一种锡、铅混合精矿，而炼出一种含铅很高的粗锡。

由于电炉熔炼是周期性作业，每批炉料的熔炼时间约20~24h，多次分批加料、放锡与放渣，开头放出的几次粗锡，含锡品位较高称为甲锡，以后放出的锡尤其是炼渣阶段放出的粗锡，品位较低称为乙锡。乙锡中的杂质主要是铁的含量比甲锡高许多，说明还原熔炼后期，进入渣中的SnO更难还原，造成渣中FeO也随SnO一道被还原进入乙锡中。

乙锡可经初步熔析精炼后产出甲锡，熔析渣可返回熔炼过程中处理。

5.4.2.2 电炉炼锡炉渣

电炉熔炼可以处理难熔物料，产出高熔点的炉渣；但不宜处理高铁物料，产出高铁炉渣。在通常情况下，产出的炉渣的成分（%）如下：

SiO_2	CaO	FeO	Al_2O_3
25~40	15~36	3~7	7~20

某些工厂电炉熔炼所产渣成分列于表5-13中。

表 5-13　某些工厂电炉熔炼炉渣成分　　　　　　　　　（%）

成　分	Sn	FeO	SiO$_2$	CaO	Al$_2$O$_3$	MgO
1	0.25 ~ 0.9	3 ~ 5	26 ~ 32	32 ~ 36	10 ~ 20	
2	3 ~ 5	26 ~ 36	28 ~ 30	8 ~ 15	6 ~ 10	
3	3.72 ~ 8.17	9.26 ~ 11.63	25 ~ 43.5	9.31 ~ 14.78	8.28 ~ 13.33	
4	0.57	1.58	47.25	14.49	12.00	1.76
5	3.29	3.29	37.68	15.80	15.12	7.08

由表 5-13 可看出，电炉熔炼所产炉渣与其他有色冶金炉渣相比，其特点是 FeO 含量较低，高熔点组分 Al$_2$O$_3$ 与 MgO 含量很高。电炉渣中的锡含量高，往往在 5% 以上，所以电炉渣应经过处理回收锡以后才能废弃。

5.4.2.3　烟尘

电炉熔炼产生的烟气量较少，随烟气带走的粉尘不多，由于电炉熔炼的温度高且还原气氛强，某些易还原挥发的元素进入烟尘的量也就多一些。某些工厂电炉熔炼烟尘成分见表 5-14。

表 5-14　某些工厂电炉熔炼烟尘成分　　　　　　　　　（%）

Sn	Pb	Bi	Zn	As
57.45 ~ 60.09	0.422 ~ 0.65	0.056 ~ 0.328	—	0.65 ~ 1.16
22.57 ~ 29.05	0.66 ~ 1.43	—	33.33 ~ 37.38	2.46 ~ 4.19

除了含锌等易挥发元素在烟尘中的含量很高，需另行处理外，一般烟尘均返回熔炼过程中处理回收锡。

5.4.3　电炉熔炼的基本过程

炼锡电炉与其他矿热电炉一样，其热量来源于电弧，也来源于炉料和炉渣的电阻。电流的热效应可用下式表示：

$$Q = I^2 Rt \ （J）$$

式中　I——电流强度，A；
　　　R——电阻，Ω；
　　　t——时间，s。

电极插入渣层中，在电极和渣层接触面有一层很薄的气袋，通电时强大的电流通过电阻很大的气袋而产生电弧，因而在电极附近电位有很大的降落。接着电流通过有一定电阻的渣层，电位继续下降。在电极附近 3mm 处，电位已降低了 21.9%，因此电极周围是电阻较大的区域，也是发热量最大的区域。

电场的分布还与电极插入渣层的深度有关。当电极插入很浅时，电极附近电压降的百分率很大，这是由于通过气袋的电流密度特别大，有效导电容积小，大部分电流是按电极-炉渣-电极的方向流动，即三角形（△）负荷的电流占优势，热量高度集中在电极附近的熔池表面，弧光暴露到料堆表面，热损失大，炉顶易过热，炉料中温度低，因而对熔炼不利。电极插入较深，电极附近电压降百分率大大减小，产生电弧减弱，成为埋弧熔炼，电极与渣的接触面增大，大部分电流按电极-炉渣-粗锡-炉渣-电极通过，即星形（Y）负荷的电流占优势，此时热损失小，热量分布较均匀，但电极易接近导电性良好的粗锡发生短路事故，生产中电极插入深度为渣层一半较为适宜。

电炉熔池内温度较低的部位是熔池的料堆熔化表面，另外各区域电位降的百分率不均匀，使得各区域的温度相差很大，这种高温区和低温区的存在是造成炉渣的循环运动和热交换的动力。

在熔炼过程中，由于锡精矿密度大而沉入渣层，而焦炭则覆盖在渣面上，在电炉内渣中氧化锡的还原是在焦炭层下及直接在熔体内的熔体运动中进行的，电炉内炉渣运动及温度分布如图 5-21 所示，从图中可以看出，电极附近的炉渣接收了大量的热量（电极区放出的热量大于 50%），温度升高，同时炉渣中存在反应产生的气体、气泡，使炉渣的密度和黏度减小，炉渣向上沿电极运动的速度增大，然后喷至表面，并在焦炭下面由电极向各个方向流散，炉渣沿焦炭层的粗糙表面与还原剂接触并发生金属氧化物的还原反应，而不与焦炭接触的炉渣内则发生 $SnO + Fe = Sn + FeO$ 的置换反应。与此同时，高温炉渣将热量带到温度很低的炉料的熔化表面，炉料吸收过热炉渣的热量而熔化，过热炉渣的温度相对降低，熔化的炉料和已降温的炉渣一同混合，密度增加而下沉，下沉到电极插入深度时，又受上浮过热炉渣的影响，一部分熔体转向电极做水平运动而加入到连续循环中，另一部分则沉到料堆末端，由于其温度还高于炉料表面温度而继续沿着炉料下部熔化表面做水平运动，直到其温度接近炉料熔化温度为止。有关研究认为：在锡精矿还原熔炼时，从炉渣中分出液态锡滴或铁锡合金滴的过程决定着锡的回收程度。在金属氧化物发生还原作用的同时，快速发生分子分散的反应产物（金属滴和气泡）的活化聚合过程，使它们的粒度增大。当炉渣向炉缸壁移动以及向电极和炉底移动时，在炉渣中继续发生聚合，并使锡滴增大。锡滴增大到一定程度时则随大部分的熔体一起落入比较平静的渣层，以进行炉渣和粗锡的分离；而另一部分粒度较小的锡滴则随炉渣继续循环。

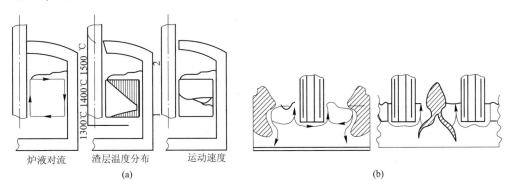

图 5-21　电炉内炉渣运动及温度分布
(a) 电炉内炉渣运动及温度分布；(b) 有料堆时炉渣的对流

电炉内热源和传热与反射炉不同，在反射炉内，炉料受热是在料堆表面开始，逐渐向内发展，化学反应也是这样。电炉的热量则在炉料内部产生，炉料受热熔化和相互作用是在炉料内固体和液体界面上进行，即熔融炉渣以较大的速度冲刷着炉料的表面，并同时进行化学反应。因此可以认为，在电炉内还原和造渣是同时进行的。

5.4.4 炼锡电炉及附属设备

炼锡电炉多为圆形，由外壳、炉底、炉墙、炉顶、电极提升装置等部分构成，功率一般为 180 ~ 1400kV·A，石墨电极直径为 100 ~ 400mm，个别厂用自焙电极，直径达 600mm。功率为 1250kV·A 的锡还原熔炼电炉结构如图 5-22 所示。

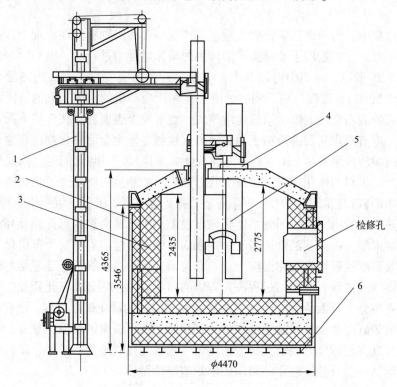

图 5-22   1250kV·A 的锡还原熔炼电炉结构
1—电极提升装置；2—外壳；3—砖砌体；4—电极密封水套；5—电极；6—不同长度工字钢

几个工厂的电炉主要结构参数及技术性能列于表 5-15 中。

表 5-15   几个工厂的电炉主要结构参数和技术性能

项　　目		1	2	3	4
额定功率/kV·A		400	800	1000	1250
石墨电极	直径/mm	250	250	250	400
	截面积/cm²	490.9	490.9	490.9	1256.6
电炉外廓尺寸/mm×mm		3472×3144	3500×3340	3400×2894	4470×4635
炉膛总高/mm		1844	1890	1700	2775
炉床面积/m²		3.14	2.36	3.0	7.4
处理量/t·(d·炉)⁻¹		6~9	12~18	5.5~8.0	18
冶炼周期/h·炉⁻¹		20~22	20~22	18~20	24

电炉的外壳用钢板卷制，钢板厚度为 16mm，外径及高度根据功率的大小而不同，外

壳置于混凝土基础上的工字钢上面，目的在于保证空气的循环冷却和便于收集炉底渗漏的金属锡。

炉底一般先砌黏土砖层，而后为耐热混凝土捣打层，最上层为碳砖镶砌。炉底厚度一般为 1000~1200mm，炉膛内深渣线以下镶砌炭砖，其余墙体用黏土砖或高铝砖砌筑，炉顶盖可用耐热混凝土捣筑或用高铝砖砌成拱形，炉顶设置电极孔、加料孔和排烟孔，其大小根据电极的直径、加料量及烟气量等确定。在炉底砌筑时，稍向放锡口倾斜，放锡口高于熔池 10~15mm，保持底部有一层金属，保护底炭砖不易损耗，在砌筑炉墙时，要设置操作门，便于观察炉内情况及打捞脱落电极。在电炉旁设置电极提升装置，用以夹持电极和控制电极的升降，以调节电流强度和炉温。

电炉变压器是电炉熔炼的主要设备，电炉变压器一般应满足以下要求：

（1）变压器绕组应能承受短时间电流大量超负荷的冲击而不受损坏。

（2）所有构件应能经受突然提高电流或短路时产生的强大机械应力的冲击。

（3）为适应工艺过程的要求，二次侧电压应有一定的调整范围。

（4）电炉变压器的功率由日处理炉料量、每吨物料耗电量、功率利用、工时利用、电炉功率因素等确定。

电炉收尘系统一般可配置沉降室、表面冷却器、布袋收尘器以及净化烟气的脱硫塔。

电炉处理物料量较小，配料采用圆筒混料机，可以充分混匀各种入炉物料。

5.4.5 电炉供电与电能的转换

电炉的供电系统由三相变压器（或由三个单相变压器组成的变压器组）、三根电极以及将每根电极和变压器各相连接起来的线圈组成。

在电炉熔池的电极周围产生热能，加热和熔化炉料，并进行相应的化学反应的区域称为反应区。反应区的大小主要取决于电极的直径和输入的功率，因为功率和电极直径是相互联系的，所以这两个因素对反应区的影响是统一的。在电极插入熔池的情况下，它就成为熔池最重要的工艺因素。每一个操作过程都相应地有一个适宜的反应区功率密度值，这个值在一定程度上决定冶炼的电气制度。电炉的电气制度是由电炉的功率、电压、电流等参数表现出来的。通常电炉通过两种形式放热：（1）电流通过电极 - 炉渣的界面以电弧的形式放出的热量；（2）电流通过熔体产生的热量。选择适宜的电气制度，可降低能耗，增大生产能力。每一种冶炼过程都有一个合适的电气制度，这个制度的实现主要是靠合适的电极插入深度来实现的。也就是说炉子的输入功率是由电极的电流来控制的，而电流变化又通过电极在炉料中的浸没深度来完成。

当熔炼锡精矿粉料或堆积密度较小的球粒（烟尘）时，由于料坡沉入渣池较浅，为了保持较高的熔炼温度，应使热量在熔池上层发出，这种情况下，电气制度应采用电弧放热为主来达到熔炼的目的，这是通过减小电极插入深度来达到这一要求的。

当熔炼的物料是块矿时，因堆积密度大，在渣池上层有较深的料坡形成，应设法使热量用于炉渣过热，通常加大电极插入深度（埋弧熔炼）来达到这一要求。

在功率相同的情况下，提高二次电压，二次侧电流较小，可减少短网电能损失；但会导致电极插入过浅，操作困难，设备和操作都可能出现不安全因素；但二次电压过低，电极插入过深，也会给操作带来不良的后果。

在生产实践中，熔化物料、炼渣、处理炉结等阶段需要的功率相应较大，二次侧电压多为 80~120V，应根据要求灵活调整。

5.4.6　电炉熔炼过程的操作及主要技术经济指标

5.4.6.1　电炉熔炼过程的正常操作

电炉熔炼原理和基本过程决定了电炉熔炼的操作实践，但由于不同工厂处理的锡精矿原料成分的差异，以及对炉渣是否再贫化处理等因素不同，实践中会有一些差别，较为普遍的操作实践分述如下。

A　烘炉

新建的电炉及大修的电炉都要预先烘炉，首先在炉底铺上粒度为 25~50mm，厚 250~300mm 的焦炭层，然后使电极和焦炭层的距离达 150mm 便可通电，产生电弧升温。此时负荷功率不高，二次电压用较低的一档，电流小于 1000A。新修的炉子烘炉时间为 10~14 天，中、小修的炉子烘 3~8 天。烘炉后期即可加富渣进行熔炼，提高温度以达到要求水平，最后加进一定量的富渣和石灰石作炉料，当炉温提高到要求温度时，就可进料熔炼。

B　还原熔炼

熔炼是间断操作，通常采用多次进料、多次放锡、一次放渣的间断作业制度，熔炼开始时炉温为 900~1100℃，结束时为 1400~1500℃。每炉炉料分 6~8 批加入，熔炼时间 20~24h。进第一批料时，将一炉料的 1/3 左右加入炉内，此时应采用较低电流供电，因炉内渣量少，电极放下较深，接近炉底产生电弧，电流大时易损坏炉底。熔炼产生一定量的炉渣和锡以后，可提高电流加速熔炼作业。隔 2~3h 后进第二批料，以后每隔 1.5~2h 进料一批，直至炉料全部进完，每批料量约为全炉料的 1/9。全部料约 12~14h 进完。实际操作中加入每批料的间隔时间视炉料熔化情况和工作电流稳定与否而定。间隔时间较长，炉内物料全部熔化，炉渣过热，渣中锡很快贫化，会引起铁的氧化物大量还原，增加乙锡量，同时再进料时，冷料很快沉入熔渣中，炉内沸腾激烈，易形成渣壳，给操作带来困难；间隔时间过短，炉内物料熔化少，炉温较低，进料时会结死熔池，降低炉料导电性，通电困难，压死电弧，难于操作。

C　放渣和放锡

为了保持电炉的正常工作，熔炼产物必须从炉内及时放出。熔渣和锡液面波动大，便会破坏电炉的正常电气制度，使电炉工况不稳定。

放锡是在操作周期内第一批炉料入炉熔炼 7~8h 后放第一次锡，以后在正常投料和熔炼过程中，每隔 4~6h 放锡一次，一般每炉周期放锡 3~4 次。一作业周期结束前放出最后一次锡后，接着一次性地放渣，富锡渣在前床内保温，进一步澄清分离出少量锡后，再送烟化炉贫化处理。

当熔炼高铁锡精矿时，炉料全部熔化造渣结束后立即放渣，尽量缩短炉渣在炉内的过热时间，减少渣中 FeO 还原进入粗锡，但是这种操作法却增加了渣含锡量。

5.4.6.2 电炉生产中常见的炉况异常和事故处理

电炉在生产过程中，常见的炉况异常有以下几点：

（1）炉料的导电性差，电流升不上来，炉温低。若遇到这种情况就添加高铁质炉渣或熔析渣，以改善导电性，加入量为炉渣量的10%～20%。

（2）炉渣的酸度高，黏性大，炉内产生的大量气体不能顺利排除，造成抛渣结壳。为消除这种现象，可加入石灰石，以降低炉渣的熔点和黏度，改善流动性，石灰石的加入量为渣量的5%左右。

（3）当炉渣含三氧化钨高时，不易放出。为消除这种现象，可在熔炼后期加入渣量3%左右的碳酸钠以降低炉渣的熔点和黏度。

（4）当炉内煤灰过多或形成炉结时，应在下一炉加进高铁、低熔点炉料来清除煤灰和炉结；若煤灰过多，炉结严重时，则应加炉渣洗炉。

电炉生产中可能出现的故障有：

（1）由于烟道堵塞造成炉气爆炸，这时应及时清通烟道。

（2）渣口冻结，可用氧气烧通。

（3）当炉内生料或炭黑过多时，电极不易起弧。为避免生料过多，应掌握好进料的间隔时间；如炭黑过多，则用富渣洗炉来处理。

（4）电极断落。一旦出现这种故障，应及时取出断落的电极，并更换电极。

（5）水箱漏水，应及时更换水箱。

5.4.6.3 电炉熔炼的主要技术经济指标

电炉熔炼的规模可大可小，处理的物料适应性强，但电能消耗、直收率、渣含锡、床能力不尽相同，其主要技术经济指标如下：

锡直收率/%	85～94	烟尘率/%	3～5
锡回收率/%	98.5～99	床能力/t·(m²·d)⁻¹	4～4.5
渣 率/%	20～30	吨矿电耗/kW·h·t⁻¹	950～1200
渣含锡/%	3～10	吨矿电极消耗/kg·t⁻¹	4～10

我国某炼锡厂采用功率为800kV·A的圆形密闭式电炉炼锡，炉床面积2.8m。操作条件为：电压85～105V，电流5400～4400A；配料：锡精矿:无烟煤:石灰石＝100:10～12:1～2；熔炼炉温1100～1500℃；所得到的熔炼指标为：日处理量8.5～9t[2.7t/(m²·d)]，直收率90%～95%，渣含锡3%～5%，产渣率20%～22%，烟尘率3%～4%，吨矿电耗850～1000kW·h/t，吨矿电极消耗4～6kg/t，乙锡比30%。属于电炉一般熔炼精矿的实例。

我国另一炼锡厂采用1250kV·A电炉处理混合锡烟尘粒，所得到的指标比反射炉熔炼要好：直收率高于70%，渣含锡3%～5%，电耗约为1000kW·h/t矿，电极消耗8～10kg/t矿。混合锡烟尘粒含锌10%左右，通过电炉熔炼，锌得到富集，电炉烟尘含锌量大于30%，便于开路回收，显示了电炉熔炼高锌锡烟尘的特点。

5.5　澳斯麦特炉炼锡

5.5.1　一般生产工艺流程

1996 年，秘鲁明苏公司引进澳斯麦特技术，建成世界上第一座采用澳斯麦特技术炼锡、年处理 3×10^4 t 锡精矿、产出 1.5×10^4 t 精锡的冯苏冶炼厂（Funsur Smelter）。1997 年达到设计能力，1998 年改用富氧鼓风，在炉子尺寸完全不改变的情况下，年处理能力增加到 4×10^4 t 锡精矿，产出 2×10^4 t 精锡。1999 年，该厂又上了一座澳斯麦特炉，使产锡能力进一步提高，使原来不生产精锡的秘鲁一跃成为世界产锡大国之一。2002 年 4 月，云南锡业股份有限公司建成世界上第二座澳斯麦特炉，设计能力为年处理 5×10^4 t 锡精矿，是目前世界上最大的澳斯麦炼锡炉。

锡精矿经沸腾焙烧脱砷、脱硫，再经磁选，使锡精矿中锡品位提高至 50% 以上，杂质含量 As < 0.8%，S < 0.8%，并放置于料仓内。其他入炉物料有还原煤、熔剂、经烟化产出的烟化尘及经焙烧后产出的析渣，均置于各自的料仓内。各种入炉物料经计量配料后，送入双轴混合机进行喷水混捏，混捏后的炉料经计量，用胶带输送机送入澳斯麦特炉内还原熔炼。

还原熔炼过程周期性进行，通常将其分成熔炼、弱还原及强还原三个阶段。熔炼阶段需 6~7h，熔炼结束后渣含锡 15% 左右；弱还原阶段需 20min，渣含锡由 15% 降至 5%；强还原需 90min，渣含锡由 5% 降至 1% 以下。有些工厂强还原作业不在澳斯麦特炉内进行，而将经熔炼和弱还原两个过程得到的含锡 5% 左右的贫渣直接送烟化炉处理，这样既可增加熔炼作业时间，又可提高锡的回收率。

澳斯麦特熔炼炉产出粗锡、贫锡渣和含尘烟气。熔炼炉产出的粗锡进入凝析锅凝析，将液体粗锡降温，铁因溶解度减少，而成固体析出，这样可降低粗锡中的含铁量。凝析后的粗锡通过锡泵泵入位于电动平板车上的锡包中，运至精炼车间进行精炼。凝析产出的析渣经熔析、焙烧后返回配料，这部分渣称为焙烧熔析渣。

熔炼炉产出的贫渣放入渣包，然后送烟化炉硫化挥发处理，得到抛渣和烟化尘。烟化尘经焙烧后返回配料，这部分烟尘称为贫渣焙烧烟化尘。熔炼炉产出的含尘烟气经余热锅炉回收余热，产出过热蒸汽，然后经冷却器冷却，再经布袋收尘，收下的烟尘经焙烧返回配料入炉，这部分烟尘称为焙烧烟尘。烟气再经洗涤塔脱除 SO_2 后经烟囱排放。澳斯麦特炉炼锡的一般生产工艺流程如图 5-23 所示。

澳斯麦特炉与传统炼锡炉相比，最大的特点是通过喷枪形成一个剧烈翻腾的熔池，极大地改善了整个反应过程的传热和传质过程，大大提高了反应速度，有效地提高了反应炉的炉床能力（炉床指数可达 18~24t/（m² · d）），并大幅度降低燃料的消耗。

在澳斯麦特炉熔炼过程中，燃料随空气通过喷枪直接喷入炉体内部，燃料直接在物料的表面燃烧，高温火焰可以直接接触传热。并且由于熔体不断直接搅动，强化了对流传热，从根本上改变了其他炉型熔炼主要靠辐射传热的状况，从而，大幅度提高了热利用效率，降低了燃料消耗。

锡精矿还原反应过程主要是 SnO_2 同 CO 之间的气固反应，而控制该反应速度的主要因素是 CO 向精矿表面扩散和 CO_2 向空间的逸散速度和过程。在其他炉型熔炼过程中，物料

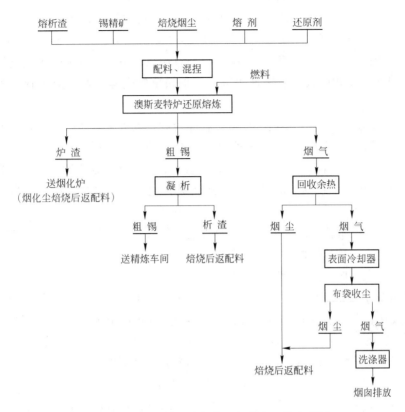

图 5-23 澳斯麦特炉炼锡的一般生产工艺流程图

形成静止料堆,不利于上述过程的进行。而在澳斯麦特熔炼过程中,反应表面受到不断地冲刷以及由于燃料在物料表面直接燃烧形成的高温可产生更高浓度的 CO,有力地促进了上述 CO 的扩散和 CO_2 的逸散过程,加快了还原反应的进行。

澳斯麦特熔炼过程可以通过调节喷枪插入深度、喷入熔体的空气过剩量或加入的还原剂量和加入速度,以及及时放出生成的金属等手段,达到控制反应平衡的目的,从而控制铁的还原,制取含铁较低的粗锡和含锡较低的炉渣。

由于反射炉等传统熔炼过程中渣相和金属相之间达到平衡,因此,要想得到含铁较低的粗锡而大幅度降低渣中含锡量是不可能的,渣中含锡量和金属相中的含铁量成相互关系,即在平衡情况下,炉渣中的含锡量低于2%时,粗锡中的含铁量将急剧上升。

在澳斯麦特熔炼过程中,由于喷枪仅引起渣的搅动,可以形成相对平静的底部金属相,因此可以在熔炼过程中连续或间断地放出金属锡,破坏渣锡之间的反应平衡,迫使 $(SnO) + [Fe] \longrightarrow (FeO) + [Sn]$ 反应向右进行,从而可以降低渣中的含锡量。对渣还原过程热力学模型分析结果表明,在熔池中渣锡之间达到完全平衡和不形成平衡的情况下,锡的还原程度和渣中含锡量出现明显区别。澳斯麦特法试验工厂取得的试验数据已经处于平衡曲线以下,即在相同条件下,可以取得更低的渣含锡指标。

澳斯麦特熔炼过程可通过上述措施达到控制反应平衡和速度的目的,从根本上解决了传统熔炼过程中渣含锡过高的问题。除了上述的生成金属及时排出,破坏了反应 $(SnO) + CO \longrightarrow [Sn] + CO_2$ 和反应 $[Fe] + (SnO) \longrightarrow [Sn] + (FeO)$ 的平衡,迫使两个反应向右进行，降低了渣含锡之外，还通过单独的渣还原过程，提高温度和快速加入还原剂，使渣表面形成较高的 CO 浓度，促使反应 $(SnO) + CO \longrightarrow [Sn] + CO_2$ 向右进行。尽管随着金属锡的析出会促使反应 $[Fe] + (SnO) \longrightarrow [Sn] + (FeO)$ 向左进行，但是据有关研究证明该反应相应较慢，因此可以通过加快反应进程和及时放出锡，阻止上述反应的进行。

澳斯麦特熔炼过程基本上实现了计算机程序控制，大大减轻了操作强度，减少了操作人员。澳斯麦特熔炼过程基本上处于密闭状态，极大地改善了作业环境。由于总体烟气量小，相应的收尘系统也简单，例如冯苏冶炼厂烟气量（标态）在最高的熔炼阶段也达不到 $30000m^3/h$，相当于两座反射炉的烟气量，从而极大地节省了收尘系统的投资和操作维护费用。

作为澳斯麦特技术关键的喷枪，由于可以通过外层套管中加压缩空气冷却，在外壁挂上一层渣，使喷枪不易被烧损，万一被烧损，修补也很方便。

澳斯麦特技术是典型的浸没熔炼技术，它的先进性主要表现在以下几个方面：

（1）熔炼效率高、熔炼强度大。澳斯麦特技术的核心是利用一根经特殊设计的喷枪插入熔池，空气和燃料从喷枪的末端直接喷入熔体中，在炉内形成一个剧烈翻腾的熔池，极大地改善了反应的传热和传质过程，加快了反应速度，提高了热利用率，有极高的熔炼强度。澳斯麦特炉单位熔炼面积的处理量（炉床指数）是反射炉的 10~24 倍。

（2）处理物料的适应性强。由于澳斯麦特技术的核心是有一个翻腾的熔池，因此，只需控制好适当的渣型，选好熔点和酸碱度，对处理的物料就有较强的适应性。

（3）热利用率高。由于澳斯麦特技术喷入熔池的燃料直接同熔体接触，直接在熔体表面或内部燃烧，从根本上改变了反射炉主要依靠辐射传热、热量损失大的弊病。以云锡冶炼分公司情况为例，经初步计算，与反射炉熔炼相比，每年可减少燃料煤 11000t 以上。此外，由于用一座澳斯麦特炉可取代目前的 10 座反射炉及电炉等粗炼设备，炉内烟气经一个出口排出，烟气余热能量得到充分利用，与用反射炉生产相比，每年可多发电 $2500 \times 10^4 kW \cdot h$，将使每吨锡的综合能耗大幅度下降。

（4）环保条件好。由于集中于一个炉子，烟气集中排出，与反射炉相比烟气总量小，容易解决烟气处理问题。因澳斯麦特炉开口少，整个作业过程处于微负压状态，基本无烟气泄漏，无组织排放大幅度减少；此外，由于烟气集中，可以有效地进行 SO_2 脱除处理，从根本上解决其对环境的污染。

（5）自动化程度高。澳斯麦特技术基本实现了过程计算机控制，操作机械化程度高，可大幅度减少操作人员，提高劳动生产率。

（6）可以减少中间返回品占用资金。澳斯麦特熔炼过程可以通过调节喷枪插入深度、喷入熔体的空气过剩量或加入还原剂的量及加入速度等手段，控制反应平衡，从而控制铁的还原，制取含铁较低的粗锡。这将大大减少返回品数量。

（7）占地面积小、投资省。由于生产效率高，一座澳斯麦特炉就可以完成多座其他炉子的熔炼任务；而且，主体设备简单，投资省。

综上所述，澳斯麦特技术是目前世界上最先进的锡强化熔炼技术，是取代反射炉等传统炼锡设备较理想的技术设备。

5.5.2 澳斯麦特炼锡炉及其主要附属工艺设备

澳斯麦特炼锡炉系统一般分为熔炼系统、炼前处理系统、配料系统、供风系统、烟气处理系统、余热发电系统和冷却水循环系统等（见图5-24），其设备连接图如图5-25所示。

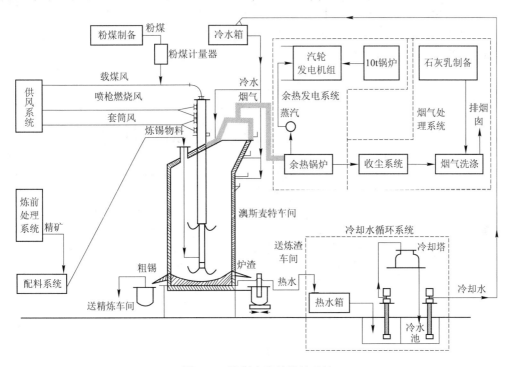

图 5-24　澳斯麦特炼锡炉系统

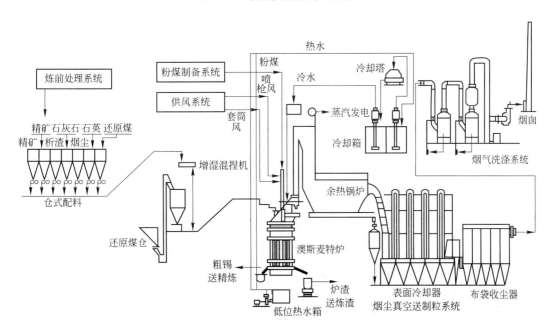

图 5-25　澳斯麦特炼锡炉设备连接图

5.5.2.1　熔炼系统

澳斯麦特炉是一个钢壳圆柱体，上接呈收缩的锥体部分，通过过渡段与余热锅炉的垂直上升烟道连接，炉子内壁全部衬砌优质镁铬耐火砖。炉顶为倾斜的平板钢壳，内衬带钢纤维的高铝质浇注耐火材料，其上分别开有喷枪口、进料口、备用烧嘴口和取样观察口。在炉子底部则分别开有相互成 90°角配置的锡排放口和渣排放口，渣口比锡口高出200mm。澳斯麦特炉的结构如图 5-26 所示。

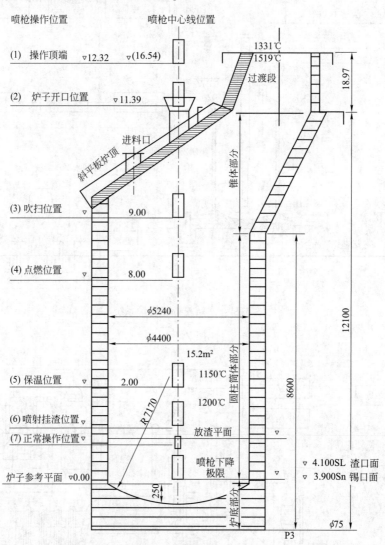

图 5-26　澳斯麦特炉结构及喷枪各操作位置简图

熔炼过程中，经润湿混捏的物料从炉顶进料口加入，直接跌入熔池，燃料（粉煤）和燃烧空气以及为燃烧过剩的 CO、C 和 SnO、SnS 等而加入的二次燃烧（套筒）风均通过插入熔池的喷枪喷入。当更换喷枪或因其他事故需要提起喷枪保持炉温时，则从备用烧嘴口插入、点燃备用烧嘴。备用烧嘴以柴油为燃料。

澳斯麦特技术的特点就是强化熔池熔炼过程。其熔炼过程大致可分为四个阶段：

（1）准备阶段。由于澳斯麦特熔炼是一个熔池熔炼过程，故在熔炼过程开始前必须形成一个有一定深度的熔池。在正常情况下，可以是上一周期留下的熔体。若是初次开炉则需要预先加入一定量的干渣，然后插入喷枪，在物料表面加热使之熔化，形成一定深度的熔池，并使炉内温度升高到1150℃左右即可开始进入熔炼阶段。

（2）熔炼阶段。将喷枪插入熔池，控制一定的插入深度，调节压缩空气及燃料量，通过经喷枪末端喷出的燃料和空气造成熔池的剧烈翻腾。然后由上部进料口加入经过配料并加水润湿混捏过的炉料团块，熔炼反应随即开始，维持温度1150℃左右。

随着熔炼反应的进行，还原反应生成的金属锡在炉底部积聚，形成金属锡层。由于作业时喷枪被保持在上部渣层下一定深度（约200mm），故主要是引起渣层的搅动，从而可以形成相对平静的底部金属层。当金属锡层达到一定厚度时，适当提高喷枪的位置，开口放出金属锡，而熔炼过程可以不间断。如此反复，当炉渣达到一定厚度时，停止进料，将底部的金属锡放完，就可以进入渣还原阶段。熔炼阶段耗时6~7h。渣还原阶段根据还原程度的不同分为弱还原阶段和强还原阶段。

（3）弱还原阶段。弱还原阶段作业的主要目的是对炉渣进行轻度还原，即在不使铁过还原而生成金属铁，产出合格金属锡的条件下，使炉渣含锡从15%降低到4%左右。这一阶段作业炉温要提高到1200℃左右。这时要把喷枪定位在熔池的顶部（接近静止液渣表面），同时快速加入块煤，促进炉渣中SnO的还原。弱还原阶段作业时间约20~40min，作业结束后，迅速放出金属锡，即可进入强还原阶段。

（4）强还原阶段。强还原阶段是对炉渣进一步还原，使渣中含锡降至1%以下，达到可以抛弃的程度。这一阶段炉温要升高到1300℃左右，并继续加入还原煤。由于炉渣中含锡已经较低，因此，不可避免地有大量铁被还原出来，所以这一阶段产出的是Fe-Sn合金。

强还原阶段约持续2~4h。作业结束后让Fe-Sn合金留在炉内，放出的大部分炉渣经过水淬后丢弃或堆存。炉内留下部分渣和底部的Fe-Sn合金，保持一定深度的熔池，作为下一作业周期的初始熔池。残留在炉内的Fe-Sn合金中的Fe将在下一周期熔炼过程中直接参与同SnO_2或SnO的还原反应：

$$SnO_2 + 2Fe = Sn + 2FeO$$
$$SnO + Fe = Sn + FeO$$

因此，强还原阶段用于铁的能源消耗最终转化为用于锡的还原。

在特殊情况下，为了使渣含锡降到更低的程度，可以在强还原阶段结束前放出Fe-Sn合金后，便将炉温升高到1400℃以上，把喷枪深深插入渣池中，同时加入黄铁矿，对炉渣进行烟化处理，挥发残存在渣中的锡。

通过以上分析可知，澳斯麦特技术是一种简单、适应能力强、具有极高熔炼强度的先进喷吹熔池熔炼技术，是目前锡精矿反射炉还原熔炼比较理想的技术。

澳斯麦特炉炼锡过程的处理量，各种物料的配比，喷枪风燃料比与鼓风量，燃烧空气过剩系数，喷枪进入炉内程序，喷枪高度，炉内温度和负压等参数的检测、控制、记录以及备用烧嘴的升降等操作，全部在控制室通过DCS系统控制，同时可对余热锅炉的状况（蒸汽量、蒸汽温度、蒸汽压力等）、烟气处理系统各工序的进出口温度和压力等进行监测，基本实现了过程的自动控制。

5.5.2.2　炼前处理系统

对于含较高砷、硫和铁的锡精矿，如直接进行熔炼，会使产出的粗锡品质变坏，并在精炼过程中产生大量的返回品浮渣（如硬头、离析渣、锅渣、炭渣和铝渣等）和烟尘，使大量的锡在流程中反复循环，这会降低熔炼炉的实际处理能力；返回品的多次循环产出及处理既增加了加工成本，又增大了处理过程锡的损失，使锡总回收率大幅度下降，严重影响整体经济效益。因此，这类锡精矿需要进行炼前处理。

锡精矿炼前处理系统包括流态化焙烧工序和磁选工序。锡精矿通过流态化焙烧使焙砂中砷和硫的含量均低于 0.8%。经过焙烧的精矿中，大部分铁由 Fe_2O_3 转化为磁性的 Fe_3O_4，因此采用弱磁选机通过一段干式磁选就可以把锡精矿含锡由 40% 左右提高到 50%，熔炼这种高级精矿回收率可达 94% 以上。

5.5.2.3　配料系统

配料系统由料仓、电子皮带秤、皮带运输机和双螺旋混捏机组成。分装在 7 个料仓中的锡精矿、石英、石灰石、还原煤、返回烟尘、焙烧析渣等物料，按控制室的指令经皮带秤计量后，汇入皮带运输机送入双螺旋混捏机中加水混捏成团，以防止粉状的精矿、烟尘等物料在加入炉子跌入熔池过程时被抽入烟道中。经润湿混捏的物料用皮带运输机送到炉顶，从进料口直接加入炉内。

5.5.2.4　余热发电系统

澳斯麦特炉在熔炼过程中产生大量的高温烟气，并集中从一个炉口排出，这为余热利用创造了极为有利的条件。由于锡冶炼过程基本上不用蒸汽，因此采用余热发电方案。考虑到锡冶炼过程会产生大量烟尘以及发生炉渣的喷溅黏结堵塞上升烟道的可能性，因此采用新型的带有膜式全水冷壁垂直上升烟道、强制循环和新型带弹簧垫锤式振打清灰装置的余热锅炉（见图 5-27），每小时产出 30t 2.5MPa，400℃ 的过热蒸汽，供 6000kW 汽轮机发电组发电。

如前所述，澳斯麦特炼锡过程是周期性的，在放渣阶段或更换喷枪时烟气量大幅下降，以至余热锅炉产出的蒸汽量甚至不足以推动汽轮机空负荷运行，这将会造成机组的损坏，对汽轮发电机组的运行这是不允许的。为此，配置一台能力为 10t/h 的燃煤蒸汽锅炉，平时可作为中心锅炉站向全厂提供蒸汽，而在余热锅炉蒸汽不足时，集中供汽轮发电机组发电。由于余热锅炉蒸汽量的频繁变化，给系统的控制带来很大困难，为此采用 DCS 对汽机运行时的各参数进行检测、控制和汽机的保护联锁以及设备状态的监测，并在汽机组上设置了先进的数字式电液调节系统 DEH，保证系统安全可靠运行。

5.5.2.5　烟气处理系统

烟气处理系统包括由余热锅炉的水平段、3200m² 的表面冷却器和 3390m² 布袋收尘器组成的收尘工序（见图 5-27）；由二级高效湍冲洗涤器及相配套的浆液循环、沉降、

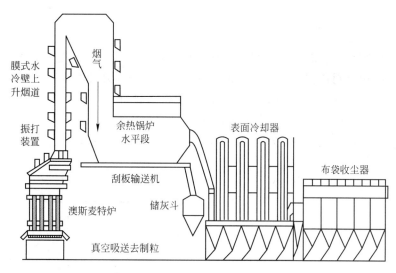

图 5-27 余热锅炉和收尘系统图

过滤设备组成的烟气 SO_2 洗涤工序和作为湍冲洗涤器的 SO_2 吸收剂的石灰乳制备工序三部分。从澳斯麦特炉排出的高温烟气经余热锅炉降温到 300～350℃ 并在水平段沉降一部分烟尘后，进入表面冷却器使烟尘进一步沉降并使烟气温度降到 150℃～200℃ 后，再进入布袋收尘器。在锅炉水平段沉降的烟尘由设在其底部的刮板运输机刮入储灰斗，并定期从储灰斗放出烟尘，用真空输送送去制粒。表面冷却器和布袋收尘器灰斗中的烟尘也定期用真空输送送去制粒，经制粒后的烟尘直接返回配料系统或进行焙烧脱砷处理后再返回配料系统。

通过布袋收尘器除尘后的烟气经二级串联的高效湍冲洗涤器，用石灰乳淋洗，使烟气中的 SO_2 达到排放标准后，经 800kW 引风机排入烟囱。脱硫过程生成的含石膏泥浆可泵入沉降槽，底流送板框压滤机过滤，滤液返回洗涤器，石膏渣送堆渣场。

石灰乳制备站日处理 100t 石灰石，外购 −5mm 石灰石粒经二段球磨，石灰石粒度100% 通过 0.063mm 筛孔。产出的石灰乳除供澳斯麦特炉炼锡系统烟气洗涤用外，还供烟化炉和炼前处理烟气洗涤脱 SO_2 用。

5.5.2.6 冷却水循环系统

澳斯麦特技术采用炉壁喷淋强制冷却的方式，以延长炉衬耐火材料寿命。冷却水经软化处理循环使用，如图 5-24 所示，冷却水从循环水泵房冷水池泵到 30m 处的高位冷水箱，自流到澳斯麦特炉。为保证炉壁的各个部分形成均匀的水膜，分别在炉体圆柱部、锥体部和平炉盖上设置了相应的喷水管组，而在出渣口和出锡口则采用铜水套强化冷却。各路回水最终沿炉壁流下经汇水槽汇入低位集水箱，再自流回到循环泵房的热水池，升温后的回水经冷却塔冷却后流回冷水池循环使用。为保持水的清洁，在循环中自动抽出部分回水经过滤处理。

在循环水泵房中还有另一平行类似的循环系统，负责风机房各类风机的冷却水的供给和处理。

5.5.2.7　燃料供应系统

澳斯麦特炉用粉煤、油或天然气做燃料。用粉煤做燃料的澳斯麦特炉系统较为复杂。燃煤供应系统由粉煤制备、粉煤仓、粉煤计量器、螺旋输煤泵和载煤风干燥装置组成，如图5-28所示，由粉煤制备车间气动输送来的粉煤进入顶部粉煤仓，经给料器使粉煤均匀进入环状天平计量器计量后，进入螺旋输煤泵，被载煤压缩空气（载煤风）裹载，通过喷枪喷入熔池。为防止载煤风中的水分和油雾造成送煤设备和管道黏结，在输煤泵前设置了一套除水、除油装置。

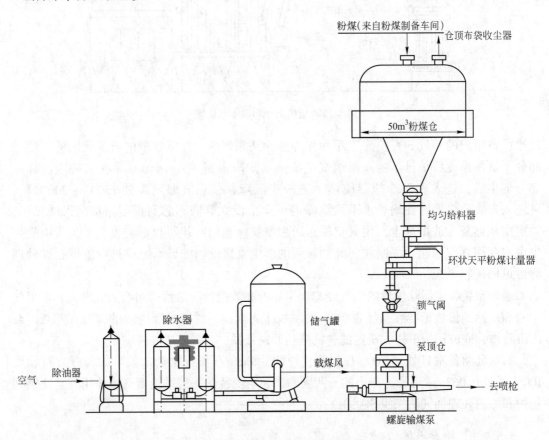

图5-28　燃煤供应系统工艺流程示意图

5.5.2.8　供风系统

澳斯麦特技术的核心是喷枪，燃煤和燃烧空气通过喷枪喷入熔池，二次燃烧风则通过外层套管在熔池上方鼓入炉内。由于喷枪插入熔池，并使熔池保持一定程度的搅动状态，要求喷枪燃烧风有恒定的风压，而二次燃烧（套筒）风的压力较低一些，风压一般为喷枪燃烧风的30%～50%。此外，由于在三个熔炼阶段的供风量变化幅度大，因此要求鼓风机在保持恒压的前提下有较宽的风量调节余地。某厂各熔炼阶段喷枪燃烧风与套筒风变化情况见表5-16。

表 5-16 各熔炼阶段喷枪燃烧风与套筒风变化情况

阶 段	熔炼阶段	渣还原阶段	放渣阶段	保温阶段
燃烧风量（标态）/m³·h⁻¹	25605	13460	4000	4000
套筒风量（标态）/m³·h⁻¹	15865	11225	3500	3500

因此，作为燃烧风、载煤风和套筒风的供风设备，就必须满足上述风量变化的要求。

供风系统还包括供备用烧嘴的雾化风、布袋收尘器的反喷吹、除灰用压缩空气的压缩机、做仪表动力用风的压缩机等。全系统的抽风依靠设在系统尾端的引风机来完成。

5.5.3 澳斯麦特炉炼锡的操作及主要技术指标

5.5.3.1 配料操作

配料是冶炼的重要环节。澳斯麦特炉的配料是由 DCS 控制系统控制各个料仓的给料量来完成。在设定各个料仓给料量的过程中，需要技术人员和操作人员进行配料计算，选择适当的渣型，从而在 DCS 系统中设定单位时间内各种物料的给入量，并按照所设定的量进料。在实践中，澳斯麦特炉炉渣的硅酸度一般控制在 1.0 ~ 1.1 之间，同时考虑炉渣的熔点、密度、流动性、黏度等指标。一般情况下，熔点控制在 1050 ~ 1150℃，密度为 4g/cm³ 左右。经过主控室在 DCS 系统中设定好单位时间内各种物料的给入量后，料仓部分的抓斗吊车要确保各个料仓中有足够的物料。

5.5.3.2 喷枪操作

A 喷枪控制系统

作为澳斯麦特系统的一部分，喷枪操作系统的作用是直接把燃料和燃烧气体喷射入熔融物料的熔池中。喷枪在炉内的定位动作通过喷枪操作设备来完成。喷枪操作设备包括：喷枪提升架、喷枪提升机、喷枪提升架导轨。

喷枪提升架用来控制喷枪在炉内垂直面上进行插入、提出炉子的动作，喷枪提升架在导轨上的定位通过定位轮执行，该定位轮沿着喷枪提升架的导轨外侧运行，而喷枪提升架的升降运行则通过提升机来执行。喷枪在炉子中的位置则通过位置传感磁致伸缩杆进行测定，该装置安装在喷枪提升架导轨上，由一块磁体和一根磁性感应线组成。感应线与喷枪提升架上的金属管连接并绕在金属管上，可提供喷枪沿提升架运行 12140mm 距离。安置在金属管上的磁体与金属管被安装在喷枪提升架上，磁体可在导线周围形成一个磁场，探测并推断出喷枪提升架的位置，从而得出喷枪在炉子中的位置。传感器把所得到的信息传递给喷枪控制柜和控制系统。喷枪提升架上枪夹采用电动液压系统装置控制，系统包括一个容量为 20L 的储油箱、高压旁路、电动机和液压泵。液压缸的冲程为 250mm，当喷枪放置在枪夹上时，可控制液压系统完成伸出、回收，达到锁紧喷枪的目的。喷枪提升架上的滑轮装置形成四个独立的悬挂行走装置，每一装置还配备了八个从动轮，这些从动轮沿导轨柱外缘的内壁和外壁运行，各悬挂行走装置还有一个附属从动轮，该从动凸轮沿导轨凸缘的内壁运行，从而承担了喷枪提升架的侧面负荷。喷枪提升架上的载煤风管、喷枪风管接头是一个偏心快速接头，靠此接头的旋转来锁紧。

B　喷枪操作系统

喷枪是澳斯麦特炉技术的核心部分，它由特殊设计的三层同心管组成，中心是燃料管，中间是燃烧空气管，最外层是套筒风管，喷枪由液压枪夹固定在喷枪提升架上，随炉况的变化由 DCS 系统或手动控制上下移动。

喷枪的操作位置共有 7 个，下面以某厂的实际位置为例介绍，如图 5-26 所示。其在炉内的定位是依据炉底中心到喷枪顶端的距离来确定的。每一位置是根据工艺及生产情况对燃料量、风量等参数进行了设定，当喷枪下到某一位置时，控制系统自动调整煤、风等参数达到该位置的设定量，同时也可在该位置根据炉况对煤量、风量等进行调节；当喷枪在两个枪位之间时，喷枪的燃料量、风量值在两个枪位之间波动。喷枪的物流量和位置见表5-17。

表 5-17　喷枪的物流量和位置表

位置	燃煤流量 /kg·m^{-3}	载煤风流量（标态） /m^3·h^{-1}	套筒风流量（标态） /m^3·h^{-1}	喷枪风流量（标态） /m^3·h^{-1}	喷枪在炉内 高度/mm	说　明
(1)	0	0	0	0	12320	位于操作 顶端
(2)	0	0	0	0	11400	无流量，枪 头在喷枪孔开 口处
(3)	0	1250	0	0	9000	吹扫位置
(4)	800	1250	5500	0	8000	点火位置
(5)	800	1500	5500	5500	2500	保温位置
(6)	800	1500	7000	5500	1500	挂渣位置
(7)	2000 ~ 3700	1500	11225 ~ 13460	15000 ~ 25000	<1000 150 ~ 900 700 ~ 900	准备位置 熔炼位置 还原位置

位置（1）：换枪位置。喷枪位于操作顶端，在此位置进行换枪操作。枪位高度（炉底到当前喷枪口垂直距离，下同）为 12320mm。

位置（2）：喷枪入炉位置。枪头刚好处于喷枪孔的口径内，枪位高度 11400mm，此位置无流量进入枪体。

位置（3）：吹扫位置。喷枪到此位置后，开始有载煤风对炉内进行吹扫，吹扫的目的是为了保证在每次下枪时或发生 ESD（紧急停车程序）后再次下枪时，喷枪煤管畅通，杜绝冲大煤现象，确保点火成功，喷枪高度为 9000mm。

位置（4）：点火位置。当喷枪从位置（3）到达位置（4）时，控制系统自动启动粉煤输送泵，供给喷枪燃煤，同时喷枪风、套筒风等也开始导入喷枪，喷枪点火。在此位置的操作要确保炉内温度达到 800℃，并且喷枪提升架已触动到提升架标柱上位置（3）的限位开关时，才能引入粉煤。喷枪高度为 8000mm。

位置（5）：保温位置。喷枪在此位置时，燃煤量和风量的设定值能使炉子保持在所要求的操作温度范围内，直至开始投料生产，喷枪高度为 2500mm。

位置（6）：挂渣位置。喷枪在（6）位置时，进行喷枪挂渣操作，高度为1500mm。挂渣操作过程中的具体枪位不是一成不变的，合适的挂渣位置是根据渣池面的高低来决定的，只有确定了起始渣池面的位置，才能保证喷枪的有效挂渣。

位置（7）：正常操作位置。位置（7）并不是一个固定位置，它只是在位置（6）之下的一个区域，在这个位置上有三种操作模式：熔炼模式、还原模式、准备模式，在生产中可根据生产实际情况选择操作模式。喷枪的正常操作对澳斯麦特炉的正常熔炼极为关键，合理的操作方法能延长喷枪的使用寿命、降低生产成本、确保各种技术经济指标的顺利完成。

C 喷枪挂渣

澳斯麦特炉喷枪是在一个高温熔融池且具有很强腐蚀性环境中操作的，为使喷枪钢材不至于受损，在每次下枪时必须进行挂渣操作，以便在喷枪表面形成一层冷凝渣层，来达到保护喷枪的目的。挂渣操作过程中首先要确定渣池面的高度，然后控制喷枪置于渣池上方10~200mm的位置，并保持不少于60s的时间，反复几次后就可完成对喷枪的挂渣操作过程。由于喷枪风直接喷射到渣池表面，导致一些细小的渣粒在炉内飞溅，这些小的渣粒喷溅到喷枪表面上，通过套筒风和喷枪风的冷却，逐渐在喷枪表面形成一层冷凝渣层，使喷枪钢体和液渣池隔离，达到保护喷枪的目的。喷枪每次浸入熔池时都要进行挂渣，这样做是很有必要的，因为喷枪在提出渣池过程中，渣套的某一部分有可能发生物理剥落现象（因温差而使渣骤冷发生收缩），导致喷枪钢体和液渣池接触而损坏喷枪。

在实际生产中判断喷枪是否正确挂渣的方法有：

（1）喷枪的声音变化。当喷枪接近渣池表面时，因枪风直接喷射到渣池表面会导致喷枪所发出的噪声加大，只要多加注意即可判断。

（2）渣池中细渣的飞溅。从炉子各操作口中飞溅出的细小渣粒的多少也可判断出喷枪在炉子中是否已接近渣池。

（3）用渣池的深度推算。此方法是最常用的，下枪挂渣前首先用取样杆对渣池进行测量，然后依据所测到的渣池深度来下枪挂渣。

经过生产实践证明，保留适当的起始渣池对喷枪的挂渣操作及保护起着重要的作用，在操作中可根据生产情况保留350~500mm的渣池来进行挂渣操作，渣池过低，喷枪难挂渣，易烧枪。但也要注意，过多地保留渣池，也会产生煤耗加大、后期操作枪位过高等不利于生产的影响因素。

D 喷枪熔炼操作

喷枪在操作中根据生产需要枪头必须浸入渣池100~300mm，并在此位置上下调整，才能保证渣池的搅拌强度及熔炼过程所需的温度。在此过程中渣池的搅拌运动集中在枪头以上区域，喷枪下方的运行相对要弱一些，间断性地降低枪位有利于提高炉底温度，特别是下部温度低或有炉结时，更需要下深枪来提温和化炉结。但操作时要小心，枪位停留时间过长会导致下部耐火材料快速磨损。因此一定要以生产实际为主，找到最佳操作枪位，可采用以下三种方法来进行判断：

（1）在测定起始渣池后，把喷枪下到合适的操作位，根据进料量的多少，推算出投入物料熔融后在炉内所占体积和高度，在料量跟踪系统中设置后进行操作。

（2）以喷枪风背压、燃煤背压来判断。喷枪在炉内插入深度不同，渣池给予喷枪风和燃煤的反压也不相同，此时可参照日常操作经验做出判断，及时调整枪位。

（3）喷枪的晃动情况。随着喷枪在炉内的插入深度变化，会导致喷枪发生不同程度的晃动，可根据喷枪晃动的程度来调整枪位。但要注意的是，有时因渣熔点高、渣池温度过低等原因会导致渣黏度加大，此时喷枪所承受的反压也同时加大，也会促使喷枪晃动加剧，在操作中需要加以分析，区别对待。

E   喷枪磨损

喷枪在使用过程中会发生正常或非正常的磨损，引起非正常磨损的因素有以下几点：

（1）挂渣操作不当或起始渣池过低、渣型不好等，喷枪挂渣不好。

（2）长时间深枪位操作，渣腐蚀枪体钢材。

（3）在化炉结等操作时，喷枪插入到熔池金属相中被腐蚀。

（4）在提枪检查时不认真，枪头有结渣未清理，导致在操作过程中，枪头散热不好而烧损。

（5）喷枪风与套筒风量设置不合理，枪体冷却不够，挂渣剥落。

（6）喷枪维修时质量差，焊缝有结渣或气孔。

F   喷枪损坏判断

在澳斯麦特炉熔炼作业过程中，若喷枪发生损坏将严重影响生产的正常进行，因此要认真观察喷枪的作业情况，发现枪体有损坏时，应立即提枪检查、更换。在生产中可根据以下几种情况对喷枪是否损坏做出判断：

（1）在正常熔炼时熔池温度突然下降，并有炉结产生，在排除渣型、进料量、所用燃煤量等因素后，可断定是喷枪损坏引起，此时应立即提枪检查。

（2）喷枪晃动程度加剧或减弱，在排除操作枪位过高或过低后，也可初步判断是喷枪损坏。

（3）在正常熔炼时喷枪口、烧嘴口、进料口等操作口有细小的渣粒从炉内飞溅出来，这也是喷枪损坏所引起的。

（4）上升烟道烟气温度突然上升且幅度大，此时也有可能是喷枪损坏导致枪内燃煤在炉内上部燃烧引起的。

5.5.3.3   澳斯麦特炉的主要指标

澳斯麦特炉在秘鲁冯苏冶炼厂及云锡股份有限公司运用的主要指标见表5-18。

表5-18   澳斯麦特炉在秘鲁冯苏冶炼厂及云锡股份有限公司运用的主要指标   （%）

名 称	冯苏冶炼厂	云锡股份有限公司
锡直收率	52 ~ 65	65 ~ 76
粗锡品位	90 ~ 93	89 ~ 94
产渣率	40 ~ 48	28 ~ 39
渣含锡	1.0 ~ 1.5	4 ~ 6

名　称	冯苏冶炼厂	云锡股份有限公司
烟尘率	30 ~ 35	18 ~ 24
熔剂率	15 ~ 17	0.1 ~ 1
还原剂率	18 ~ 24	17 ~ 23
金属平衡率	96 ~ 99	98 ~ 99.8

思考题和习题

5-1 写出锡精矿还原熔炼的主要反应。

5-2 炉渣的性质对锡冶炼过程有何影响？

5-3 试述炼锡炉渣的渣型选择的原则。

5-4 影响氧化锡还原速率及彻底程度的因素有哪些？如何影响？

5-5 分别说明综合法和硅酸度法配料计算的过程，并比较它们的异同点。

5-6 简述澳斯麦特炉炼锡的过程和特点。

5-7 澳斯麦特喷枪的操作过程中对操作位置有什么要求？

5-8 澳斯麦特喷枪为什么要进行挂渣操作，如何进行挂渣操作并判断正确挂渣？

5-9 在生产中如何判断澳斯麦特炉的喷枪是否损坏？

6 直接熔炼硫化矿

6.1 概　述

　　金属硫化物精矿不经焙烧或烧结焙烧直接生产出金属的熔炼方法称为直接熔炼。

　　对硫化铅精矿来说，这种粒度仅为几十微米的浮选精矿因其粒度小、比表面积大、化学反应和熔化过程都有可能很快进行，充分利用硫化精矿粒子的化学活性和氧化热，采用高效、节能、少污染的直接熔炼流程处理是最合理的。传统的烧结—鼓风炉流程将氧化和还原两过程分别在两台设备中进行，存在许多难以克服的弊端。随着能源、环境污染控制以及生产效率和生产成本对冶炼过程的要求越来越严格，传统炼铅法受到多方面的严峻挑战。具体来说，传统法有如下主要缺点：

　　（1）随着选矿技术的进步，铅精矿品位一般可以达到60%，这种精矿给正常烧结带来许多困难，导致大量的熔剂、返粉或炉渣的加入，将烧结炉料的含铅量降至40%～50%，送往熔炼的是低品位的烧结块，致使每生产1t金属就要产生1t多炉渣，设备生产能力大大降低。

　　（2）1t硫化铅精矿氧化并造渣可放出 $2 \times 10^6 kJ$ 以上的热量，这种能量在烧结作业中几乎完全损失掉，而在鼓风炉熔炼过程中又要另外消耗大量昂贵的冶金焦。

　　（3）铅精矿一般含硫15%～20%，处理1t精矿可生产0.5t硫酸，但烧结焙烧脱硫率只有70%左右，故硫的回收率往往低于70%，还有30%左右的硫进入鼓风炉烟气，回收很困难，容易给环境造成污染。

　　（4）流程长，尤其是烧结及其返粉制备系统，含铅物料运转量大，粉尘多，大量散发的铅蒸气、铅粉尘严重恶化了车间劳动卫生条件，容易造成劳动者铅中毒。

　　近30年来，冶金工作者力图通过硫化铅受控氧化（即按反应式 $PbS + O_2 \rightarrow Pb + SO_2$）的途径来实现硫化铅精矿的直接熔炼，以简化生产流程，降低生产成本，利用氧化反应的热能以降低能耗，产出高浓度的 SO_2 烟气用于制酸，减小对环境的污染。但由于直接熔炼产生大量铅蒸气、铅粉尘，且熔炼产物不是粗铅含硫高就是炉渣含铅高，致使许多直接熔炼方法都不是很成功。冶金工作者通过 Pb-S-O 系化学势图的研究，找到了获得成分稳定的金属铅的操作条件，但也明确指出，直接熔炼要么产出高硫铅，要么形成高铅渣；要获得含硫低的合格粗铅，就必须还原处理含铅高的直接熔炼炉渣。根据金属硫化物直接熔炼的热力学原理，运用现代冶金强化熔炼的新技术，探讨结构合理的冶金反应器，对直接炼铅进行了多种方法的研究，其中有些已经成功地用于大规模工业生产，显示了直接熔炼的强大生命力。可以预言，直接熔炼将逐渐取代传统法生产金属铅。

6.2 硫化铅精矿直接熔炼的基本原理和方法

6.2.1 直接熔炼的基本原理

金属硫化物精矿直接熔炼的特点之一是利用工业氧气，二是采用强化冶金过程的现代冶金设备，从而使金属硫化物受控氧化熔炼在工业上应用成为可能。

在铅精矿的直接熔炼中，根据原料主成分 PbS 的含量，按照 PbS 氧化发生的基本反应 $PbS + O_2 \Longrightarrow Pb + SO_2$，控制氧的供给量与 PbS 的加入量的比例（简称为氧/料比），从而决定了金属硫化物受控氧化发生的程度。

实际上，PbS 氧化生成金属铅有两种主要途径：一是 PbS 直接氧化生成金属铅，较多发生在冶金反应器的炉膛空间内；二是 PbS 与 PbO 发生交互反应生成金属铅，较多发生在反应器熔池中。为使氧化熔炼过程尽可能脱除硫（包括溶解在金属铅中的硫），有更多的 PbO 生成是不可避免的，在操作上合理控制氧/料比就成为直接熔炼的关键。

在理论上，可借助 Pb-S-O 系硫势－氧势化学势图（见图 6-1）进行讨论。

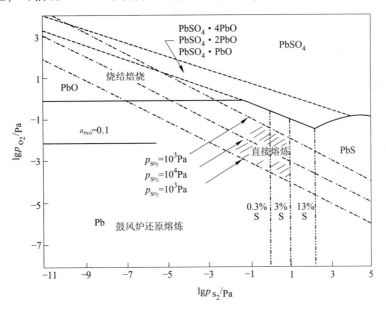

图 6-1　1200℃时 Pb-S-O 系硫势-氧势图

在图 6-1 中，横坐标和纵坐标分别代表 Pb-S-O 系中的硫势和氧势，并用多相体系中硫的平衡分压和氧的平衡分压表示，其对数值分别为 $\lg p_{S_2}$ 和 $\lg p_{O_2}$。图中间一条黑实线（折线）将该体系分成上下两个稳定区（又称优势区）。上部 $PbO\text{-}PbSO_4$ 为熔盐，代表 PbS 氧化生成的烧结焙烧产物，在该区域，随着硫势或 SO_2 势增大，烧结产物中的硫酸盐增多；图下部为 Pb-PbS 共晶物的稳定区，由于 Pb 和 PbS 的互溶度很大，因此在高温下溶解在金属铅中的硫含量可在很大范围内变化。如图 6-1 所示，在低氧势、高硫势条件下，金属铅相中的硫可达 13%，甚至更高，这就形成了平衡于纵坐标的等硫量（S%）线。随着硫势降低，意味着粗铅中更多的硫被氧化生成 SO_2 进入气相。在这里，用点实线（斜线）代表 SO_2 的等分压线（用 p_{SO_2} 表示）。等 p_{SO_2} 线表示在多相体系中存在的平衡反应 $1/2S_2 +$

$O_2 = SO_2$。在一定 p_{SO_2} 下，体系中的氧势增大，则硫势降低。反之亦然。

在传统法炼铅的烧结焙烧过程中，用过量几倍甚至十几倍的过剩空气进行氧化焙烧，在高氧势下形成的 PbO-$PbSO_4$ 产物（烧结块）送鼓风炉熔炼。在低氧势条件下，鼓风炉熔炼产出了含硫少的合格粗铅（$S < 0.3\%$）和含 PbO 少的炉渣（Pb 1.5% ~ 3%）。在这里，鼓风炉的低氧势是靠大量焦炭脱氧形成的。

图 6-1 示出了直接炼铅在平衡相图中的位置，如斜阴影线区所示。直接熔炼由于采用了氧气或富氧空气强化冶金过程，烟气量少，其 SO_2 浓度一般在 10% 以上（相当于 $p_{SO_2} \geq 10^4 Pa$）。在直接熔炼区域，只要控制较低的氧势（$\lg p_{O_2} < -1$），即使在 $p_{SO_2} = 10^5 \sim 10^3 Pa$ 条件下，PbS 直接氧化仍可产出含 $S < 0.3\%$ 的粗铅。

用 a_{PbO} 表示 PbO 在熔渣中的有效浓度，$a_{PbO} = 0.1$ 相当于炉渣含7% ~ 8% Pb。a_{PbO} 数值越大，意味着炉渣中的 PbO 浓度越大。在熔炼体系中，PbO 不能溶入 Pb-PbS 相，只能形成 PbO-$PbSiO_3$ 炉渣相。随着气相-金属铅（Pb-PbS）相-炉渣三相体系中的氧势增大，a_{PbO} 值可增至 1。

直接炼铅在 $p_{SO_2} = 10^4 Pa$ 下进行，如果控制 $p_{O_2} = 10^{-5} \sim 10^{-4} Pa$ 的低氧势，产出的炉渣 $a_{PbO} < 0.1$，这说明渣含铅达到较低的水平（约5% Pb），但是得到的粗铅含硫将大于1%，需要进一步吹炼脱硫。如果要将渣含铅降到鼓风炉还原熔炼的水平（$Pb < 3\%$），则直接熔炼的炉渣放出口处的炉内氧势也应控制到鼓风炉还原熔炼水平（$\lg p_{O_2} < -5$）。由此可见，硫化铅精矿直接熔炼要同时获得含硫低的粗铅和含铅低的炉渣是有困难的。

目前，直接熔炼的方法都是在高氧势（相当于 $\lg p_{O_2} = -1 \sim -2$）下进行氧化熔炼，产出含硫合格的粗铅，同时得到含铅高的炉渣，这种渣含铅可能比鼓风炉渣高一个数量级，含 PbO 达到40% ~ 50%，因此必须再在低氧势下还原，以提高铅的回收率。

6.2.2　直接炼铅的方法

硫化铅精矿直接熔炼方法可分为两类：一类是把精矿喷入灼热的炉膛空间，在悬浮状态下进行氧化熔炼，然后在沉淀池进行还原和澄清分离，如基夫赛特法。这种熔炼反应主要发生在炉膛空间的熔炼方式称为闪速熔炼。另一类是把精矿直接加入鼓风翻腾的熔体中进行熔炼，如 QSL 法、水口山法、澳斯麦特法和艾萨法等。这种熔炼反应主要发生在熔池内的熔炼方式称为熔池熔炼。

按照闪速熔炼和熔池熔炼分类的硫化铅精矿直接熔炼的各种方法概括起来列于表6-1。

表 6-1　硫化铅精矿直接熔炼的方法概述

熔炼类型	闪速熔炼	熔池熔炼			闪速/熔池
喷吹方式		底　吹		顶　吹	
炼铅方法	基夫赛特法	QSL 法	水口山法	澳斯麦特法/艾萨法	倾斜式旋转转炉（卡尔多炉）法
主要设备	精矿干燥设备；由闪速反应塔、有焦炭层的沉淀池和连通电炉三部分构成的基夫赛特炉。	精矿翻粒设备；设有氧化/还原两段的卧式长转炉	精矿制粒设备；只有氧化段的卧式短转炉	带有直插顶吹喷枪及调节装置的固定式坩埚炉	带有顶吹喷枪，既可沿横轴倾斜又可沿纵轴旋转的转炉

熔炼类型	闪速熔炼	熔池熔炼		闪速/熔池
喷吹方式		底　吹	顶　吹	
炉子数量	1 台	1 台	底吹转炉与鼓风炉各1台	氧化炉、还原炉（或鼓风炉）各1台	1 台
作业方式	连续	连续	氧化熔炼连续	氧化熔炼连续	间断
精矿入炉方式	从反应塔顶部喷干精矿	制粒湿精矿下落入炉	制粒湿精矿下落入炉	湿精矿（块矿）下落入炉	干/湿；喷枪喷吹下落
氧气入炉方式	通过顶部氧气-精矿喷嘴	通过设在炉底的喷枪	通过设在炉底的喷枪	顶吹浸没喷入熔池	通过水冷却喷枪
氧化过程	在反应塔内完成	在底吹转炉氧化段完成	在底吹转炉完成	在顶吹炉完成	在同一炉内分批进行
还原过程	主要在沉淀池焦滤层进行	在底吹转炉还原段完成	用鼓风炉还原	在另一座顶吹炉或鼓风炉还原	在同一炉内分批进行
使用工厂	乌-卡厂（哈）；维斯姆港厂（意）；特累尔厂（加）	斯托尔贝格厂（德）；高丽锌公司温山厂（韩）；西北铅锌厂（中）	豫光金铅公司（中）；池州冶炼厂（中）；水口山三厂（在建中）	诺丁汉姆厂（德）；曲靖驰宏锌锗公司（中）	玻利顿公司隆斯卡尔厂（瑞典）

无论是闪速熔炼还是熔池熔炼，上述各种直接炼铅方法的共同优点是：

（1）硫化精矿的直接熔炼取代了氧化烧结焙烧与鼓风炉还原熔炼两过程，冶炼工序减少，流程缩短，免除了返粉破碎和烧结车间的铅烟、铅尘和 SO_2 烟气污染，劳动卫生条件大大改善，设备投资减少。

（2）运用闪速熔炼或熔池熔炼的方法，采用富氧或氧气熔炼，强化了冶金过程。由于细粒精矿直接进入氧化熔炼体系，充分利用了精矿表面的巨大活性，反应速度快，加快了反应器中气-液-固物料之间的传热传质；充分利用了硫化精矿氧化反应发热值，实现了自热或基本自热熔炼，能耗低，生产率高，设备床能率大，余热利用好。

（3）氧气或富氧熔炼的烟气量小，烟气 SO_2 浓度高，硫的利用率高。

（4）由于熔炼过程得到强化，可处理铅品位波动大、成分复杂的各种铅精矿以及其他含铅、锌的二次物料，伴生的各种有价元素综合回收好。

6.3　基夫赛特法炼铅

基夫赛特熔炼法属于闪速熔炼，其反应过程主要在基夫赛特炉的反应塔空间进行。基夫赛特炉由四部分组成（见图6-2）：

（1）安装有氧气—精矿喷嘴的反应塔。

（2）具有焦炭过滤层的沉淀池。

（3）贫化炉渣并挥发锌的电热区。

（4）冷却烟气并捕集高温烟尘的直升烟道，即立式余热锅炉。

干燥后的硫化铅精矿（$H_2O < 1\%$）和细颗粒焦炭（5～15mm），用工业氧气（约95% O_2）喷入反应塔（竖炉）内，在1300～1400℃的氧化气氛中，硫化精矿在悬浮状态下完成

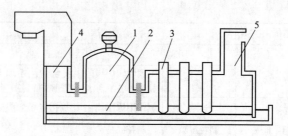

图 6-2　基夫赛特炉结构图

1—反应塔；2—沉淀池；3—电热区；4—直升烟道；5—复燃室

氧化硫和熔化过程，形成部分粗铅、高铅炉渣和含 SO_2 的烟气。由于氧气-精矿的喷射速度达 $100 \sim 120 m/s$，炉料的氧化、熔化和形成初步的粗铅、炉渣熔体仅在 $2 \sim 3s$ 内完成。

当焦炭通过约 4m 高的反应塔空间时，被灼热的炉气加热，但由于精矿粒度细，着火温度低，先于焦炭燃烧。焦炭在反应塔下落过程中仅有 10% 左右被燃烧。

焦炭密度小，落在反应塔下方的沉淀池熔体上面形成赤热的焦炭层，这就像炼铅鼓风炉风口区的焦炭层一样，将含有一次粗铅和高铅炉渣的熔体进行过滤，使高铅渣中的 PbO 被还原出金属铅来，故称为焦炭过滤层。在这里，约有 80% ~ 90% 的氧化铅被还原。基夫赛特法直接炼铅系统的设备组合如图 6-2 所示，炉料在反应塔和焦炭层发生的化学反应及其温度变化沿纵断面的分布如图 6-3 所示。

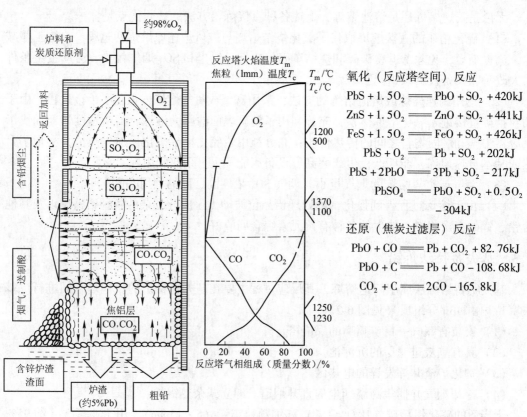

氧化（反应塔空间）反应

$$PbS + 1.5O_2 = PbO + SO_2 + 420kJ$$
$$ZnS + 1.5O_2 = ZnO + SO_2 + 441kJ$$
$$FeS + 1.5O_2 = FeO + SO_2 + 426kJ$$
$$PbS + O_2 = Pb + SO_2 + 202kJ$$
$$PbS + 2PbO = 3Pb + SO_2 - 217kJ$$
$$PbSO_4 = PbO + SO_2 + 0.5O_2 - 304kJ$$

还原（焦炭过滤层）反应

$$PbO + CO = Pb + CO_2 + 82.76kJ$$
$$PbO + C = Pb + CO - 108.68kJ$$
$$CO_2 + C = 2CO - 165.8kJ$$

图 6-3　基夫赛特炉反应塔和焦滤层发生的化学反应及其温度变化沿纵断面的分布

从焦炭过滤层流下的含锌炉渣（约5% Pb）从铜水套隔墙下端靠虹吸原理流入电炉，在电炉完成最后的 PbO 还原反应和铅-渣分离过程。控制电炉的还原条件，可使氧化锌部分或大部分还原挥发进入电炉烟气。粗铅从虹吸放铅口放出，PbO 的总还原率达95% ~ 97%以上。

氧化熔炼形成的含硫烟气 SO_2 浓度达30% ~40%以上，通过尚未插入熔体的铜水套隔墙下方经直升烟道上方的余热锅炉冷却回收热能。由膜式水冷壁构成的直升烟道及其余热锅炉可将烟气温度从1250℃降到500℃以下。烟气温度的降低可使烟尘中的氧化物转变成硫酸盐并黏结在水冷壁上，振打会使结块直接落入熔池，减少了收尘系统的负荷和返料量。熔炼烟尘率为5%。这种烟尘含镉，循环到一定程度，即含 Cd 3% ~ 4%时，送往镉回收工序浸出提镉。

电炉炉壁由耐火砖和铜水套组成，炉顶并排安装三根碳电极，另外还设两个焦炭加入口，必要时添加焦炭，形成一层50mm 厚的焦炭层。

电炉顶设烟道口，电热区产生的烟气另行处理。在这里，靠吸入的空气，将不完全燃烧生成的 CO 和锌蒸气氧化燃烧，称为复燃室。电炉烟气经复燃室、余热锅炉、套管式换热器和布袋收尘器后放空。电炉 ZnO 烟尘产率为炉料量的4% ~5%，其 Zn:Pb 比约为3:1。

基夫赛特炉主要操作技术条件是：

（1）加料。将准备好的炉料（水分 <1%）连续均匀地加入氧焰喷嘴的加料管，还原用焦炭经单独的加料管从炉顶加入反应塔。

（2）供氧。氧气含量宜大于95%，喷嘴前氧气压力不小于 0.1MPa。

（3）温度。基夫赛特炉内各点温度为：

　　　　反应塔：1300 ~ 1400℃
　　　　竖烟道入口：1250 ~ 1280℃
　　　　炉渣温度：1200 ~ 1250℃
　　　　粗铅温度：550 ~ 600℃
　　　　电热区温度：1250℃

（4）压力。

　　　　反应塔顶部：－80Pa　　　　氧焰喷嘴：－50Pa
　　　　反应塔下部：－150Pa　　　竖烟道下部：－130Pa
　　　　高温电收尘入口：－20Pa
　　　　电热区烟气出口：－50Pa

哈萨克斯坦国乌-卡铅锌厂最早采用基夫赛特法炼铅，1988 年达到500t/d 的炉料处理能力。该厂在处理含 Cu 大于2%的炉料时，产出铜锍，在粗铅与炉渣之间，沉淀池铅锍层厚度为10cm 左右。为了节约焦炭，该厂利用湿法炼锌厂挥发窑处理浸出渣产出的窑渣，作为焦滤层还原剂。窑渣含碳25%左右，并含 Cu、Zn、Ag 等有价金属，从而达到综合利用的目的。

意大利维斯姆港（PortVesme）铅锌厂是一家具有鼓风炉（ISP）炼锌、湿法炼锌和基夫赛特法炼铅的大型铅锌联合企业。该厂1987 年开始用基夫赛特法代替原来的传统法炼铅，由于冶金焦炭等能耗大大减少、操作人员和设备维修量大幅度减少，生产成本降低约50%。直接炼铅炉的余热锅炉蒸汽与炼锌厂蒸汽合并用于发电；基夫赛特的电炉烟气产出的氧化锌烟尘含 F、Cl 很低，直接用作湿法炼锌原料；直接熔炼的 SO_2 烟气与锌焙烧烟气合并制酸。大量的湿法炼锌浸出渣、铅银渣和废蓄电池糊与铅精矿经配料作为基夫赛特炉的原料。锌浸出渣占混合炉料的比例高达 20%。意大利维斯姆港铅锌厂基夫赛特法炼铅的生产技术经济指标见表 6-2。

表 6-2　意大利维斯姆港铅锌厂基夫赛特法炼铅的生产技术经济指标

项　　目	指标数	项　　目	指标数
炉料脱硫率/%	97	从含硫烟气回收蒸汽量/t·t^{-1}	0.6（4MPa）
炉渣产率/%	24~30	从电炉烟气回收热/kJ·t^{-1}	2.09×10^5
含铅/%	1.5~2	炉料单位消耗 O_2/m^3·t^{-1}	165
含锌/%	7~10	焦炭/kg·t^{-1}	45（100% C）
氧化锌产率/%	4~5	电极/kg·t^{-1}	1
含铅/%	约20	电耗/kW·h·t^{-1}	140
含锌/%	约60	空气中铅浓度/μg·m^{-3}	<50
电收尘器出口 SO_2/%	23	废水（净化后返回水淬）/m^3·h^{-1}	3
出口含尘量（标态）/mg·m^{-3}	20	铅直收率/%	97.0
循环烟尘量/%	5	设备作业率/%	>96

注：1. 原料平均成分（%）：Pb 50.0，Zn 6.0，Cu 0.3，Fe 7.0，SiO_2 7.0，其他 19.7。
　　2. 其他金属直收率（%）：Ag 98.5，Cu 80.0，Sb 92.0。
　　3. 粗铅成分：Pb 97.5%，Ag 1370g/t。

加拿大科明科（Cominco）公司特累尔（Trail）铅锌厂采用基夫赛特法炼铅工艺，形成年产铅 10 万吨、锌 29 万吨的铅锌联合企业。整个企业 4 条物流线把铅锌生产连接在一起，充分发挥了联合企业的优势：（1）锌厂浸出渣送铅厂处理，约占基夫赛特炼铅原料中铅的 50%；（2）铅厂产出的氧化锌粉送锌厂浸出，约占炼锌原料中锌的 15%；（3）基夫赛特炉所产的含硫烟气送锌厂，与锌焙烧烟气合并生产硫酸；（4）湿法炼锌厂废水提供给炼铅厂做生产用水。

基夫赛特法自 20 世纪 80 年代投入工业生产以来，由于它的特点是利用工业氧气和电能，属于硫化矿自热闪速熔炼，并运用了廉价的碎粒焦炭热还原氧化铅渣的独特方法。经过逐步发展完善，已经成为工艺先进、技术成熟、能满足环保要求的现代直接炼铅法。归纳起来，有如下优点：

（1）整个生产系统排放的有害物质含量低于环境保护允许标准，操作场地具有良好的卫生环境。

（2）对原料的适应性强，Pb 20%~70%、S 13.5%~28%、Ag 100~8000g/t 的原料均能适应，且能处理渣料。

（3）连续作业，氧化和还原在一个炉内完成，生产环节少。

（4）烟气 SO_2 浓度高，可直接制酸；烟气量少，带走的热少，余热利用好，从而烟气冷却和净化设备小，烟尘率约 5%，烟尘可直接返回炉内冶炼。

（5）主金属回收率高（铅回收率大于 98%），渣含铅低（小于 2%）；金、银入粗铅率达 99% 以上，还可回收原料中锌 60% 以上。

（6）能耗低，每吨标煤粗铅能耗为 0.35t。

（7）炉子寿命长，炉期可达 3 年，维修费用低。

基夫赛特法对炉料粒度和水分要求较严格，粒度要控制在 0.5mm 以下，最大不能超过 1mm，需要干燥至含水在 1% 以下，与其他直接炼铅方法相比，原料准备较复杂，建设投资较高。

6.4 氧气底吹炼铅法

6.4.1 QSL 法

6.4.1.1 基本过程

氧气底吹炼铅——QSL 法属于熔池熔炼，炉料均匀混合后从加料口加入熔池内，氧气通过用气体冷却的氧枪从炉底喷入，炉料在 1050 ~ 1100℃ 时进行脱硫和熔炼反应，通过控制炉料的氧/料比来控制氧化段产铅率，产出含硫低的粗铅（S 0.30% ~ 0.5%）和含氧化铅 40% ~ 50% 的高铅渣。氧化段烟气含 SO_2 浓度为 10% ~ 15%。

高铅渣流入还原段，用喷枪将还原剂（粉煤或天然气）和氧气从炉底吹入熔池内进行氧化铅的还原，通过调节粉煤量和过剩氧气系数来控制还原段温度和终渣含铅量。还原段温度为 1150 ~ 1250℃。炉渣从还原段排渣口放出。还原形成的粗铅通过隔墙下部通道流入氧化段，与氧化熔炼形成的粗铅一道从虹吸口放出。

6.4.1.2 QSL 反应器

QSL 反应器是 QSL 法的核心设备。反应器为变径圆筒形卧式转炉，内衬铬镁砖。反应器设有驱动装置，可沿轴线旋转，以便于更换喷枪或处理事故。反应器由氧化区和还原区组成，氧化区直径较大，还原区直径较小，中间用隔墙将两区隔开，隔墙采用铜水冷梁镶砌铬镁砖结构，其作用是防止两区的炉渣混流，同时也防止加料氧化区的生料流进还原区。另外还附设有加料口、粗铅虹吸口、渣口和排烟口。氧化段熔池底部安装有氧气喷枪，还原段安装有氧-还原剂喷枪。

反应器的隔墙结构有两种情况，若炉料含锌较低，还原区产生的烟气不必单独收尘以回收其中的 ZnO 时，则隔墙只将熔体分开，炉膛中的气体空间不隔开，还原区的烟气经由氧化区空间与氧化区的烟气混合，一起从设在氧化区一端的烟道排出（见图 6-4（a））；若炉料含锌较高，为了提高还原区的还原气氛，使炉渣中更多的 ZnO 还原挥发，且便于回收还原区烟气中的锌，则此隔墙不但将熔体，而且将炉膛的气体空间也隔开，还原区和氧化区烟气则分别从炉子两端各自的烟道排出（见图 6-4（b））。无论上面哪一种情况，熔体隔墙下部均开有孔洞，以便使熔体互相流通，炉渣从氧化区流向还原区，粗铅从还原区流向氧化区，最后分别从设在还原端的渣口和设在氧化端的铅孔排出。

我国西北铅锌冶炼厂采用图 6-4（a）中的隔液不隔气的隔墙。其规格是：反应器长 30m，氧化区直径 $\phi = 3.5m$，还原区 $\phi = 3.0m$，由还原段向氧化段倾斜 0.5%，炉体可转

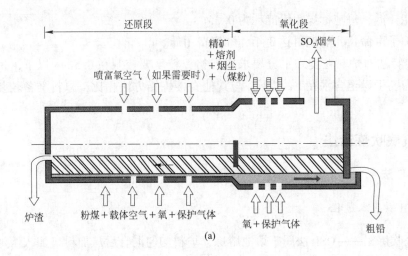

（a）

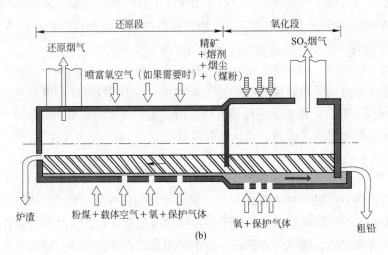

（b）

图 6-4 QSL 法炼铅示意图

（a）氧化段与还原段烟气不分流；（b）氧化段与还原段烟气分流

动 90°，而且密封严格；内衬用三种型号的铬镁砖砌筑；氧化区长 10m，还原区长 20m；在氧化区底部有三对用氮气保护的氧气喷枪，还原区底部有四对间距不等的用氮气保护的氧气-粉煤喷枪。

此外，反应器两端设有主燃烧器，在顶部还有辅助燃烧器，供烘炉和暂停生产时保温用。还原段顶部设有喷枪，必要时喷入富氧空气燃烧炉气中的 CO 和锌蒸气等可燃物，以降低后面设备的热负荷。

6.4.1.3 QSL 法炼铅的工业应用

矿物原料如精矿、二次物料、熔剂、烟尘和必要时添加的固体燃料，均匀混合后从氧化区顶部的加料口直接加入，混合炉料落入由炉渣和液铅组成的熔池内。氧气经用保护性气体冷却的喷枪喷入，炉料在 1050 ~ 1100℃ 下进行脱硫和熔炼反应，此时的氧势较高，$\lg(p_{CO_2}/p_{CO})$ 维持在较高水平，约 2.2 左右。在这一区域形成的金属铅含硫较低，称为初铅；形成的炉渣含铅较高，为 40% ~ 45%，称为初渣；产出烟气的 SO_2 浓度为 10% ~ 15%。

初渣流入还原区。在还原区，还原剂（粉煤或天然气）通过用保护性气体冷却的喷枪与空气载体和氧气一起吹入熔池内。粉煤中的碳在熔池中气化，在生成的 CO 作用下，炉渣中的氧化铅被还原。还原区的氧势较低，$\lg(p_{CO_2}/p_{CO})$ 维持在 0.2 左右；温度较高，为 1150 ~ 1250℃。炉渣在流向还原区端墙上的排渣口的过程中逐渐被还原，还原形成的金属铅（二次粗铅）沉降到炉底流向氧化区与一次粗铅（初铅）汇合。粗铅与炉渣逆向流动，从虹吸口排出；炉渣从渣口连续或间断排出。

反应器熔池深度直接影响熔体和炉料的混合程度。浅熔池操作不但两者混合不均匀，而且易被喷枪喷出的气流穿透，从而降低氧气或氧气-粉煤的利用率。因此，适当加深反应器熔池深度对反应器的操作是有利的。由熔炼工艺特点所决定，QSL 反应器内必须保持有足够的底铅层，以维持熔池反应体系中的化学势和温度基本衡定。在操作上，为使渣层与虹吸出铅口隔开，以保证液铅能顺利排出，也必须有足够的底铅层。底铅层的厚度一般为 200 ~ 400mm，而渣层宜薄，为 100 ~ 150mm。反应器氧化区的熔池深度大，一般为 500 ~ 1000mm。

实践证明，在还原段的起始处增设一个挡圈，使还原段始终保持 200mm 高的铅层，这有利于炉渣中被还原出来的铅珠能沉降下来，从而降低终渣含铅；此外，降低还原段的渣液面高度，使还原段的渣层较薄，渣层与铅层的界面交换传质强度加大，同时渣层的涡流强度减弱，利于铅沉降。

反应器的氧化段和还原段分别装有氧枪（又称 S 喷枪）和还原枪（又称 K 喷枪）。S 喷枪为双层套管，内管是氧气通道，两管间的缝隙为冷却用的氮气通道。K 喷枪为三层套管，中心管内通粉煤，用压缩空气作载体。中心管与第二层管间的槽形缝隙通氧气。第二层管与第三层管间的槽形缝隙通冷却气体以保护粉煤喷枪。生产实践证明，氮气和雾化水组成的保护气体比原设计单用氮气的冷却效果更好，由于在喷枪尖端形成稳定的蘑菇状凝渣，从而使喷枪的烧损程度大大下降，延长了喷枪的使用寿命。为了克服粉煤对金属材料的磨损，在还原喷枪的中心管粉煤通道，采用陶瓷管内衬，从而使还原喷枪的寿命提高到 3 个月。

德国斯托尔贝格（Stolberg）炼铅厂采用 QSL 法炼铅，设计规模为 500t/d 处理量，其工艺流程及 1999 年的生产数据如图 6-5 所示。该厂 QSL 反应器采用非全封闭式隔墙，氧化段烟气与还原段烟气同用一套烟气装置和收尘系统处理，在生产上除定期抽取少部分烟尘送浸出，以硫酸镉形式回收镉外，大部分烟尘按一定配比返回配料，因此不希望原料含锌高。当渣含锌高于 18% 时，还原渣变得过于黏稠，给操作带来困难。经验表明，还原区的还原程度可使终渣含铅降至 5% 左右时，锌基本不被挥发。但当渣含铅还原到 2% 的水平时，则会有金属铁还原出来。原设计用电炉贫化还原段放出的炉渣回收铅锌，但由于电耗大被取消，目前炉渣经水淬后堆存待处理。

韩国高丽锌公司温山（Onsan）铅锌厂设计的 QSL 炉用来处理各种残渣和其他二次物料高达 47% 左右的原料，设计粗铅产量为 61kt/a。二次物料包括湿的 Pb-Ag 锌浸出渣、精

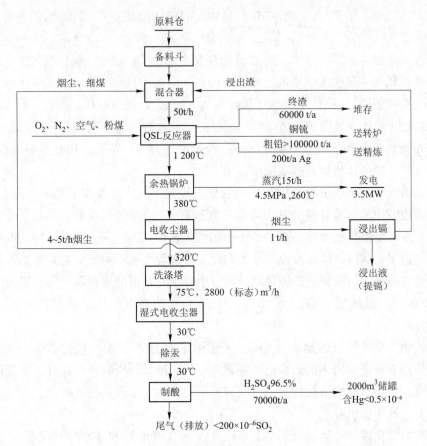

图 6-5　德国斯托尔贝格厂 QSL 炼铅工艺流程及 1999 年的生产数据

炼车间的浮渣和厂外来渣。

　　由于炉料含锌高，反应器中的氧化区和还原区炉气分开，分别产出含硫烟气和含锌烟气。前者经电收尘器除尘后，烟气送往制酸，此烟尘含铅高，返回配料；后者经布袋收尘器得到含锌高的烟尘，经浸出净化后溶液送去电解锌，其浸出渣返回 QSL 炉。QSL 炉排出的终渣用顶吹炉（澳斯麦特法）进行烟化，回收铅锌。

　　根据温山冶炼厂的数据，将 QSL 流程与传统的烧结 – 鼓风炉流程进行比较，其结果见表 6-3。从表 6-3 可知，QSL 流程中的返料量要少得多，这有利于提高设备生产能力和降低能源、劳动力等消耗费用。在传统流程中，为使烧结块中残硫量尽可能低，返料量（包括返粉、返尘和返渣）达到新加料量的 200% ~ 300%。而 QSL 流程中，返料主要是烟尘，其总量仅为新料量的 19% 左右。此外，在 QSL 流程中用氧气代替空气，使必须处理的烟气量大大减少，烟气中 SO$_2$ 浓度高，可用于制酸，往大气中散发的 SO$_2$ 得到有效控制。氧气的利用使硫化物的氧化热得到充分利用，即使是在处理精矿与含硫少的二次物料比为 55:45 时，QSL 所消耗的矿物燃料比只处理 PbS 精矿的传统法还要低。QSL 法可使用便宜的燃料和还原剂，如用煤代焦。还有其他的消耗指标也较低。总之，QSL 法使炼铅过程更经济而对环境的污染更少。

表 6-3　韩国温山冶炼厂 QSL 法与传统烧结—鼓风炉熔炼法的比较　　　　　　　（kg）

烧结—鼓风炉熔炼法		QSL 法	
烧结加入	精矿 1000 （65% Pb） 熔剂 130 点火用油 4 水 256 空气 6200 烧结烟尘 150 （返回料） 烧结返粉 2000 （返回料） 鼓风炉烟尘 160 （返回料） 鼓风炉返渣 560 （返回料）	加入	精矿 1000 （65% Pb，含二次物料） 熔剂 7 煤 95 软化水 13 空气 45 烟尘 192 （返回料） 氧气 288 氮气 65
烧结产出	烧结块 返粉 2000 烟尘 150	产出	粗铅 （98% Pb） 645 炉渣 214 烟气 936 烟尘 192 Pb-Zn 氧化物 62
鼓风炉加入	烧结块 焦炭 155 空气 880		
鼓风炉产出	粗铅 （98% Pb） 630 炉渣 320 烟气 1025 烟尘 160 返渣 560		

6.4.2　水口山法

水口山炼铅法是我国自行开发的一种氧气底吹直接炼铅方法。在 20 世纪 80 年代，水口山第三冶炼厂在规模为 $\phi234\text{mm} \times 7980\text{mm}$ 的氧化反应炉进行半工业试验成功后，扩大推广应用到河南豫光金铅公司和安徽池州两家铅厂生产，从而形成了氧气底吹熔炼—鼓风炉还原铅氧化渣的炼铅新工艺。生产实践证明，对于我国目前生产上采用的烧结—鼓风炉炼铅老工艺改造，水口山法是一项污染少、投资省、见效快的可取方案。该工艺的生产流程如图 6-6 所示。

铅精矿的氧化熔炼是在一个水平回转式熔炼炉中进行，该底吹炉结构与 QSL 炉相似，不同之处是只有氧化段而无还原段，因而炉子的长度比较短。铅精矿、铅烟尘、熔剂及少量粉煤经计量、配料、圆盘制粒后，由炉子上方的气封加料口加入炉内，工业氧从炉底的氧枪喷入熔池，氧气进入熔池后，首先和铅液接触反应，生成氧化铅，其中一部分氧化铅在激烈的搅动状态下，和位于熔池上部的硫化铅进行反应熔炼，产出一次粗铅并放出 SO_2。反应生成的一次粗铅和铅氧化渣沉淀分离后，粗铅经虹吸或直接放出，铅氧化渣则由铸锭机铸块后，送往鼓风还原熔炼，产出二次粗铅。出炉 SO_2 烟气采用余热锅炉或汽化冷却器回收余热，经电收尘器收尘后，烟气送硫酸车间制酸。熔炼过程采用微负压操作，整个烟气排放系统处于密封状态，从而有效防止了烟气外逸。同时，由于混合物料是以润湿、粒状形式输送入炉的，加上在出铅、出渣口采用有效的集烟通风措施，从而避免了铅烟尘的飞扬。由于在吹炼炉内只进行氧化作业，不进行还原作业，工艺过程控制大为简化。

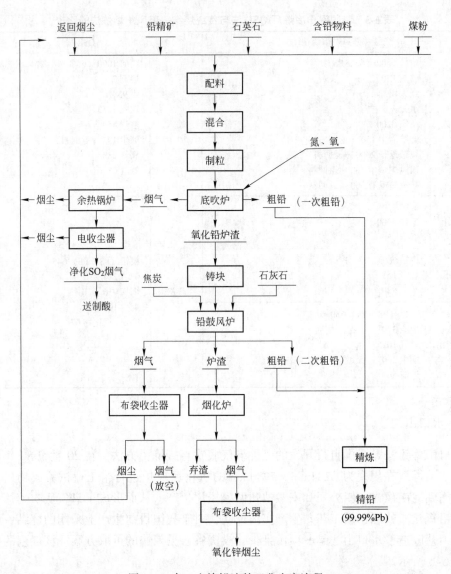

图 6-6　水口山炼铅法的工业生产流程

　　氧气底吹熔炼一次成铅率与铅精矿品位有关，品位越高，一次粗铅产出率越高，为适应下一步鼓风炉还原要求，铅氧化渣含铅应在 40% 左右，略低于传统法炼铅的烧结块含铅率，相应地，一次粗铅产出率一般为 35% ~ 40%，粗铅含 S < 0.2%。

　　在氧气底吹熔炼过程中，为减少 PbS 的挥发，并产出含 S、As 低的粗铅，需要控制铅氧化渣的熔点不高于 1000℃，CaO/SiO_2 比为 0.5 ~ 0.6。而对铅鼓风炉还原工艺，较高的 CaO/SiO_2 比（0.7 ~ 0.8）有利于降低鼓风炉渣含铅。考虑以上两个因素，铅氧化渣中 CaO/SiO_2 比控制在 0.6 ~ 0.7 之间为宜。

　　和烧结块相比，铅氧化渣孔隙率较低，同时，由于是熟料，其熔化速度较烧结块要快，熔渣在鼓风炉焦区的停留时间短，从而增加了鼓风炉还原工艺的难度。但是，生产实践证明，采用鼓风炉处理铅氧化渣在工艺上是可行的，鼓风炉渣含 Pb 可控制在 4% 以内。通过炉型的改进、渣型调整、适当控制单位时间物料处理量等措施，渣含 Pb 可望进一步降低。另外，尽管现有指标较烧结—鼓风炉工艺渣含 Pb 量（1.5% ~ 2%）的指标稍高，但由于新工艺鼓风炉渣量仅为传统工艺鼓风炉渣量的 50% ~ 60%，因而，鼓风炉熔炼铅的损失基本不增加。在技改过程中，利用原有的鼓风炉做适当改进即可，这样可以节省建设投资。

水口山工艺的一个重要组成部分是氧气站，目前，国内工业纯氧的制备技术有两种，一种为传统的深冷法，另一种为变压吸附法。前者生产能力大，氧气纯度高，但成本高，氧气单位电耗（标态）一般为 $0.6 ~ 0.7kW \cdot h/m^3$；后者投资省，成本低，氧气单位电耗（标态）低于 $0.45kW \cdot h/m^3$。国产 $1500m^3/h$ 的吸附制氧机组已研制成功，其氧气纯度达 93% 以上。对于 $1 \times 10^4 t/a$ 规模的炼铅厂，氧气需要量一般为 $700 ~ 800m^3/h$。采用变压吸附法制氧完全能满足中型炼铅厂技改需要。

水口山法氧气底吹熔炼取代传统烧结工艺后，不仅解决了 SO_2 烟气及铅烟尘的污染问题，还取得了如下效益：

（1）由于熔炼炉出炉烟气 SO_2 浓度在 12% 以上，对制酸非常有利，硫的总回收率可达 95%。

（2）熔炼炉出炉烟气温度高达 1000 ~ 1100℃，可利用余热锅炉或汽化冷却器回收余热。

（3）采用氧气底吹熔炼，原料中 Pb、S 含量的上限不受限制，不需要添加返料，简化了流程，且取消了破碎设备，从而降低了工艺电耗。

（4）由于减少了工艺环节，提高了 Pb 及其他有价金属的回收率，氧气底吹熔炼车间 Pb 的机械损失小于 0.5%。

6.5　富氧顶吹炼铅法

6.5.1　概述

顶吹熔炼法包括艾萨法和澳斯麦特法，顶吹熔炼法用于粗铅冶炼，较传统冶炼工艺具有以下优点：

（1）对原料适应性强，不仅可以处理铅精矿，还可处理二次含铅物料、锌浸出渣，进行铅渣的烟化。

（2）取消了传统的铅烧结过程，消除了粉尘和 SO_2 烟气的低空污染，使操作环境大为改善。

（3）采用氧气（富氧 30% ~ 40%）顶吹熔炼，因炉体密闭，漏风较少，烟气量大为减少，提高了烟气 SO_2 浓度，为实现双转双吸制酸工艺提供了条件。

（4）对入炉料的粒度、水分等要求不严格，备料过程简单，混合料制粒入炉后可显著减少被出炉烟气带走的粉尘量，从而降低烟尘率。

（5）顶吹炼铅设备系熔池熔炼，风从炉顶插入的喷枪送入熔池，熔炼强度及热利用率均较高。

（6）立式圆筒形炉体占地面积小，只是厂房空间要求高，在场地受限的老厂改造中，配置比较容易。

（7）冶炼工艺的自动化控制水平大大提高，提高企业的劳动生产率，实现减员增效。

顶吹熔炼直接炼铅可采用相连接的两台炉子操作，在不同炉内分别完成氧化熔炼和铅渣还原，实现连续生产；也可以氧化熔炼和铅渣还原两过程同用一台炉，间断操作。但目前存在的问题是在直接熔炼炉的还原阶段，因为还原所需的粉煤量是根据富铅渣品位严格控制的，由于渣含铅的波动范围大，从而引起炉温变化幅度大，加剧炉墙耐火砖损坏，同时烟尘率也较高。

6.5.2　艾萨法

6.5.2.1　艾萨-鼓风炉炼铅工艺流程

云南驰宏锌锗股份有限公司从澳大利亚引进艾萨法炼铅，采用艾萨炉顶吹富氧熔炼—鼓风炉还原富铅渣的联合流程，已经投入工业生产。该工艺流程如图6-7所示。艾萨炉的炼铅原料有铅精矿、石英石熔剂、烟尘返料和煤。煤的加入量根据熔炼热平衡确定，是辅助燃料。但也可用燃料油和气体燃料，通过喷枪喷入炉内。燃料兼作一定还原剂的作用。各种物料由抓斗吊车分别送到各自相应的中间料仓，其下料量由定量秤精确计量，由主控制室调节控制，主控人员根据提供的各种物料分析数据，输入中心计算机，完成配料计算，配料数据传输到对应料仓的计量秤，控制皮带秤的运行，达到精确配料。各中间仓的物料传送到主皮带，经过混合制粒后，送入艾萨炉。根据热平衡和物料平衡计算，控制风量、氧浓度与料量比率，维持恒温作业，完成各种反应，产出粗铅、富铅渣和 SO_2 浓度为 8% ~10% 的烟气。粗铅送去精炼；富铅渣铸成渣块，送到鼓风炉进行还原熔炼；烟气经过余热锅炉回收热能、收尘系统回收铅锌等有价金属，最后进入制酸系统。

艾萨炉作业是一个高度自动化的控制过程，炉料的配料、上料、熔炼过程气氛和温度的控制以及设备运行状况的监控等作业主要都由主控制室控制，通过 DCS 系统完成。

该项目主要设计指标如下：

（1）处理混合精矿量（13.0 ~ 14.5）$\times 10^4 t/a$，其中精矿含 50% ~ 60% Pb，8% ~ 10% H_2O。

（2）粗铅产量 $8 \times 10^4 t/a$，粗铅含 96% ~ 98% Pb。

（3）富铅渣产量（9 ~ 10）$\times 10^4 t/a$，其中渣含 45% ~ 50% Pb。

（4）烟尘率 13% ~ 18%。

（5）熔炼作业率大于 80%（不含换枪时间）。

6.5.2.2　艾萨熔炼操作要点

艾萨熔炼操作分为点火烘炉和正常熔炼。

A　烘炉

艾萨炉的耐火内衬采用镁铬砖，外层是高铝砖，烘炉应遵照升温曲线进行。余热锅炉也同时升温。烘炉采用专门的升温烧嘴进行，它设有供油装置、供风系统和自动点火机构，按照执行程序由计算机控制运行。炉温以安装在炉体上部的热电偶测量出来的温度为基准。艾萨炉点火前先在炉底铺一层水淬炉渣，再铺大量的木柴，然后点火燃烧。温度升到 400℃后，启动升温烧嘴烧油。当温度达到 800℃时再换成喷枪，直至升温曲线的顶部，

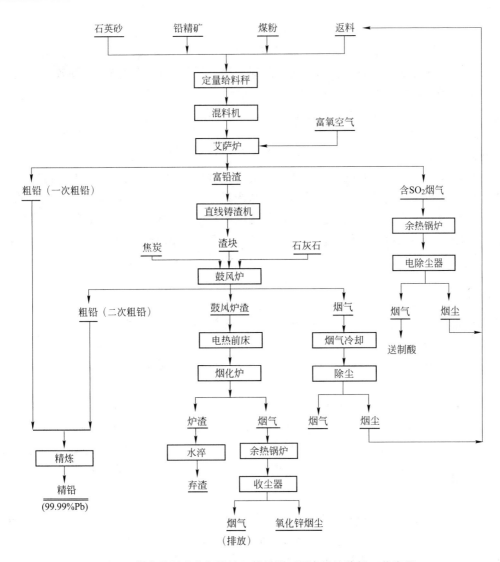

图 6-7 艾萨炉顶吹富氧熔炼—鼓风炉还原富铅渣炼铅工艺流程

并为炼渣做准备。这种点火作业方式，对烧嘴要求简单，控制系统也简单，但实际上在低温段很难准确控制升温速度，尤其是需要恒温保温时效果比较差。如果改用升温烧嘴烘炉，在 150℃下应保持足够时间，确保水分完全烘干。根据升温曲线缓慢增加油量，逐步提高温度，为确保整个炉膛空间温度均匀，当达到 400~500℃ 时，可以适当增加风量（有时是燃油风量的几倍），增强对流。在此阶段，如果出现烧嘴意外熄火，在再次点燃之前，烧嘴暂时不供油，只鼓风进行吹扫，保持 20min 左右，以驱赶炉内未燃烧的柴油，确保点火安全，否则有可能产生爆炸。再升温时以吹扫后的实际温度作为起点。当温度达到800℃时即进入高温段了，由于供油量受限制，改用喷枪进行升温，一直升到设定的温度，并且保持 2h 左右。如果其他条件完全具备，就可以转入加料生产了。点火前铺木柴要均匀，否则局部过热，炉底的填料层受热不均，个别地方水分蒸发量大，导致炉底鼓包，以致破坏整体应力，影响炉底的使用寿命。

B　熔炼操作

熔池熔炼第一步是造熔池。为了确保在接近正常生产炉温投产，应该用富铅渣，这样炉温低，形成熔池快；没有富铅渣也可用鼓风炉渣，但炉温控制较高，需要较长时间。加料量不能过多，开始采用 1t/h 的投料速度，逐步加到 3 ~ 5t/h。鼓风用空气不能使用富氧。当熔池深度达到 300 ~ 400mm 之后就可以投底料运行了。造熔池时，投料煤量比正常要大，同时喷枪油量也较大，枪位随熔池深度增加不断上移，保持在熔池之上 300mm 左右。正式加料前先对喷枪进行挂渣，即压低枪位，使枪头浸入熔池 50mm 左右，具体操作时可凭喷枪发出的声音来判断。挂渣操作反复上下进行多次，使喷溅起来的炉渣粘挂在喷枪上。当挂渣结束，则转入正常熔炼状态，从小料量开始，就要仔细观察风、氧气的供给情况和喷枪端部压力。在投料后炉体上部的温度测点已经不能反映熔炼温度，而采用设在熔池区域的两层热电偶监测温度。因为此时炉壁挂渣已达 50mm 以上，检测温度出现滞后现象。熔炼开始后则应定时用浸没探棒进行取样分析，以检查冶金反应情况，保证炉渣不夹生料，炉料配比适宜。若熔炼温度过高，则降低喷枪的燃油量，如果燃油已为零，可以适当降低富氧浓度，最后考虑原料中煤的加入量是否减少；若熔炼温度过低，操作顺序反之。调整温度的同时，应检查炉渣中的铁含量，并控制在一定范围内。在冶炼过程中，鼓风量主要包括精矿反应、块煤燃烧和油燃烧三部分用氧。根据冶金计算和燃料燃烧计算，将上述三部分用风系数确定后，输入计算机，控制系统则根据冶炼过程不同需要来确定风量。

在正常生产进料后，熔池深度不断上升。当熔池深度达到 2000mm 时，则可考虑放渣。一般情况 8h 左右粗铅的深度达到 600mm 左右，应当排铅。此时两种熔体总深度大，压力也很大，达到 $10t/m^2$。人工操作放铅口要特别小心，应当先放渣后放铅，每次放铅后约 3 ~ 4h 再放渣。在整个作业过程中，加料连续进行，只有排放作业是周期性的。

C　渣型控制

艾萨熔炼的富铅渣为 PbO-CaO-SiO₂-FeO-ZnO 渣型，其成分控制主要检测 SiO_2 和 Fe 含量，一般为 $Fe/SiO_2 = 1.1 ~ 1.2$。如果该比值过低，说明渣呈玻璃化倾向，熔渣发黏，熔点上升，不利于排放；其外观表现为渣样表面非常光洁，黑色油亮，断面很致密，棱角鲜明，容易拉丝。如果该比值过高，说明渣磁铁化程度增大，这对生产运行是很危险的。因为艾萨熔炼系强化熔炼，反应激烈，Fe/SiO_2 比不适当，会使渣中的 Fe_3O_4 含量急剧升高，渣的黏度迅速增加，严重时送入熔池的气体和反应生成物中的气体不能及时释放，窒息到一定的程度后会急剧膨胀，熔池虽然涌动，但翻腾效果很差，最后携带大量炉渣喷出炉膛形成泡沫渣，造成安全事故。当出现泡沫渣时，炉内负压会出现较明显的不规则波动，熔池翻腾不均匀，此时用探测杆采样，渣样表面发灰，多孔疏松，发脆，很容易断裂，这种现象越明显，渣中的铁含量越高，磁铁化倾向越严重。当 Fe_3O_4 含量达到 7.5% 以上，必须暂时停止作业，进行处理。一般是迅速加入颗粒煤和石英石，进行还原作业。实际生产中造成事故的泡沫渣，Fe_3O_4 含量达到 25% ~ 30%，冷却后呈絮片状，手感很轻。

D　喷枪的检查和更换

在生产运行中，每次检查喷枪时，首先退出熔炼作业状态，上升到一定枪位，待保温烧嘴点火启动后，即停止供油、送风，逐步提到炉外。首先清理喷枪上黏附的保护渣层，检查喷枪的烧损程度，确保距喷枪内旋流器有 300mm 以上的距离；然后检查枪头是否平齐，如果个别部位烧损严重，出现漏洞就应该及时更换。

喷枪检修由人工操作，喷枪小车到检修位后，伸出移动平台，迅速分离喷枪与软管，移出喷枪，放到停枪台，将新枪送入小车，连接好快速接头，缩回移动平台，喷枪控制再次转入作业状态，下枪准备熔炼。熔炼作业中，粗铅熔体在下部，上部的渣层深度在700mm 左右，喷枪一般在渣层中作业，不容易误入金属层而加剧烧损。一般熔炼喷枪使用寿命在 3 天以上，多数可以达到 7 天。

E　保温烧嘴作业

在正常作业时，保温烧嘴不用燃油，只是鼓入空气，作为二次燃烧风。由于从熔池内出来的炉气含有大量 CO，直接进入余热锅炉后可以引起 CO 气体再次燃烧，严重时可能引起爆炸。保温烧嘴送入的空气在炉膛与炉气接触，促使 CO 等气体充分燃烧，减少危险。另外，有的艾萨炉在喷枪口的渣箱上增设一个风口，鼓入二次风，起冷却喷枪作用，又可使炉气充分燃烧反应，最大程度地保证余热锅炉等后续设备的安全运转。

需要暂时停止熔炼作业或更换喷枪时，喷枪提高枪位，升到熔池以上，退出熔炼作业状态。当喷枪继续提高到一定位置后，此时烧嘴开始喷入燃油，并点燃，喷枪则停止喷油，然后逐步停风。此时要使炉内温度稳定，减少炉温剧烈波动，全由保温烧嘴完成。

F　艾萨炉及余热锅炉的清理

艾萨炉炉顶及垂直烟道均是余热锅炉的一部分，两者作业运行状况密切相关，相互影响。在锅炉入口处的侧壁上很容易产生黏结，并且不容易被振打击落，长时间的积累会造成严重堵塞，影响炉子的负压控制和烟气流通，致使不能正常作业。此时，可以适当地调整艾萨炉烟气出口温度，造成一定范围的温度波动，从而使锅炉炉壁形成不均匀的膨胀和收缩，动摇黏结物的附着力，使其落入熔池。

在生产运行中，由于各种原因可能引起锅炉爆管，必须及时处理，否则会影响锅炉上水，造成严重后果。但如果停止艾萨炉作业，会造成其频繁启动，严重影响炉寿。在炉顶处与锅炉垂直段连接处采用伸缩节，清理锅炉时，从此处将两者隔离。首先将炉顶的水循环切换至另外单独的系统，切换时应特别注意，因为两者水压相差较大；再升高可伸缩的冷却屏，清理干净结渣，插入水冷闸板，逐渐使锅炉降到常温，处理问题。这样可以保证艾萨炉仍然继续保温，减少频繁启动，减少炉体耐火材料因冷热反复变化而降低使用寿命。

6.5.3　澳斯麦特法

目前工业运行的诺丁汉姆厂的澳斯麦特炼铅工艺流程如图 6-8 所示。澳斯麦特炉外径4.2m，高 9.5m，年处理量为 12×10^4 t/a 铅精矿和其他含铅二次物料。由于现在用单炉生产，熔炼过程产出的一次粗铅送往精炼，产出的初渣成分(%)为：Pb 40~60，Zn 5~15，SiO_2 10~20，CaO 5~10，FeO 10~30，铸块后外销或用鼓风炉处理，也可以水淬后集中再用本设备进行还原熔炼。

诺丁汉姆铅厂采用澳斯麦特法炼铅取得了明显的环保效益，与原先采用的烧结—鼓风炉流程相比，逸散的重金属和 SO_2 量大大减少，见表 6-4。

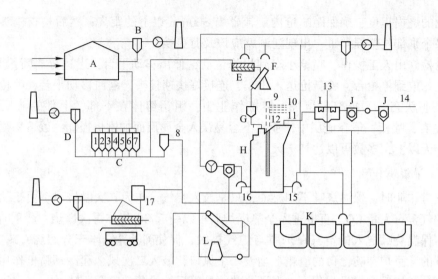

图6-8　德国诺丁汉姆冶炼厂澳斯麦特炼铅工艺流程

A—原料仓库；B—收尘器；C—配料设备；D—收尘器；E—螺旋加料机；F—制粒机；G—炉料分配器；
H—澳斯麦特熔炼炉；I—热交换器；J—电收尘器；K—脱铜槽；L—炉渣水淬；1—精矿；2—废蓄电池糊；3—煤；
4—火法精炼渣；5—石灰石；6—河砂；7—赤铁矿；8—烟尘；9—天然气；10—空气；11—氧气；12—屏蔽空气；
13—蒸汽；14—SO$_2$烟气；15—粗铅；16—炉渣；17—氧化锌烟尘

表6-4　诺丁汉姆厂每年重金属逸散量和SO$_2$逸散量

炼铅方法	Pb	Cd	Sb	As	Ti	Hg	SO$_2$
传统法/kg·a^{-1}	2479	1572	460	219	38	17.2	7085
澳斯麦特法/kg·a^{-1}	1451	4.05	27.52	5.58	1.27	0.87	140.4
对比/%	−94.1	−99.3	−94	−97.5	−96.7	−94.4	−98.0

　　韩国高丽锌公司目前有四座澳斯麦特炉用于处理各种铅锌废料，如氧化锌浸出渣、铅烟尘、QSL法炼铅炉渣和废蓄电池糊等杂料。其中最早投入运转的是 $\phi3.2m$ 的炉子，于1992 年建成投产，用于处理 QSL 炉熔渣，设计处理能力为 $10 \times 10^4 t/a$。

6.6　倾斜式旋转转炉法

　　瑞典玻利顿金属公司于 20 世纪 80 年代开始使用倾斜式旋转转炉（卡尔多炉）直接炼铅。该法的炉料加料喷枪和天然气（或燃料油）-氧气喷枪插入口都设在转炉顶部，炉体可沿纵轴旋转，故该方法又称为顶吹旋转转炉法（TBRC）。

　　卡尔多（Caldo）转炉由圆筒形炉缸和喇叭形炉口组成（见图6-9）。炉体外壳为钢板，内砌铬镁砖。外径 3600mm，长 6500mm，操作倾角 28°，新砌炉工作容积 11m^3。炉缸外壁固连着两个大轮圈，带轮圈的炉体用若干组托轮固定在一个框架内，炉体可沿炉缸中心线做回旋运动，转速为 0 ~ 30r/min。在转炉动力装置驱动下，保持炉体旋转时可以同时调整炉体倾角。在正常作业的倾角部位设有烟罩和烟道，将烟气引入收尘系统。输送燃油和氧气的燃烧喷枪与输送精矿的加料喷枪通过烟罩从炉口插入炉内。用一个很大的通风集尘罩，将整个炉子系统包括铅包、渣包以及附属设备包围起来，通过风机将泄漏的烟气和尘送到布袋室净化后排空。在炉子下面的通风坑道内，有两个轨道式抬包车用于装运液体或固体产品。

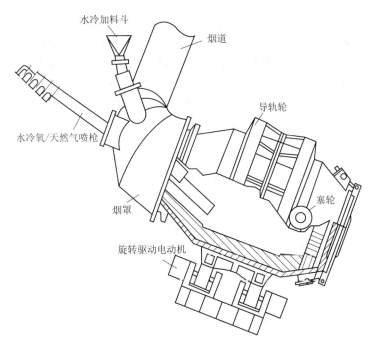

图 6-9 倾斜式旋转转炉（卡尔多炉）示意图

与其他强化熔炼新工艺相比，卡尔多炉的优点有：

（1）操作温度可在大范围内变化，如在 1100~1700℃ 温度下可完成铜、镍、铅等金属硫化精矿的熔炼和吹炼过程。

（2）由于采用顶吹和可旋转炉体，熔池搅拌充分，加速了气-液-固物料之间的多相反应，特别有利于 MS 和 MO 之间的交互反应的充分进行；

（3）借助油（天然气）-氧枪容易控制熔炼过程的反应气氛，可根据不同要求，完成氧化熔炼和炉渣还原的不同冶金过程。

瑞典玻利顿公司隆斯卡尔冶炼厂卡尔多转炉既可处理铅精矿，又可处理二次铅原料。处理铅精矿时，处理能力为 330 t/d，烟气量为 25000~30000 m^3/h。氧化熔炼时烟气含 SO_2 为 10.5%。其工艺流程如图 6-10 所示。

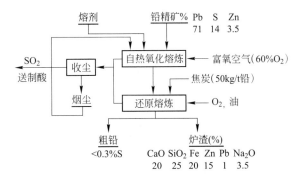

图 6-10 倾斜式旋转转炉（卡尔多炉）直接炼铅流程

卡尔多炉吹炼分为氧化与还原两个过程，在一台炉内周期性进行。氧化阶段鼓入含60% O_2 的富氧空气，可以维持 1100℃ 左右的温度。为了得到含硫低的铅，氧化熔炼渣含铅不低于 35%。如果渣含铅每降低 10%，那么粗铅含硫会升高 0.06%。

倾斜式旋转转炉法吹炼 1t 铅精矿能耗为 400kW·h，比传统法流程生产的 2000kW·h 低很多。采用富氧后，烟气体积减小，提高了烟气中的 SO_2 浓度。

该方法的缺点：一是间歇作业，操作频繁，烟气量和烟气成分呈周期性变化；二是炉子寿命较短；三是设备复杂，造价较高。

思考题和习题

6-1　何谓硫化矿的直接熔炼，直接熔炼法与传统法相比较有哪些优缺点？

6-2　简述直接炼铅的基本原理。

6-3　试比较 QLS、基夫赛特法和艾萨法三种直接炼铅方法的相同点和不同点。你认为这三种方法各有什么优缺点？

6-4　简述基夫赛特法炼铅的主要过程。

6-5　简述艾萨炉直接炼铅熔炼操作的主要步骤。

参 考 文 献

［1］ 彭容秋．重金属冶金学［M］．长沙：中南工业大学出版社，1991.

［2］ 余继燮．重金属冶金学［M］．北京：冶金工业出版社，1981.

［3］ 陈国发．重金属冶金学［M］．北京：冶金工业出版社，1995.

［4］ 张乐如．铅锌冶炼新技术［M］．长沙：湖南科学技术出版社，2006.

［5］《铅锌冶金学》编委会．铅锌冶金学［M］．北京：科学出版社，2003.

［6］ 傅崇说．有色冶金原理［M］．北京：冶金工业出版社，2004.

［7］ 李洪桂．冶金原理［M］．北京：科学出版社，2005.

［8］ 彭容秋．铜冶金［M］．长沙：中南大学出版社，2004.

［9］ 彭容秋．锡冶金［M］．长沙：中南大学出版社，2005.

［10］ 彭容秋．铅冶金［M］．长沙：中南大学出版社，2004.

［11］ 梅炽．有色冶金炉［M］．北京：冶金工业出版社，1994.

［12］ 蒋永胖．铜、镍、铅、锌、锡火法冶炼工技能鉴定培训教程［M］．兰州：甘肃教育出版社，2007.

冶金工业出版社部分图书推荐

书　名	作者	定价(元)
冶金热工基础（本科教材）	朱光俊　主编	36.00
耐火材料（第2版）（本科教材）	薛群虎　主编	35.00
冶金设备（本科教材）	朱　云　主编	49.80
冶金设备课程设计（本科教材）	朱　云　主编	19.00
有色冶金概论（第2版，本科教材）	华一新　主编	30.00
有色金属真空冶金（第2版，本科国规教材）	戴永年　主编	36.00
有色冶金化工过程原理及设备（第2版，本科国规教材）	郭年祥　编著	49.00
重金属冶金学（本科教材）	翟秀静　主编	49.00
物理化学（高职高专规划教材）	邓基芹　主编	28.00
物理化学实验（高职高专国规教材）	邓基芹　主编	19.00
冶金专业英语（高职高专规划教材）	侯向东　主编	28.00
冶金生产概论（高职高专国规教材）	王明海　主编	28.00
烧结矿与球团矿生产（高职高专国规教材）	王悦祥　等编	29.00
金属材料及热处理（高职高专规划教材）	王悦祥　等编	35.00
冶金原理（高职高专规划教材）	卢宇飞　主编	36.00
炼铁技术（高职高专国规教材）	卢宇飞　主编	29.00
高炉炼铁设备（高职高专规划教材）	王宏启　主编	36.00
炼铁工艺及设备（高职高专规划教材）	郑金星　等编	49.00
炼钢工艺及设备（高职高专规划教材）	郑金星　等编	49.00
连续铸钢操作与控制（高职高专教材）	冯　捷　等编	39.00
铁合金生产工艺与设备（高职高专规划教材）	刘　卫　主编	39.00
矿热炉控制与操作（高职高专规划教材）	石　富　主编	37.00
稀土冶金技术（高职高专规划教材）	石　富　主编	36.00
火法冶金——粗金属精炼（高职高专规划教材）	刘自力　等编	18.00
火法冶金——备料与焙烧技术（高职高专规划教材）	陈利生　等编	18.00
湿法冶金——净化技术（高职高专规划教材）	黄　卉　等编	15.00
湿法冶金——浸出技术（高职高专规划教材）	刘洪萍　等编	18.00
湿法冶金——电解技术（高职高专规划教材）	陈利生　等编	22.00
氧化铝制取（高职高专规划教材）	刘自力　等编	18.00
氧化铝生产仿真实训（高职高专规划教材）	徐　征　等编	20.00
金属铝熔盐电解（高职高专规划教材）	陈利生　等编	18.00
金属热处理生产技术（高职高专规划教材）	张文莉　等编	35.00
金属塑性加工生产技术（高职高专规划教材）	胡　新　等编	32.00
有色金属轧制（高职高专规划教材）	白星良　主编	29.00
有色金属挤压与拉拔（高职高专规划教材）	白星良　主编	32.00